教育部高等学校电工电子基础课程教学指导分委员会推荐教材建设项目
国家一流大学立项教材 —— 厦门大学本科教材资助项目
"电子信息工程"国家级一流本科专业建设点教材
新工科电工电子基础课程一流精品教材

电子线路实验

◎ 刘舜奎　李　琳　刘恺之　编著

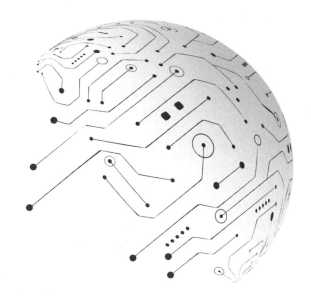

电子工业出版社
Publishing House of Electronics Industry
北京·BEIJING

内 容 简 介

本书从三个维度：基础训练、功能电路分析与设计、小系统设计，进行教学安排，突出实践性，培养独立思考、解决问题的工程实践能力。本书共 5 部分，主要内容包括概述、基础训练、功能电路分析与设计、小系统设计和附录等，配套电子课件和部分仿真实例等。

本书可作为高等学校电子、自动化、电气、通信、物理、机械、计算机等专业相关实验课程的教材，也可供相关领域科技工作者学习参考。

未经许可，不得以任何方式复制或抄袭本书之部分或全部内容。
版权所有，侵权必究。

图书在版编目（CIP）数据

电子线路实验 / 刘舜奎，李琳，刘恺之编著．—北京：电子工业出版社，2022.6

ISBN 978-7-121-43704-5

Ⅰ．①电… Ⅱ．①刘… ②李… ③刘… Ⅲ．①电子线路－实验－高等学校－教材 Ⅳ．①TN710-33

中国版本图书馆 CIP 数据核字（2022）第 096109 号

责任编辑：王羽佳　　特约编辑：武瑞敏
印　　刷：三河市华成印务有限公司
装　　订：三河市华成印务有限公司
出版发行：电子工业出版社
　　　　　北京市海淀区万寿路 173 信箱　邮编　100036
开　　本：787×1092　1/16　印张：17.75　字数：454.4 千字
版　　次：2022 年 6 月第 1 版
印　　次：2022 年 6 月第 1 次印刷
定　　价：69.00 元

凡所购买电子工业出版社的图书，如有缺损问题，请向购买书店调换。若书店售缺，请与本社发行部联系，联系及邮购电话：（010）88254888，88258888。
质量投诉请发邮件至 zlts@phei.com.cn，盗版侵权举报请发邮件至 dbqq@phei.com.cn。
本书咨询联系方式：（010）88254535，wyj@phei.com.cn。

前　言

"劳动创造人本身"。实践活动是人类文明不断演化推进的重要动力来源。科学的探索、技术的升级，离不开推演与检验，同样离不开假设与尝试——这就是实验。实验本身是一门学问，是人类进步过程中不断追求真理的重要依据。从比萨斜塔上自由下落的两个铁球，到天文望远镜里锁定的海王星；从细胞结构的建立，到 DNA 的测序与编辑，无不体现着实验的作用，同时蕴含着实验的方法论。实验与理论是相辅相成的，是并列的关系，而非包含的关系。正确认识和看待实验，才能真正发挥实验的优越性。好的实验构造，有助于理解已知、探究未知。

电子学的发展已逾百年，从真空管、晶体管到集成电路，从收音机、电视机到智能手机，电子学的发展贯穿着一百多年来人类社会的文明进程，影响着人类的生活方式，既是高度成熟的学科，也是蕴含巨大潜能的学科。电类专业的教学就是让学生对学科要掌握，对学科要有热忱。在这个过程中，实验教学与理论教学的有机结合就显得尤为重要。电子学的经典理论，时至今日已演化出众多经典理论教材。在高等教育的人才培养阶段，理论课程的设置也日益成熟完善。作为工科，电类专业对人才的培养，既要重视理论，也要强化实践。近年来，国家在教育方针与战略（如"卓越工程师计划""工程教育专业认证"等）上，释放的正是对工科教育在实践与工程化能力方面着力打造和重点培养的信号。这个目标的达成离不开优质的实验教学，也离不开正确的实验认知。其本质还是对真理的敬畏、对事实的尊重。这同样是从事科学技术研究的基本操守。如何设置方法可靠、目的性强、有针对性的有效实验课程，是教育工作者面临的工作难点与工作重点，也恰是教育工作者展现职业素养、传递教育理念的大舞台。

作者从事电子学科基础理论与实验教学 40 年。这 40 年，是全球电子技术飞速发展的 40 年，也是中国教育跨越式提升的 40 年。见证电子技术给人类社会带来翻天覆地变化的同时，厦门大学于 1984 年成立了"公共电子学实验室"，面向全校的电类、非电类的 11 个理工科专业，开设基础电子学相关实验课程。回顾 40 年来的教学认知与感悟，尤其是公共电子学课程教学经验，不禁思绪万千，希望能通过点滴记录，汇总对电子学基础实验的些许体会，这就有了本次教材编写的设想——争取立足厦门大学公共电子学课程建设，尽力打造面向相关专业本科实验教学及相关专业人员一般性工程需求的通用型实验指导教程，兼顾广度与深度，兼顾学术严谨与学习乐趣。一方面，满足厦门大学教学的内在需求；另一方面，旨在为高等学校人才培养、课程改革的外在广泛因素添砖加瓦。

不同的专业背景，对同一门学问的理解各有侧重。在教学实践中，就有层次化的需求。本书从 3 个维度进行层次划分：基础训练、功能电路分析与设计、小系统设计，用以满足不同专业对课程的理解与教学安排。在部分设计型实验中，为更加契合工程实际，还设有提高性设计，如运算放大器的单电源运用与设计。厦门大学的教学模式是：电子信息类、电子科学与技术类专业，必须掌握至"小系统设计"层次；电类相关专业，如自动化、电气、通信等，必须掌握至"功能电路分析与设计"层次，建议掌握"功能电路分析与设计"中提高性设计部分及理解"小系统设计"实验内容；非电类专业，如物理、化学、海洋等，必须掌握

"基础训练"层次，建议理解若干"功能电路分析与设计"实验内容，鼓励尝试"功能电路分析与设计"中提高性设计部分及"小系统设计"实验内容。

　　实验教学，既是一门课程，也是一个独立思考、解决问题的能力培养过程。虽突出动手能力，但也离不开正确的思想与有效的方法。这就体现在教学体系与教材结构上。本书包含5部分：第1部分为概述；第2部分为基础训练；第3部分为功能电路分析与设计；第4部分为小系统设计；第5部分为附录。本书配套电子课件和部分仿真实例等，可登录华信教育资源网（http://www.hxedu.com.cn）免费注册下载。通过这样一套系统训练，学生在将来从事验证性或探索性的工作中，就能够构造出行之有效的实验方法，辅助工作的顺利开展。有此成效，才算符合教育的本质。

　　才疏学浅，受限于编者学识与能力，不足之处，还望八方同人与广大读者不吝赐教！

编　者

目 录

第一部分　概述

一、实验教学的基本要求 …………………… 1
二、实验规则 …………………………………… 1
三、实验预习要求和实验报告要求 ………… 2
四、实验报告封面样式 ………………………… 3
五、电子技术实验的调试 ……………………… 3
六、电子技术实验电路的故障分析与处理 …… 5

第二部分　基础训练

实验一　电压源与电压测量仪器 ……………… 7
　一、实验目的 ………………………………… 7
　二、实验原理 ………………………………… 7
　三、实验仪器 ………………………………… 15
　四、实验内容 ………………………………… 15
　五、预习要求 ………………………………… 17
　六、实验报告要求 …………………………… 17
　七、思考题 …………………………………… 17

实验二　电路元器件的认识和测量 …………… 18
　一、实验目的 ………………………………… 18
　二、实验原理 ………………………………… 18
　三、实验仪器 ………………………………… 30
　四、实验内容 ………………………………… 30
　五、预习要求 ………………………………… 32
　六、实验报告要求 …………………………… 32
　七、思考题 …………………………………… 32

实验三　示波器的应用 ………………………… 33
　一、实验目的 ………………………………… 33
　二、实验原理 ………………………………… 33
　三、实验仪器 ………………………………… 39
　四、实验内容 ………………………………… 39
　五、预习要求 ………………………………… 41
　六、实验报告要求 …………………………… 41
　七、思考题 …………………………………… 42

实验四　TTL、CMOS 门电路参数及逻辑特性的测试 …… 43
　一、实验目的 ………………………………… 43
　二、实验原理 ………………………………… 43
　三、实验仪器 ………………………………… 46
　四、实验内容 ………………………………… 46
　五、预习要求 ………………………………… 48
　六、实验报告要求 …………………………… 48
　七、思考题 …………………………………… 48

实验五　单 RC 电路的研究 …………………… 49
　一、实验目的 ………………………………… 49
　二、实验原理 ………………………………… 49
　三、实验仪器 ………………………………… 51
　四、实验内容 ………………………………… 51
　五、预习要求 ………………………………… 53
　六、实验报告要求 …………………………… 53
　七、思考题 …………………………………… 53

实验六　基本放大电路 ………………………… 54
　一、实验目的 ………………………………… 54
　二、实验原理 ………………………………… 54
　三、实验仪器 ………………………………… 56
　四、实验内容 ………………………………… 57
　五、预习要求 ………………………………… 58
　六、实验报告要求 …………………………… 58
　七、思考题 …………………………………… 58

实验七　场效应管放大器 ……………………… 59
　一、实验目的 ………………………………… 59
　二、实验原理 ………………………………… 59
　三、实验仪器 ………………………………… 63
　四、实验内容 ………………………………… 63
　五、预习要求 ………………………………… 64
　六、实验报告要求 …………………………… 64
　七、思考题 …………………………………… 64

第三部分　功能电路分析与设计

模拟部分 ………………………………………… 65
实验八　音频放大器设计 ……………………… 66
　一、实验目的 ………………………………… 66
　二、基础依据 ………………………………… 66

  三、实验内容 ································ 68
  四、实验记录与数据处理 ···················· 76
  五、预习要求 ································ 79
  六、知识结构梳理与报告撰写 ·············· 79
  七、分析与思考 ···························· 79

实验九 集成运算放大器的运用——运算器 80
  一、实验目的 ································ 80
  二、基础依据 ································ 80
  三、实验内容 ································ 80
  四、实验记录与数据处理 ···················· 82
  五、预习要求 ································ 84
  六、知识结构梳理与报告撰写 ·············· 84
  七、分析与思考 ···························· 84

实验十 集成运算放大器构成振荡器的分析与设计 ································ 85
  一、实验目的 ································ 85
  二、基础依据 ································ 85
  三、实验内容 ································ 85
  四、实验记录与数据处理 ···················· 90
  五、预习要求 ································ 92
  六、知识结构梳理与报告撰写 ·············· 92
  七、分析与思考 ···························· 92

实验十一 集成运算放大器构成有源滤波器 93
  一、实验目的 ································ 93
  二、基础依据 ································ 93
  三、实验内容 ································ 94
  四、实验记录与数据处理 ···················· 96
  五、预习要求 ································ 98
  六、知识结构梳理与报告撰写 ·············· 98
  七、分析与思考 ···························· 98

实验十二 集成运算放大器构成的电压比较器 99
  一、实验目的 ································ 99
  二、基础依据 ································ 99
  三、实验内容 ································ 99
  四、实验记录与数据处理 ···················· 102
  五、预习要求 ································ 103
  六、知识结构梳理与报告撰写 ·············· 103
  七、分析与思考 ···························· 103

实验十三 整流、滤波和集成稳压器 ········ 104
  一、实验目的 ································ 104
  二、基础依据 ································ 104
  三、实验内容 ································ 104

  四、实验记录与数据处理 ···················· 107
  五、预习要求 ································ 109
  六、知识结构梳理与报告撰写 ·············· 109

实验十四 直流稳压电源设计、安装与调试 110
  一、实验目的 ································ 110
  二、基础依据 ································ 110
  三、实验内容 ································ 110
  四、实验记录与数据处理 ···················· 112
  五、预习要求 ································ 113
  六、知识结构梳理与报告撰写 ·············· 113

实验十五 开关式直流稳压电源 ············ 114
  一、实验目的 ································ 114
  二、基础依据 ································ 114
  三、实验内容 ································ 116
  四、实验记录与数据处理 ···················· 118
  五、预习要求 ································ 119
  六、知识结构梳理与报告撰写 ·············· 119

实验十六 开关稳压电源设计 ·············· 120
  一、实验目的 ································ 120
  二、基础依据 ································ 120
  三、实验内容 ································ 122
  四、实验记录与数据处理 ···················· 124
  五、预习要求 ································ 127
  六、知识结构梳理与报告撰写 ·············· 127

实验十七 LC 调谐放大器和 LC 振荡器的分析与设计 ································ 128
  一、实验目的 ································ 128
  二、基础依据 ································ 128
  三、实验内容 ································ 129
  四、实验记录与数据处理 ···················· 131
  五、预习要求 ································ 132
  六、知识结构梳理与报告撰写 ·············· 132

实验十八 混频、调幅与检波 ·············· 133
  一、实验目的 ································ 133
  二、基础依据 ································ 133
  三、实验内容 ································ 134
  四、实验记录与数据处理 ···················· 136
  五、预习要求 ································ 138
  六、知识结构梳理与报告撰写 ·············· 138

数字部分 ································ 138

实验十九 三态门和 OC 门的研究 ·········· 139
  一、实验目的 ································ 139

二、基础依据 ································ 139
三、实验内容 ································ 140
四、实验记录与数据处理 ················ 141
五、预习要求 ································ 142
六、知识结构梳理与报告撰写 ········· 142

实验二十 编码、译码及显示器件 143
一、实验目的 ································ 143
二、基础依据 ································ 143
三、实验内容 ································ 143
四、实验记录与数据处理 ················ 146
五、预习要求 ································ 146
六、知识结构梳理与报告撰写 ········· 147
七、分析与思考 ····························· 147

实验二十一 数据选择器和数据分配器 148
一、实验目的 ································ 148
二、基础依据 ································ 148
三、实验内容 ································ 148
四、实验记录与数据处理 ················ 150
五、预习要求 ································ 150
六、知识结构梳理与报告撰写 ········· 150

实验二十二 加法器和数值比较器 151
一、实验目的 ································ 151
二、基础依据 ································ 151
三、实验内容 ································ 151
四、实验记录与数据处理 ················ 153
五、预习要求 ································ 154
六、知识结构梳理与报告撰写 ········· 154

实验二十三 组合逻辑电路及开关电路的设计 155
一、实验目的 ································ 155
二、基础依据 ································ 155
三、实验内容 ································ 155
四、实验记录与数据处理 ················ 156
五、预习要求 ································ 158
六、知识结构梳理与报告撰写 ········· 158
七、分析与思考 ····························· 158

实验二十四 Moore 型同步时序逻辑电路的分析与设计 159
一、实验目的 ································ 159
二、基础依据 ································ 159
三、实验内容 ································ 160
四、实验记录与数据处理 ················ 162

五、预习要求 ································ 163
六、知识结构梳理与报告撰写 ········· 163
七、分析与思考 ····························· 163

实验二十五 N 分频器分析与设计 164
一、实验目的 ································ 164
二、基础依据 ································ 164
三、实验内容 ································ 164
四、实验记录与数据处理 ················ 167
五、预习要求 ································ 168
六、知识结构梳理与报告撰写 ········· 168
七、分析与思考 ····························· 168

实验二十六 集成二-五-十进制计数器应用 169
一、实验目的 ································ 169
二、基础依据 ································ 169
三、实验内容 ································ 169
四、实验记录与数据处理 ················ 170
五、预习要求 ································ 171
六、知识结构梳理与报告撰写 ········· 172
七、分析与思考 ····························· 172

实验二十七 移位寄存器及其应用 173
一、实验目的 ································ 173
二、基础依据 ································ 173
三、实验内容 ································ 173
四、实验记录与数据处理 ················ 175
五、预习要求 ································ 176
六、知识结构梳理与报告撰写 ········· 176

实验二十八 m 脉冲发生器 177
一、实验目的 ································ 177
二、基础依据 ································ 177
三、实验内容 ································ 178
四、实验记录与数据处理 ················ 179
五、预习要求 ································ 179
六、知识结构梳理与报告撰写 ········· 179

实验二十九 算术逻辑单元和累加、累减器 180
一、实验目的 ································ 180
二、基础依据 ································ 180
三、实验内容 ································ 181
四、实验记录与数据处理 ················ 181
五、预习要求 ································ 183
六、知识结构梳理与报告撰写 ········· 183

实验三十　时基 555 应用和可再触发的
　　　　　单稳态触发器 ················ 184
　　一、实验目的 ······················ 184
　　二、基础依据 ······················ 184
　　三、实验内容 ······················ 185
　　四、实验记录与数据处理 ·········· 187
　　五、预习要求 ······················ 188
　　六、知识结构梳理与报告撰写 ····· 188
　　七、分析与思考 ···················· 188
实验三十一　锯齿波发生器 ············ 189
　　一、实验目的 ······················ 189
　　二、基础依据 ······················ 189
　　三、实验内容 ······················ 190
　　四、实验记录与数据处理 ·········· 192
　　五、预习要求 ······················ 193
　　六、知识结构梳理与报告撰写 ····· 193
实验三十二　锁相环原理及应用 ······· 194
　　一、实验目的 ······················ 194
　　二、基础依据 ······················ 194
　　三、实验内容 ······················ 197
　　四、实验记录与数据处理 ·········· 199
　　五、预习要求 ······················ 200
　　六、知识结构梳理与报告撰写 ····· 201
实验三十三　数/模（D/A）和模/数（A/D）
　　　　　转换器 ······················ 202
　　一、实验目的 ······················ 202
　　二、基础依据 ······················ 202
　　三、实验内容 ······················ 204
　　四、实验记录与数据处理 ·········· 204
　　五、预习要求 ······················ 205
　　六、知识结构梳理与报告撰写 ····· 205

第四部分　小系统设计

实验三十四　多种波形产生电路 ······· 206
　　一、实验目的 ······················ 206
　　二、基本框架 ······················ 206
　　三、设计要点 ······················ 206
　　四、实验记录与数据处理 ·········· 207
　　五、预习要求 ······················ 207
　　六、知识结构梳理 ················· 207
　　七、技术文档撰写 ················· 208

实验三十五　数字钟设计 ·············· 209
　　一、实验目的 ······················ 209
　　二、基本框架 ······················ 209
　　三、设计要点 ······················ 210
　　四、实验记录与数据处理 ·········· 213
　　五、实验要求 ······················ 213
　　六、知识结构梳理 ················· 214
　　七、技术文档撰写 ················· 214
实验三十六　超外差数字调谐接收系统 ···· 215
　　一、实验目的 ······················ 215
　　二、基本框架 ······················ 215
　　三、设计要点 ······················ 215
　　四、实验记录与数据处理 ·········· 217
　　五、预习要求 ······················ 219
　　六、知识结构梳理 ················· 219
　　七、技术文档撰写 ················· 220

第五部分　附录

附录 A　Multisim 12 简介 ············· 221
　　一、Multisim 12 的特点 ············ 221
　　二、Multisim 12 软件基本界面 ···· 222
　　三、建立电路基本操作 ············ 233
　　四、Multisim 12 元件库管理 ······ 237
　　五、Multisim 12 元件库 ··········· 238
　　六、查找元器件 ···················· 242
　　七、仿真分析方法 ················· 243
附录 B　部分电路仿真实例 ············ 246
　　一、基本放大电路 ················· 246
　　二、运算放大器构成的反相放大器 ···· 249
　　三、组合逻辑电路之码制转换器 ···· 252
　　四、时序逻辑电路之同步模 5 加计数器 ···· 256
　　五、时基 555 构成的施密特触发器 ···· 257
　　六、数字钟设计与仿真 ············ 258
附录 C　常见故障排除与分析 ········· 261
　　一、仪器篇 ························ 261
　　二、电路篇 ························ 263
附录 D　常用集成电路引脚图 ········· 264
　　一、TTL 系列集成电路引脚图 ···· 264
　　二、CMOS 系列芯片引脚图 ······· 269
参考文献 ······························· 275

第一部分　概述

电子技术实验是电子技术基础课程的重要组成部分，是理论教学的深化和补充，有利于巩固和加深课堂教学内容。电子技术实验的主要任务是培养学生熟练掌握基本电子电路的分析、设计、测量、组装和调试等实验技能，提高综合应用能力和实验研究能力，在实验过程中培养学生自主学习和研究兴趣、创新意识，为后续专业课程的学习奠定基础。

一、实验教学的基本要求

电子技术基础课具有很强的技术性和灵活性，通过实验教学，让学生掌握基本实验技能，并培养学生实验研究的能力，综合应用知识的能力和创新意识。具体要求如下：

（1）正确使用常用电子仪器，如示波器、信号发生器、数字万用表、直流稳压电源、实验箱等。

（2）掌握基本的测试技术，如测量电压或电流的平均值、有效值、峰值，信号的周期、相位，脉冲波形的参数，以及电子电路的主要技术指标。

（3）掌握一种电子电路计算机辅助设计软件的使用方法。

（4）能够根据技术要求设计功能电路、小系统，并独立完成组装和测试。

（5）具有一定的分析、查找和排除电子电路中常见故障的能力。

（6）具有一定的处理实验数据和分析误差的能力。

（7）具有查阅电子器件手册的能力。

（8）能够独立写出严谨、有理论分析、实事求是、文理通顺、字迹端正的实验报告。

二、实验规则

为了顺利完成实验任务，确保人身和设备安全，培养规范、严谨、踏实、实事求是的科学作风和爱护国家财产的优秀品质，特制定以下实验规则。

（1）实验前，必须充分预习，完成预习报告。

（2）使用仪器前，必须了解其性能、操作方法及注意事项，在使用中应严格遵守。

（3）实验时，接线要认真，仔细检查，确信无误才能通电。初学或没把握时应经指导教师检查后才能通电。

（4）实验时，应注意观察，若发现有破坏性异常现象（如器件发烫、冒烟或有异味），则应立即关断电源，保持现场，报告指导教师，找出原因，排除故障并经指导教师同意后才能继续实验；如果发生事故（如器件或设备损坏），应主动填写事故报告单，并服从处理决定（包括经济赔偿），并自觉总结经验，吸取教训。

（5）实验过程中需要改接线时，应先关断电源后才能拆线接线。

（6）实验过程中应仔细观察实验现象，认真记录实验结果（数据、波形及现象）。所记录的结果必须经指导教师审阅签字后才能拆除实验电路。

（7）实验结束后，必须将仪器关掉，并将工具、导线等按规定整理好，保持桌面干净，才可离开实验室。

（8）在实验室不可大声喧哗，不可做与实验无关的事。

（9）遵守实验室纪律，不乱拿其他组的东西；不在仪器设备或桌面上乱写乱画，爱护一切公物，保持实验室的整洁。

（10）实验结束，每个同学按要求提交一份实验报告。

三、实验预习要求和实验报告要求

（一）实验预习要求

实验前，应阅读实验指导书的有关内容并做好预习报告，预习报告包括以下内容。

（1）实验名称、实验目的、实验电路及相关原理。

（2）实验内容相关的分析和计算。

（3）实验电路的测试方法以及本次实验所用仪器的使用方法和注意事项。

（4）实验中所要填写的表格。

（5）回答教师指定的预习思考题。

（6）完成手写版或电子版预习报告。手写版包括简要实验原理（原理、电路图、公式等，控制在两页内）和实验内容、数据表格等。电子版要求仿真实现，包括实验电路图、测量数据表格等，并在课前打印。

（7）课前由助教逐个检查登记，记入平时成绩，完成实验后将数据填入相应表格中。

（二）实验报告要求

实验报告应简单明了，并包括如下内容。

（1）实验名称、实验目的、实验原理（归纳）：包括实验电路、实验原始数据、数据处理、实验波形、必要图片、故障产生原因及其解决方法、实验小结等，文档中单幅图片大小不超过500KB，建议使用.jpg格式；图片可手绘拍照或软件绘制，不能直接使用仪器照片；文件大小不超过4MB。

（2）实验结果分析：对原始记录进行必要的分析、整理，包括与估算结果的比较、误差原因和实验故障原因的分析等。

（3）总结本次实验中的1~2点体会和收获：如实验中对所设计电路进行修改的原因分析、测试技巧或故障排除的方法总结、实验中所获得的经验或可以引以为戒的教训等。

（4）在规定上传时间内，可以下载前次报告，查看批改情况；在实验课程出成绩前自己保留批改后实验报告文档作为备份，待成绩出来后可自行处理。

（5）实验报告提交，上传电子版至实验室服务器，服务器按班级分配用户名，电子版实验报告文件名为：学号-姓名-实验几，限定在实验后3天内上传，过时将关闭此次实验文件的上传权限。

四、实验报告封面样式

实验名称：
系别：　　　　　　　　班号：　　　　　　实验组别：
实验者姓名：　　　　　学号：
实验日期：　　　　　　年　　　月　　　日
实验报告完成日期：　　年　　　月　　　日
指导教师意见：

五、电子技术实验的调试

电子电路的调试在电子工程技术中占有重要地位，这是把理论付诸实践的过程，是对设计的电路能否正常工作、是否达到性能指标的检查和测量。

在电子技术实验过程中，难以周全考虑到许多复杂的客观因素（如元器件值的偏差、参数的分散性、分布参数的影响等），实际电路往往达不到预期的效果，需要通过测试与调整来发现和纠正设计与安装中的问题，然后采取必要的措施加以改进，使电路正常工作，并达到设计指标要求。

1. 合理的布局布线

电子技术实验电路包含被测电路与数字示波器、函数信号发生器、直流稳压电源、数字万用表等电子仪器、设备。通常按照信号流向，以连线简洁、调节顺手、观察与读数方便等原则合理布局实验电路。在电路安装时，要注意元器件布置不要过密。除设计要求的反馈电路之外，尽量避免后级信号回流到靠近前级位置。

对于复杂的电子电路系统，通常按功能模块布局，将数字电路和模拟电路分开，统一模块的电路元件就近集中。工作电流较大的单元电路应远离放大器等电路，否则会影响放大器的工作。在进行低频电子电路实验时，元器件之间的连线要尽量短，以免电路产生自激振荡；在进行高频电子实验时，尤其注意布局布线的合理性，不合理的布局布线会引入相应的分布参数，从而影响电路的功能。

为防止外界干扰，各仪器连接电缆的地线应与实验电路公共端——地线连接在一起，也称为共地。电路设计时认为地线是优良的导体，无论地线有多长，地线每一点都是零电位。然而，在实际电路中，地线也有电阻，因此电路不同部分接地点的电位会有差异，会出现地电流。当接地不良或接地点放置不合理时，就会引起信号的不良耦合，从而产生自激和干扰。在实际电路中，要将模拟电路和数字电路分开布置的地线采用单点接地方法，即模拟电路的地集合后再选择单点与数字电路的地在靠近电源输入端的地方连接起来。

一般来说，工作于低频（小于1MHz）或公共接地面积较小的电路，宜选用单点接地方式，即同一系统各单元电路的地线统一在一点接地；工作于高频（大于10MHz）或公共接地面积较大的电路，宜采用多点接地方式，即同一系统各单元电路分别就近连接地线；工作频率为1~10MHz的电路，或者同一系统中既有高频电路又有低频电路，可采用混合接地方式。无论采用哪种方式，都要求作为公共地线的导体电阻值足够小（或导线足够粗），与地线的连接或焊接足够可靠。

2. 不通电检查

（1）检查电路。电路安装完毕后，不要急于通电，先要认真检查接线是否正确，包括错线（连线一端正确，另一端错误）、少线（漏掉的线）和多线（连线的两端在电路图上都是不存在的）。

为了避免做出错误判断，通常采用两种查线方法：一种是按照设计的电路原理图检查电路；另一种是按实际线路来对照电路原理图，按每个元器件引脚连线的去向清查，查找每个去处在电路图上是否存在。

如果电路中存在电位器等调节元件，按实验要求处理或将其调在中间位置。

（2）直观检查。直观检查元器件各引脚连接是否正确，引脚之间有无短路、开路情况；连接处有无接触不良；电解电容的极性有没有接反等。检查直流供电情况，包括：电源电压是否可靠接入电路中；电源的正、负极有无接反；电路的电源端对地有无短路情况等。

3．通电观察

通电前，先将电源与电路之间的连线断开，使用数字万用表检查直流稳压电源，将电源电压调到所要求的值，检查显示值与数字万用表显示值是否相符。然后设定直流稳压电源的输出限定电流，通常根据实际的实验电路，估算总的直流电流，并留有一定余量作为限定电流。例如，估算电路的工作电流为 120mA，可以设置限定电流为 200mA。对于模拟电子技术实验，200mA 的电流不会引起较大故障和事故。最后确认电源电压，以及电源的正、负极性正确后才能通电。细心观察电路通电后有无异常现象，如是否有电源短路、冒烟、打火、异味等，若出现异常情况，则应立即切断电源，重新检查，以排除故障所在。

4．电路调试

电路调试包括电路的测试和调整两个方面。测试是在安装后对电路的参数及工作状态进行测量，以判断电路是否正常工作。调整是在测量的基础上对电路的结构和元器件参数等进行必要的调整，以使电路的各项指标达到设计要求。测试与调整一般需要反复、交叉地进行。所以，电路的调试是一系列的"测量—判断—调整—再测量"反复进行的过程。

调试的方法有两种：第一种是边安装边调试的方法；第二种是整个电路安装完毕后进行统一调试的方法。在实际工作中，通常采用先分调再联调的调试方法。因为任何复杂的电路或系统都是由若干单元电路组成的，所以可按功能将其分解为若干个单元电路，分别调试各个单元电路。然后按顺序将各单元逐级连接，扩大调试范围。最后完成整个电路或系统的调试。在联调过程中，重点是解决各单元连接后相互影响的问题。

（1）静态调试。一般来说，正确的直流工作状态是电路正常工作的基础。因此，首先要进行静态调试。静态调试一般是指在无外加信号的条件下进行的直流测试与调整。在模拟电子技术实验中，主要是测量与调整各级的直流工作点（如半导体晶体管各极间电压和各极电流，集成电路有关引脚的直流电位等）。在数字电子技术实验中，一般是在各输入端施加符合要求的固定电平，测量电路中各点的电位，以判断各输出端的高、低电平及逻辑关系是否正确等。

通过静态调试，可以及时发现损坏的元器件，准确判断各部分电路的工作状态。如果发现元器件损坏，需要分析原因，排除故障，然后再进行更换。当发现电路工作状态不正常，如存在短路（此时直流稳压电源电压由于限流的作用会下降）、开路（电路工作电流为零），则需检查电路连线或调整电路参数，使直流工作状态符合设计要求。

（2）动态调试。静态调试完毕后，即可进行动态调试。动态调试的方法是在输入端施加幅度与频率均符合要求的信号，并按信号的流向逐级检测有关各点的信号波形（包括波形的形状、幅度、相位等），据此估算电路的性能指标、逻辑关系和时序关系。若输出波形不正常或性能指标不满足设计要求，则需调整电路参数，直至满足要求为止。如果发现故障现象，应分析原因，排除故障，然后再重新进行调试。

5．调试注意事项

为了提高调试效率，保证调试效果，调试时应当注意以下事项。

（1）为了避免盲目调试，在进行调试前，应列出主要测试点的直流电位值、相应波形图和一些主要数据，作为调试过程中分析、判断的基本依据。

（2）调试之前先要熟悉各种仪器的使用方法，并仔细加以检查，避免由于仪器使用不当或出现故障而做出错误判断。

（3）直流电源、信号源、示波器、毫伏表等电子测量仪器的接地端必须与被测电路的地线可靠地连接在一起（共地），只有使仪器和电路之间建立一个公共参考地，测量结果才是正确的。

（4）调试过程中出现一些预想不到的异常现象和故障是正常的，此时要保持冷静，不要着急。要把分析产生故障的原因、排除故障的过程看成是理论联系实际、提高分析问题和解决问题能力的一个好机会。要认真观察实验现象，仔细查找原因，切不可遇到故障一时解决不了就拆掉电路重新安装。因为没有找到原因，即使重新安装也不一定就能解决问题，还可能出现新的问题。如果是输入电路方案和电路设计上的问题，重新安装也无济于事。

（5）在调试过程中，发现元器件或接线有问题需要更换或修改时，应关断电源，待更换完毕并认真检查后才能重新通电。

（6）在调试过程中，不但要认真观察和测量，而且要认真记录，包括记录观察的现象、测量的数据、波形和相位关系，必要时在记录中还要附加说明，尤其是那些和设计不符合的现象更是记录的重点。依据记录的数据才能把实际观察到的现象和理论预计的结果加以定量比较，从中发现问题，加以改进，以便进一步完善设计方案。

六、电子技术实验电路的故障分析与处理

在电路调试过程中，不可避免会遇到各种故障现象。分析产生故障的原因，排除故障可以提高实验技能，积累经验，提高分析问题和解决问题的能力。分析和处理故障的过程，就是从故障现象出发，通过反复测试，做出分析判断，逐步找出问题的过程；首先要通过对电路原理图的分析，把电路分成不同功能的单元电路，通过逐一测量找出故障电路；然后对故障单元电路加以测量并找出最后故障所在。

1．产生故障的常见原因

电子电路的故障是多种多样的，产生的原因也很多。总体来说，上面所介绍的电路安装与调试中需要注意的问题均可能成为产生电路故障的原因，大体上有如下几类。

（1）电路安装错误引起的故障：如接线错误（包括错接、漏接、多接、断线等），元器件安装错误（包括电解电容正、负极性接反，半导体二极管正反方向接反，半导体晶体管的引脚接错等），元器件相互碰撞造成的错误连接，接触不良（包括接插不牢、接地不良）等。

（2）电路元器件不良引起的故障：如电阻、电容、半导体晶体管、集成电路等损坏或性能不良；参数不符合要求；实验箱和面包板出现内部短路、开路等。

（3）各种干扰引起的故障：如接线不合理造成的自激振荡，接地处理不当（包括地线阻抗过大、接地点不合理、仪器与电路没有共地等），直流电源滤波不佳（可能引起50Hz或100Hz干扰），通过电路分布电容等的耦合产生的感应干扰等。

（4）测试仪器引起的故障：如测试仪器本身存在故障（包括功能失效或变差、测试线断线或接触不良等），仪器选择或使用不当（如用交流毫伏表测直流电压、示波器使用不正确所引起波形异常、仪器输入阻抗偏低、频带偏窄引起较大的测量误差等），测试方法不合理（如测试点选择不

合理、测量阻值较大的电阻时人体触及电阻的两端而造成读数错误等）等。

在实际调试中，接触不良也是产生故障的主要原因，如面包板及实验箱的接触不良、由于元器件引脚不洁造成的接触不良等。需要说明的是，有些异常现象是电路设计不够合理，元器件选择不当或考虑不周造成的，这种原理上的欠缺必须通过修改电路方案、修改电路设计或更换元器件等才能解决。

2. 分析故障、查找原因的一般方法

（1）观察判断法。在没有恶性异常现象情况下，可以充分发挥各仪器、仪表的指示或显示功能，也就是认真观察分析各仪器、仪表的波形或读数，从中发现矛盾，进而判断哪一部分有问题。例如，根据稳压电源电压的示数可知稳压电源是否正常；根据信号发生器输出电压的指示判断信号源工作是否正常等。

（2）测量分析法。有些问题很难通过直接观察发现，如导线内部导体已经断开但外部绝缘层仍完好无损的导线、因过压击穿造成损坏的半导体器件及接触不良等问题。此时，可借助万用表、示波器等仪器通过测量、分析找出产生故障的原因。例如，放大电路的静态调试就是利用万用表、示波器等检查电路的直流状态，即通过测量电路的直流工作点或各输出端的高、低电平及逻辑关系等来发现问题，查找故障。一般来说，通过上述检查，再加上分析、判断，就可以发现电子电路中出现的大部分故障。

（3）信号寻迹法。如果对自己设计、安装的电路的工作原理、工作波形、性能指标等都比较了解，就可以采用信号寻迹法进行故障检测。在输入端施加幅度与频率均符合要求的信号，用示波器由前级到后级，逐级检测各级电路的输入、输出信号波形。如果哪一级出现异常，那么故障就在该级。然后集中精力分析、解决该级的问题。

上面介绍的 3 种方法是故障检测有效的、常用的方法。在实际调试中，也常根据不同情况选择其他方法，可能会取得更好的效果。例如，在仪器设备维修、批量电路调试等工作中，常用工作正常的插件板、部件、单元电路、元器件等代替相同的、怀疑有故障的相应部分，即可快速判断出故障部位。这种方法称为替代法。

总之，分析和查找故障原因的方法是多种多样的，要根据设备条件、故障情况灵活运用。能否快速、准确地检测到故障并加以排除，不但要有理论的指导，更重要的是要靠实践经验，只有在实践中不断总结、不断积累，才能提高分析和解决问题的能力。

第二部分 基础训练

基础训练实验的主要目的是培养学生正确使用示波器、函数信号发生器、数字万用表等常见仪器、仪表的基本技能，提高学生对理论知识的感性认识，使学生学会识别元器件的类型、型号、封装，了解元器件的性能参数，强化学生对基本单元电路工作原理的理解。通过基本验证性实验，可以培养学生理论联系实际的能力。

实验一 电压源与电压测量仪器

一、实验目的

（1）掌握直流稳压电源的功能、技术指标和使用方法。
（2）掌握任意波形函数信号发生器的功能、技术指标和使用方法。
（3）掌握"四位半"数字万用表的功能、技术指标和使用方法。
（4）学会正确选用仪器测量直流电压、交流电压。
（5）学会测量信号源的内阻。

二、实验原理

（一）GPD-3303型直流稳压电源

1. 直流稳压电源的主要特点

（1）具有三路完全独立的浮地输出（CH1、CH2、FIXED）。固定电源可选择输出电压值 2.5V、3.3V 和 5V，适合常用芯片所需固定电源。

（2）两路（主路 CH1 键、从路 CH2 键）可调式直流稳压电源，两路均可工作在稳压（绿灯 C.V.）、稳流（红灯 C.C.）工作方式，稳压值为 0～32V 连续可调，稳流值为 0～3.2A 连续可调。

（3）两路可调式直流稳压电源可设置为组合（跟踪）工作方式，在组合（跟踪）工作方式下，可选择以下几种。

① 串联组合方式（面板 SER/INDEP 键）：通过调节主路 CH1 电压，从路 CH2 电压自动跟随主路 CH1 变化，输出电压最大可达两路电压的额定值之和（接线端接 CH1+或与 CH2-）。

② 并联组合方式（面板 PARA/INDEP 键）：通过调节主路 CH1 的电压、电流，从路 CH2 的电压、电流自动跟随主路 CH1 变化，输出电流可达两路电流的设定值之和。

（4）4组常用电压、电流存储功能（面板 MEMORY 1~4 键）：将 CH1、CH2 常用的电压、电流或串联、并联组合的电压、电流通过调节至所需设定值后，通过长按数字键1~4，即可将该组电压、电流值存储下来。当需要调用时，只需按对应的数字键即可得到原来所设定的存储电压、电流值。

（5）锁定功能：为避免电源在使用过程中，误调整电压或电流值，该仪器还设置锁定功能（面板 LOCK 键）。当按下 LOCK 键时，电压、电流调节旋钮不起作用，若要解除该功能，则长按该键即可。

（6）输出保护功能：当调节完成电压、电流值后，需通过按面板 OUTPUT 键才能将所调电压、电流从输出孔输出。

（7）蜂鸣功能：可通过长按 CH2 键控制蜂鸣器。

2．GPD-3303 型直流稳压电源前面板

GPD-3303 型直流稳压电源前面板如图 1-1 所示。

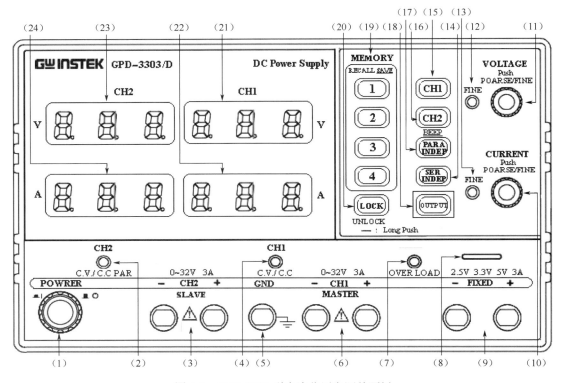

图 1-1　GPD-3303 型直流稳压电源前面板

3．功能键及旋钮的作用说明

（1）电源开关：按下电源开关，接通电源。

（2）从路 CH2 恒压、恒流指示灯（C.V./ C.C.）：当从路处于恒压（绿色）、恒流（红色）状态时，C.V.或 C.C.指示灯亮。

（3）从路（CH2）输出端口：从路输出端口（＋为电源正端、－为电源负端）。

（4）主路 CH1 恒压、恒流指示灯（C.V./ C.C.）：当主路处于恒压（绿色）、恒流（红色）状态时，C.V.或 C.C.指示灯亮。

（5）接地端口：接仪器外壳，并通过电源线接本楼地线。

（6）主路（CH1）输出端口：主路输出端口（+ 为电源正端、− 为电源负端）。

（7）溢出指示灯（OVER LOAD）：固定电源超载指示灯。

（8）固定电源调节开关：调整 2.5V、3.3V 和 5V。

（9）固定电源（FIXED）输出端口：+ 为电源正端、− 为电源负端。

（10）电流调节旋钮：调整 CH1/CH2 输出电流，按下此按钮为电流细调，对应指示灯（FINE）亮。

（11）电压调节旋钮：调整 CH1/CH2 输出电压，按下此按钮为电压细调，对应指示灯（FINE）亮。

（12）电压细调指示灯：细调时 FINE 灯亮。

（13）电流细调指示灯：细调时 FINE 灯亮。

（14）串联控制键：按下此键时（键灯亮），电源自动将 CH1、CH2 串联（CH1+为总电源+、CH2−为总电源−，CH1−和 CH2+自动连接），总电压之和为设置值的 2 倍。

（15）CH1 控制键：按下此键时（键灯亮），CH1 工作，可调整电压、电流并准备输出。

（16）CH2 控制键：按下此键时（键灯亮），CH2 工作，可调整电压、电流并准备输出；长按时可切换蜂鸣器的开、关。

（17）并联控制键：按下此键时（键灯亮），电源自动将 CH1、CH2 并联（CH1+与 CH2+、CH1−与 CH2−自动连接），总电流可达两路之和。

（18）OUTPUT 控制键：按下此键时（键灯亮），控制 CH1、CH2 电压、电流输出。

（19）存储、调用选择键（1～4）：4 组（1～4 键）存储控制键。

（20）锁定（LOCK）键：锁定或解除前面板设定；按下该键（键灯亮），前面板旋钮被锁定；长按该键，按键灯熄灭，解除对前面板旋钮的锁定。

（21）CH1 电压数字显示（3 位）。

（22）CH1 电流数字显示（3 位）。

（23）CH2 电压数字显示（3 位）。

（24）CH2 电流数字显示（3 位）。

4．使用方法

（1）开机前，将"电流调节旋钮"调到最大值，"电压调节旋钮"调到最小值；开机后，再将"电压"旋钮调到需要的电压值。

（2）当电源作为恒流源使用时，开机后，通过"电流调节"旋钮调至需要的稳流值。

（3）当电源作为稳压源使用时，可根据需要调节电流旋钮，任意设置"限流"保护点。

（4）预热时间：30s。

5．注意事项

（1）避免端口输出线短路。

（2）避免使电源出现过载现象。

（3）避免输出出现正、负极性接错。

（二）RIGOL DG1022 双通道函数/任意波形函数信号发生器

1．DG1022 双通道函数/任意波形函数信号发生器的主要特点

（1）双通道输出，可以实现通道耦合、通道复制。

（2）输出 5 种基本（正弦波、方波、锯齿波、脉冲波、白噪声）波形，并内置 48 种任意波形。

（3）可编辑输出 14-bit、4k 点的用户自定义任意波形。

（4）100MSa/s 采样率。

（5）频率特性。

① 正弦波：1μHz～20MHz。

② 方波：1μHz～5MHz。

③ 锯齿波：1μHz～150kHz。

④ 脉冲波：500μHz～3MHz。

⑤ 白噪声：5MHz 带宽（-3dB）。

⑥ 任意波形：1μHz～5MHz。

（6）幅度范围：2mVp-p～10Vp-p（50Ω），4mVp-p～20Vp-p（高阻）。

（7）高精度、宽频带频率计。

① 测量参数：频率、周期、占空比和正/负脉冲宽度。

② 频率范围：100mHz～200MHz（单通道）。

（8）丰富的调制功能，输出各种调制波形：调幅（AM）、调频（FM）、调相（PM）、二进制频移键控（FSK）、线性和对数扫描（Sweep）及脉冲串（Burst）模式。

（9）丰富的输入和输出：外接调制源，外接基准 10MHz 时钟源，外触发输入、波形输出和数字同步信号输出。

（10）支持即插即用 USB 存储设备，并可通过 USB 存储设备存储、读取波形配置参数及用户自定义任意波形。

2．DG1022 双通道函数/任意波形函数信号发生器前面板

信号发生器前面板如图 1-2 所示。

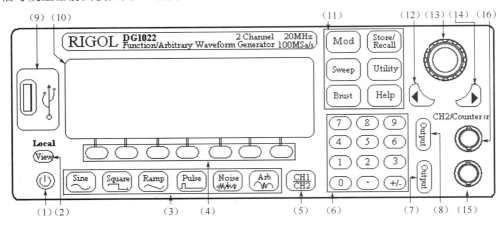

图 1-2　信号发生器前面板

3．功能键及旋钮的作用说明

（1）电源开关：电源主开关在仪器背面，用于总电源开关；电源辅开关，控制电源的开关。

（2）参数设置、视图切换：用于参数设置，以及在 LCD 上观察信号形状进行切换。

（3）波形选择：选择信号发生器生成的信号的形状（正弦、方波、锯齿波、脉冲波、噪声等）。

（4）菜单键：根据选择的波形，按照 LCD 上显示的菜单，对信号参数进行设置。

（5）通道切换键：CH1、CH2 通道切换，以便于设定输出通道信号的参数。

（6）数字键：设置参数的大小。

（7）CH1 使能：控制 CH1 通道信号输出。

（8）CH2 使能：控制 CH2 通道信号输出。

（9）USB 端口：外接 USB 设备。
（10）LCD 显示模式：用于显示信号状态、输出配置、输出通道、信号形状、信号参数、信号参数菜单等。
（11）模式/功能键：实现存储和调出、辅助系统功能、帮助功能及其他 48 种任意波形功能。
（12）左方向键：控制参数数值权位左移、任意波形文件/设置文件的存储位置。
（13）旋钮：调整数值大小，在 0～9 内，顺时针转一格数字加 1，逆时针转一格数字减 1。
（14）右方向键：控制参数数值权位右移、任意波形文件/设置文件的存储位置。
（15）CH1 信号输出端口。
（16）CH2 信号输出端口或频率计信号输入端口。

4．DG1022 双通道函数/任意波形函数信号发生器的使用方法

（1）依次打开信号发生器后面板、前面板上的电源开关。
（2）按通道切换键，切换信号输出通道（默认为 CH1）。
（3）按波形选择键，选择需要的波形。
（4）依次在菜单键上按相应的参数设置键，用数字键盘或方向键、旋钮设置对应的参数值后，选择对应的参数单位。
（5）在检查菜单键中，其余未用到的参数设置键，是否有错误的设置值或前次设置而本次不需要的设置值。
（6）根据（2）中选择的通道，按下对应的通道使能键，使设置好的信号能够从正确的端口输出。

5．注意事项

（1）避免端口输出线短路。
（2）避免使函数信号发生器出现过载现象。
（3）避免输出出现信号端和公共端接错。

（三）GDM-8145 型数字万用表

1．GDM-8145 型数字万用表的主要技术指标

GDM-8145 型是 4-1/2 位 Digital LED 显示的台式数字电表，"四位半"数字万用表比普通万用表精度更高，有"四位半"的数字显示，即当被测数值以"1"开头时，显示 5 位有效数字；当被测数值以其他数字开头时，显示 4 位有效数字。

（1）交、直流电压测量：可测量 10mV～1000V 正弦交流信号或 10μV～1200V 直流信号。
① 量程：200mV、2V、20V、200V、1000V（1200V 直流）。
② 输入阻抗：10MΩ。
③ 频率响应：200V 以下量程：40Hz～50kHz。
（2）交、直流电流测量：可测量 10μA～20A 正弦交流信号或 10nA～20A 直流信号。
① 量程：200μA、20mA、200mA、2A、20A。
② 频率响应：40Hz～50kHz；
③ 最大测试压降：200mV。
（3）TRUE RMS 测量：测量交流正弦信号叠加直流电压的均方根值为 $V_{RMS}=\sqrt{V_{AC}^2+V_{DC}^2}$。
（4）电阻测量：可测量 10mΩ～20MΩ 的标注阻抗。
① 量程：200Ω、2kΩ、20kΩ、200kΩ、2MΩ、20MΩ。

② 开路电压低于 700mV。

(5) PN 结测量。

① PN 结正偏时：直流电流约为 1mA，显示正向压降。

② PN 结反偏时：直流电压约为 2.8V，显示超量程。

(6) 超量程显示：被测值超出量程时，出现溢出显示"0000"闪烁。

2．GDM-8145 型数字万用表的面板

GDM-8145 型数字万用表的面板如图 1-3 所示。

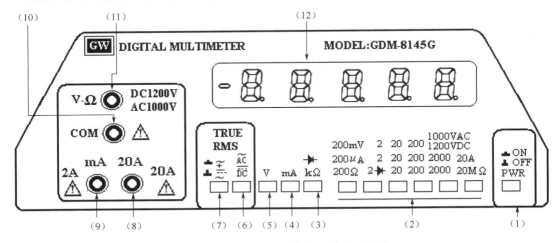

图 1-3　GDM-8145 型数字万用表的面板

3．功能键及旋钮的作用说明

(1) 电源开关：控制电源的开关。

(2) 量程键：选择测量参数的量程，被测值不允许超过量程规定值，否则超量程显示。

(3) 电阻测量：选择测量电阻功能，测量时应将红表笔接 V/Ω 插孔。

(4) 电流测量：选择测量电流功能，测量时应将红表笔接 2A 或 20A 插孔。

(5) 电压测量：选择测量电压功能，测量时应将红表笔接 V/Ω 插孔。

(6) 交、直流测量：选择交流（键入）或直流测量（弹开）。

(7) 均方根测量：选择均方根测量（键入），用于测量叠加直流分量的交流信号。

(8) 20A 电流插孔：用于测量超过 2A、小于 20A 的电流。

(9) 2A 电流插孔：用于测量小于 2A 的电流。

(10) 公共端插孔：用于接黑表笔。

(11) 电压、电阻插孔：用于测量电压、电阻。

(12) 数码管显示：显示测量参数数值。

4．GDM-8145 型数字万用表的使用方法

(1) 交、直流电压测量。

① 功能开关选择 V 键入，根据交、直流选择 AC（键入）、DC（不按键）。

② 黑表笔插入 COM 插孔，红表笔插入 V/Ω 插孔。

③ 选择合适量程，量程值应大于被测值，否则出现溢出显示。

④ 测试笔并接在被测负载两端。

(2) 交、直流电流测量。

① 功能开关选择 mA 键入，根据交、直流选择 AC（键入）、DC（不按键）。
② 黑表笔插入 COM 插孔，红表笔插入 2A 或 20A 插孔。
③ 选择合适量程，量程值应大于被测值，否则出现溢出显示。
④ 测试笔串入被测支路。
⑤ 不能测量电压，否则仪器将被烧毁。

（3）电阻测量。
① 功能开关置 Ω 挡。
② 黑表笔插入 COM 插孔，红表笔插入 V/Ω 插孔。
③ 选择合适量程，量程值应大于被测值，否则出现溢出显示。
④ 测试笔并接在被测电阻两端（不准将人体电阻并接）。
⑤ 检测在线电阻时，一定要关掉被测电路中的电源，并从电路断开。
⑥ 在测量小电阻时，应扣除万用表内阻。

（4）PN 结测试。
① 功能键和量程键▶┤键入。
② 黑表笔插入 COM 插孔，红表笔插入 V/Ω 插孔（红笔为内置电源的正极）。当 PN 结正偏时，数码管显示 PN 结正向压降（V）；当 PN 结反偏时，数码管显示超量程。

5．注意事项

（1）根据所需测量参数合理选择功能键，并按正确方法测量（电压并接、电流串接）。
（2）在预先不知道被测信号幅度的情况下，应先把量程键放在最高挡。
（3）当显示出现"0000"闪烁（过载）时，应立即将量程键切换至更高量程，使过载显示消失，避免仪器长时间过载而损坏，否则应立即拔出输入线，检查被选择的功能键是否出现错误或有其他故障（如输入电压过大或有内部故障等）。
（4）在测量电压时，不应超过最大输入电压（直流 1200V，交流 1000V）。
（5）在测量电流时，输入线不要插错，当不大于 2A 时，输入线插在 2A 端子上；当不大于 20A 时，插在 20A 端子上。

（四）多功能电路实验箱简介

（1）多功能实验箱如图 1-4 所示。其含有：交、直流电源；交、直流信号源；电位器组；逻辑电平开关；单脉冲源；逻辑电平指示灯；七段共阴数码管；带 8421 译码器的数码管；扬声器和搭接电路用的多孔实验插座板。
（2）直流电源提供±5V、±12V 和-8V 3 组输出和 9V 独立直流电源；交流电源提供 12V 输出，当接通主电源开关时，所有电源均处于工作状态。
（3）交流信号源提供正弦信号，其频率、幅度均可调节。
（4）两路直流信号源调节范围为-1～+1V。
（5）电位器组由 470Ω、1kΩ、10kΩ、100kΩ 4 个多圈电位器组成。
（6）12 位逻辑电平开关：当 Ki 向上拨动时，Ki 对应的 D 输出逻辑 "1"（+5V），$\overline{D}$ 输出逻辑 "0"（0V）；同理，当 Ki 向下拨动时，Ki 对应的 D 输出逻辑 "0"（0V），$\overline{D}$ 输出逻辑 "1"（+5V）；
（7）两路单脉冲信号（A、B）输出，常态 $\overline{A}$ 输出逻辑 "1"，A 输出逻辑 "0"；当按下 A 键时，$\overline{A}$ 输出一个下降沿（⏋_），A 输出一个上升沿（_⏌），松开后恢复常态。
（8）具有 2 位带 8421 译码器的数码管和 2 位七段共阴数码管。

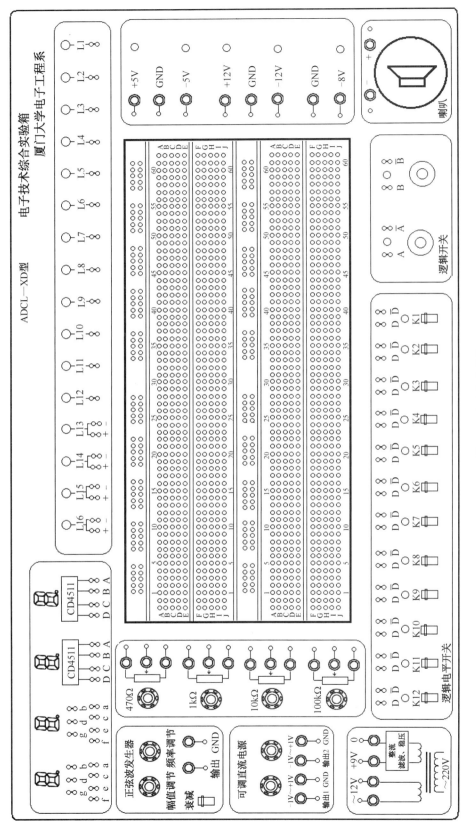

图1-4 多功能实验箱

(9) 12 个逻辑电平指示灯（带驱动的发光二极管）和 4 个发光二极管（不带驱动）。

(10) 两块多孔实验插座板（俗称面包板），每块由两排 64 列弹性接触簧片组成；每列簧片有 5 个插孔，这 5 个插孔在电气上是互联的，插孔之间及簧片之间均为双列直插式集成电路的标准间距。因此，适用于插入各种双列直插式标准集成电路，也可插入引脚直径为 0.5~0.6mm 的任何元器件。当集成电路插入两行簧片之间时，空余的插孔可供集成电路各引脚的输入、输出或互联。上、下各两排并行的插孔主要是供接入电源线及地线用的。每半排插孔 25 个孔之间相互连通，这给需要多电源供电的线路实验提供了很大的方便。本实验箱有两块 128 线多孔实验插座板，每块插座板可插入 8 块 14 脚或 16 脚双列直插式组件。

三、实验仪器

（1）直流稳压电源　　　　　　　　　　1 台
（2）任意波形信号发生器　　　　　　　1 台
（3）数字万用表　　　　　　　　　　　1 台
（4）电子技术综合实验箱　　　　　　　1 台

四、实验内容

1. 直流电压测量

采用数字万用表测量直流电压。

测量方法：确定测量仪器设置在直流电压测量状态，将测量仪器（COM）与被测电源（COM）端相连，则测量笔接触被测点即可测量该点的电压。若已知被测电压，则应根据被测电压的大小选择合适量程，使测量数据达到最高精度；若未知被测电压，则应将测量仪器量程置于最大，然后逐渐减小量程，让测量数据有效数字最多，若测量数据波动，则可采用多次（至少 3 次）测量取平均即可。

（1）固定电源测量：测量稳压电源的固定电压有 2.5V、3.3V、5V，将测量值填入表 1-1。

表 1-1　直流稳压电源固定电压测量

电压值	2.5V	3.3V	5V
数字万用表测量值/V			

（2）固定电源测量：测量实验箱的固定电压有 ±5V、±12V、-8V，将测量值填入表 1-2。

表 1-2　实验箱固定电源测量

电压值	5V	-5V	12V	-12V	-8V
数字万用表测量值/V					

（3）可变电源测量：按表 1-3 调节 CH1 通道稳压电源输出，并测量。

表 1-3　可变电压测量

CH1 电压显示值/V	6V	12V	18V
数字万用表测量值/V			

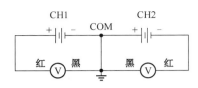

图 1-5 正、负对称电源测量示意图

（4）正、负对称电源测量：GPD-3303 型直流稳压电源工作在串联组合模式，调整 CH1 电压时，CH2 从路跟踪变化，这样即可将两路独立电源构成一个正、负对称电源。将测量仪器（数字万用表）的黑表笔（COM）接正、负对称电源的公共端（主路-或从路+），测量 CH1 正极、CH2 负极，如图 1-5 所示，按表 1-4 所示调节稳压电源输出并测量。

表 1-4 正、负对称电源测量

	6V	12V	18V
CH1 电压调整显示值/V			
数字万用表测量值/V			
CH2 电压调整显示值/V			
数字万用表测量值/V			

2. 正弦电压（有效值）的测量

（1）函数信号发生器输出正弦波，信号频率 f_s=1kHz，输出幅度按表 1-5 调节，用数字万用表按表 2-5 进行测量。

测量方法：确定测量仪器设置在交流电压测量状态，其余同直流电压测量方法。

注意：一般测量仪器只能测量正弦信号，且测量值为有效值（V_{RMS}）；示波器测量的峰-峰值（V_{p-p}）和有效值之间存在如下关系：$V_{RMS}=V_{p-p}/2\sqrt{2}$。

表 1-5 正弦电压测量

f_s	输出幅度/V_{p-p}	20V	2V	200mV
	数字万用表测量值			

（2）将信号发生器频率改为 f_s=100kHz，重复上述测量，填入表 1-6。

表 1-6 正弦电压测量

f_s	输出幅度/V_{p-p}	20V	2V	200mV
	数字万用表测量值			

注意：在表 1-6 中，由于 100kHz 已经超出了数字万用表的频率范围，因此当使用数字万用表测量时，会出现各种类型的错误值，只需记下其中一组错误值即可。

3. 实验箱可调直流信号内阻测量

按图 1-6 所示搭接电路，可调直流信号调整为 +1V，用数字万用表按表 1-7 测量并计算出 R_o 值；图中当 K 置 "1" 时，数字万用表测量值为 $V_{O\infty}$；当 K 置 "2" 时，数字万用表测量值为 V_{OL}。

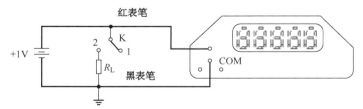

图 1-6 可调直流信号内阻测量装置图

表 1-7　直流信号内阻测量

$V_{O\infty}$/V	V_{OL}/V	R_L/Ω	$R_o = \dfrac{V_{O\infty} - V_{OL}}{V_{OL}} \cdot R_L / \Omega$

4．函数信号发生器内阻（输出电阻）的测量

按图 1-7 所示搭接电路，函数信号发生器设置 f_s=1kHz 正弦波，用数字万用表和示波器按表 1-8 测量并计算出 R_o 值；当 K 置"1"时，数字表万用测量值为 $V_{O\infty}$；当 K 置"2"时，数字万用表测量值为 V_{OL}。

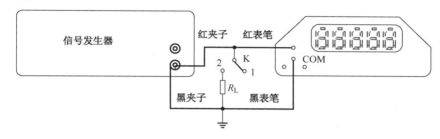

图 1-7　函数信号发生器内阻测量装置图

表 1-8　信号源内阻测量

$V_{O\infty}$/V	V_{OL}/V	R_L/Ω	$R_o = \dfrac{V_{O\infty} - V_{OL}}{V_{OL}} \cdot R_L / \Omega$

五、预习要求

（1）仔细阅读实验讲义内容，了解各仪器的技术性能和使用方法。
（2）利用仿真软件 Multisim 12，了解各种仪器的使用方法。
（3）注意各种测量仪器的使用范围及精度。

六、实验报告要求

（1）按实验报告格式，填写实验目的和简要原理。
（2）简单说明仪器原理和使用方法（归纳实验原理）。
（3）列出测量结果并进行误差分析。
（4）总结实验过程中的体会和收获，对实验进行小结。
（5）完成课后思考题。

七、思考题

（1）用数字万用表测量正弦波，表头显示的是正弦电压的什么值？应选用哪种电压测量方式？
（2）可否用数字万用表测量三角波、方波、脉冲波、锯齿波？为什么？
（3）如何设置测量仪器量程，从而确保测量精度？

实验二 电路元器件的认识和测量

一、实验目的

（1）认识电路元器件的性能和规格，学会正确选用元器件。
（2）掌握电路元器件的测量方法，了解它们的特性和参数。
（3）掌握判别二极管、稳压二极管的方法，测量二极管的伏安特性及稳压二极管的稳压值。
（4）掌握三极管 β 测试电路设计及其测量方法。

二、实验原理

在电子线路中，电阻器（电阻）、电位器、电容器（电容）、电感器（电感）和变压器等称为电路元件；二极管、稳压管、三极管、场效应管、可控硅以及集成电路等称为电路器件。本实验仅对实验室常用的电阻器、电容器、二极管、稳压管、三极管等电子元器件进行简要介绍。

（一）电阻器

1. 电阻器、电位器的型号命名方法

电阻器、电位器的型号命名方法如图 2-1 和表 2-1 所示。

图 2-1 电阻器、电位器的型号命名方法

表 2-1 电阻器、电位器的型号命名方法

第一部分		第二部分		第三部分		第四部分
用字母表示主称		用字母表示材料		用数字或字母表示分类		用数字表示序号
符号	意义	符号	意义	符号	意义	
R	电阻器	T	碳膜	1	普通	用数字 1，2，…表示，对主称、材料、特征相同，仅尺寸、性能指标稍有差异，但不影响互换的产品，标同一序号；若尺寸、性能指标的差别影响互换，则要标不同序号加以区别
W	电位器	P	硼碳膜	2	普通	
		U	硅碳膜	3	超高频	
		H	合成膜	4	高阻	
		I	玻璃釉膜	5	高温	
		J	金属膜（箔）	6	高温	
		Y	金属氧化膜	7	精密	
		S	有机实芯	8	高压或特殊函数*	

续表

第一部分	第二部分		第三部分		第四部分
	N	无机实芯	9	特殊	
	X	线绕	G	高功率	
	R	热敏	T	可调	
	G	光敏	X	小型	
	M	压敏	L	测量用	
	C	化学沉积膜	W	稳压	
	D	导电塑料	J	精密	

注:第三部分数字"8"对于电阻器来说表示"高压",对于电位器来说表示"特殊函数"。

2. 电阻器的分类

(1) 通用电阻器:功率为 0.1～1W,阻值为 10Ω～10MΩ,工作电压<1kV。

(2) 精密电阻器:阻值为 1Ω～1MΩ,精度为 0.1%～2%,最高达 0.005%。

(3) 高阻电阻器:阻值为 10^7～10^{13}Ω。

(4) 高压电阻器:工作电压为 10～100kV。

(5) 高频电阻器:工作频率高达 10MHz。

3. 电阻器、电位器的主要特性指标

(1) 标称阻值。电阻器表面所标注的阻值为标称阻值。不同精度等级的电阻器,其阻值系列不同。标称阻值是按国家规定的电阻器标称阻值系列选定的,通用电阻器、电位器的标称阻值系列如表 2-2 所示。

表 2-2 通用电阻器、电位器的标称阻值系列

标称阻值系列	容许误差	精度等级	电阻器的标称阻值										
E24	±5%	I	1.0	1.1	1.2	1.3	1.5	1.6	1.8	2.0	2.2	2.4	2.7	3.0
			3.3	3.6	3.9	4.3	4.7	5.1	5.6	6.2	6.8	7.5	8.2	9.1
E12	±10%	II	1.0	1.2	1.5	1.8	2.2	2.7	3.3	3.9	4.7	5.6	6.8	8.2
E6	±20%	III	1.0		1.5		2.2		3.3		4.7		6.8	

注:使用时将表中标称值乘以 10^n,其中 n 为整数。常用单位有 Ω、kΩ、MΩ、GΩ、TΩ。精密电阻器、电位器的标称阻值请查阅有关手册。

(2) 容许误差。电阻器、电位器的容许误差是指电阻器、电位器的实际阻值对于标称阻值容许的最大误差范围,它标志着电阻器、电位器的阻值精度。表 2-3 所示为电阻器、电位器的精度等级与容许误差的关系。

表 2-3 电阻器、电位器的精度等级与容许误差的关系

精度等级	005	01 或 00	02	I(J)	II(K)	III
容许误差	±0.05%	±1%	±2%	±5%	±10%	±20%

注:表中 005、02、01 等级仅供精密电阻器采用,它们的标称阻值系列属于 E48、E96、E192。

通用电阻器的阻值的容许误差一般为±5%、±10%,±20%较少采用。

(3) 额定功率。在电阻器、电位器通电工作时,本身要发热,若温度过高,则电阻器、电位器将会烧毁。在规定的环境温度中容许电阻器、电位器承受的最大功率,即在此功率限度以下,电阻器可以长期稳定地工作,不会显著改变其性能,不会损坏的最大功率限度称为额定功率。

根据部分标准,不同类型的电阻器具有不同系列的额定功率。电阻器的额定功率系列如表 2-4 所示。

表 2-4 电阻器的额定功率系列

类型	额定功率系列/W
非线绕电阻	1/20、1/8、1/4、1/2、1、2、5、10、25、50、100
线绕电阻	1/20、1/8、1/4、1/2、1、2、3、4、5、6、6.5、7.5、8、10、16、25、40、50、75、100、150、250、500

4．电阻器的规格标注方法

由于电阻器表面积的限制，通常电阻器表面只标注电阻器的类别、标称阻值、精度等级和额定功率，对于额定功率小于 0.5W 的电阻器，一般只标注标称阻值和精度等级，材料类型和功率常从其外观尺寸判断。电阻器的规格标注通常采用文字符号直标法和色标法两种。对于额定功率小于 0.5W 的电阻器，目前均采用色标法，色标所代表的意义如表 2-5 所示。

表 2-5 色标所代表的意义

颜色	A 第一位数字	B 第二位数字	C 倍乘数	D 容许误差	工作电压/V
黑	0	0	×1		
棕	1	1	×10	±1%	
红	2	2	×10^2	±2%	4
橙	3	3	×10^3		6.3
黄	4	4	×10^4		10
绿	5	5	×10^5	±5%	16
兰	6	6	×10^6	±0.2%	25
紫	7	7	×10^7	±0.1%	32
灰	8	8			40
白	9	9		+5% −20%	50
金			×0.1	±5%	63
银			×0.01	±10%	
无色				±20%	

注：此表也适用于电容器，其中工作电压的颜色只适用于电解电容。

普通色环电阻器一般为四环，精密电阻采用五环标识，如图 2-2 所示。

四环色标电阻器：A、B 两环为有效数字，C 环为 10^n，D 环为精度等级。

五环色标电阻器：A、B、C 三环为有效数字，D 环为 10^n，E 环为精度等级。

例如： A   B   C   D
      红   红   棕   金   表示 220Ω±5%
      A   B   C   D   E
      棕   黑   绿   棕   棕   表示 1.05kΩ±1%

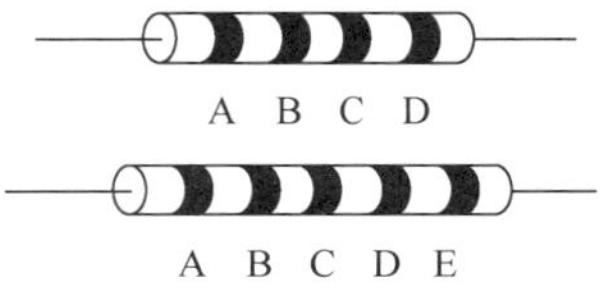

图 2-2 色环电阻器示意图

5．电阻器的性能测量

电阻器的主要参数数值一般都标注在电阻器上，在保证测试的精度条件下，电阻器的阻值可用多种仪器进行测量，也可采用电流表、电压表或比较法。仪器的测量误差应比被测电阻器的容许误差至少小两个等级。对通用电阻器，一般可采用万用表进行测量。若采用机械万用表测量，则应根据阻值大小选择不同量程，并进行调零，使指针尽可能指示在表盘中间；若采用数字万用表，则测量精度要高于机械万用表，测量时，不能双手接触电阻引线，防止人体电阻与被测电阻并联。在测量小电阻时，应先测量万用表内阻，并将测量值扣除内阻，才为电阻的实际阻值。

6. 使用常识

电阻器在使用前应采用测量仪器检查其阻值是否与标称阻值相符，实际使用时，在阻值和额定功率不能满足要求时，可采用电阻串、并联方法解决；但应注意，除了计算总阻值是否符合要求，还要注意每个电阻器所承受的功率是否合适，即额定功率要比承受功率大一倍以上。在使用电阻器时，除了不能超过额定功率，防止受热损坏，还应注意不超过最高工作电压，否则电阻内部会产生火花引起噪声。

电阻器种类繁多，性能各有不同，应用范围也有很大差别，应根据电路的不同用途和不同要求选择不同种类的电阻器。在耐热性、稳定性、可靠性要求较高的电路中，应选用金属膜或金属氧化膜电阻；在要求功率大、耐热性好、工作频率不高的电路中，可选用线绕电阻；对无特殊要求的一般电路，可使用碳膜电阻，以降低成本。电阻器在替换时，大功率的电阻器可替换小功率的电阻器，金属膜电阻器可替换碳膜电阻器，固定电阻器与半可调电阻器可相互替换。

（二）电位器

1. 电位器的类型

（1）非接触式电位器：通过无磨损的非机械接触产生输出电压，如光电电位器、磁敏电位器。

（2）接触式电位器：通过电刷与电阻体直接接触获得电压输出。

① 合金型（线绕）电位器 WX：$100\Omega \sim 100k\Omega$，用于高精度、大功率电路。

② 合成型电位器。

a. 合成实芯电位器 WS：$100\Omega \sim 10M\Omega$，用于耐磨、耐热等较高级电路。

b. 合成碳膜电位器 WH：$470\Omega \sim 4.7M\Omega$，一般电路适用。

c. 金属玻璃釉电位器 WI：$47\Omega \sim 4.7M\Omega$，适用高阻、高压及射频电路。

③ 薄膜性电位器。

a. 金属膜电位器 WJ：$10\Omega \sim 100k\Omega$，用于 100MHz 以下电路。

b. 金属氧化膜电位器 WY：$10\Omega \sim 100k\Omega$，用于大功率电路。

根据结构不同，可分单圈（旋转角度小于 360°）电位器、多圈（旋转总角度 α-圈数×360°）电位器；单联电位器、双联电位器、多联电位器；带开关电位器和不带开关电位器；紧锁电位器和非紧锁电位器；抽头电位器。

根据调节方式不同，分为旋转式电位器和直滑式电位器。

根据用途不同，分为普通电位器、精密电位器、微调电位器、功率电位器及专用电位器。

根据输出特性的函数关系，分为线性（X 式）电位器、指数（Z 式）电位器、对数（D 式）电位器。

2. 电位器的性能测量

根据电位器的标称阻值大小适当选择万用表测量电位器两个固定端的电阻值是否与标称阻值相符；测量滑动端与任一固定端之间阻值变化情况，慢慢移动滑动端，若数字变动平稳，没有跳动和跌落现象，则表明电位器的电阻体良好，滑动端接触可靠。在测量滑动端与固定端之间阻值变化时，开始时的最小电阻越小越好，即零位电阻要小。在旋转转轴或移动滑动端时，应感觉平滑且无过紧过松的感觉。电位器的引出端和电阻体应接触牢靠。

3. 使用常识

（1）电位器的选用：电位器的规格种类很多，选用时，不仅要根据电路的要求选择适合的阻值和额定功率，还要考虑安装调节方便及成本，电性能应根据不同的要求参照电位器类型和用途选择。

（2）安装、使用电位器：电位器安装应牢靠，避免松动和电路中的其他元器件短路；焊接时间不能太长，防止引出端周围的外壳受热变形；电位器三个引出端连线时应注意电位器的旋转方向应符合要求。

（三）电容器

1. 电容器的型号命名方法

电容器的型号命名图示如图 2-3 所示。

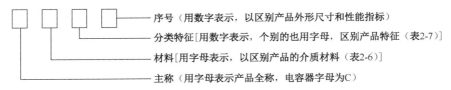

图 2-3 电容器的型号命名方法

表 2-6 电容器的主称、材料部分的符号及意义

主称		材料		主称		材料	
符号	意义	符号	意义	符号	意义	符号	意义
C	电容器	A	钽电解	C	电容器	L	涤纶等极性有机薄膜
		B	聚苯乙烯			LS**	聚碳酸酯
		BF*	聚四氟乙烯			N	铌电解
		BB*	聚丙烯			O	玻璃膜
		C	高频瓷			Q	漆膜
		D	铝电解			S、T	低频瓷
		E	其他材料电解			V、X	云母纸
		G	合金电解			Y	云母
		H	纸薄膜复合等			Z	纸介
		I	玻璃釉				
		J	金属化纸介				

注：* 表示除聚苯乙烯之外的其他非极性有机薄膜介质材料时，应在"B"后再加一字母，以区分具体材料，区分具体材料的这一字母由型号管理部门确定。

** 除涤纶薄膜介质材料仅用"L"表示之外，其他极性有机薄膜材料应在"L"后面再加一字母表示，以区分具体材料，区分具体材料的这一字母由型号管理部门确定。

表 2-7 电容分类表示方法

类别	数字								
	1	2	3	4	5	6	7	8	9
瓷介电容器	圆片	管形	叠片	独石	穿心			高压	
云母电容器	非密封	非密封	密封	密封				高压	
有机电容器	非密封	非密封	密封	密封		支柱等		高压	特殊
电解电容器	箔式	箔式	烧结粉、液体	烧结粉、固体	穿心		无极性		特殊

2．电容器的分类

（1）按介质分类：气体介质、无机固体介质（云母、玻璃釉、陶瓷）、有机固体介质（有机薄膜、聚乙烯、聚四氟乙烯、聚酰亚胺薄膜、纸介及金属化纸介等）、电解介质（铝电解及钽电解等）。

（2）按结构分类：固体电容器、可变电容器及微调电容器3类。

（3）按用途分类：滤波电容器、隔直流电容器、振荡回路电容器、启动及消火花电容器等。

3．电容器的主要特性指标

（1）标称容量及容许误差，如表2-8所示。

表2-8 电容器的标称容量及容许误差

标称容量系列	容许误差	精度等级	电容器的标称值											
E24	±5%	Ⅰ	1.0	1.1	1.2	1.3	1.5	1.6	1.8	2.0	2.2	2.4	2.7	3.0
			3.3	3.6	3.9	4.3	4.7	5.1	5.6	6.2	6.8	7.5	8.2	9.1
E12	±10%	Ⅱ	1.0	1.2	1.5	1.8	2.2	2.7	3.3	3.9	4.7	5.6	6.8	8.2
E6	±20%	Ⅲ	1.0		1.5		2.2		3.3		4.7		6.8	
E3	>±20%		1.0				2.2				4.7			

注：使用时将表中标称值乘以 10^n，其中 n 为整数。常用单位有法拉（F）、毫法（mF）、微法（μF）、纳法（nF）、皮法（pF）。它们与基本单位法拉（F）的关系为：

$1F=10^3 mF=10^6 \mu F$　　　　　　$1\mu F=10^3 nF=10^6 pF$

$1nF=10^3 pF=10^{-3} \mu F$　　　　　　$1pF=10^{-3} nF=10^{-6} \mu F$

国际电工委员会推荐的电容量误差表示法采用字母为

$D=±0.5\%$　　　$F=±1\%$　　　$G=±2\%$　　　$J=±5\%$

$K=±10\%$　　$M=±20\%$　　$N=±30\%$　　$P=^{+100\%}_{-10\%}$　　$S=^{+50\%}_{-20\%}$　　$Z=^{+80\%}_{-20\%}$

（2）额定工作电压。额定工作电压是指电容器长期连续可靠工作时，极间电压不允许超过的规定电压值，否则电容器就会被击穿损坏。额定工作电压数值一般以直流电压在电容器上标出。

电容器的额定电压系列：

<u>1.6</u>、4、<u>6.3</u>、10、<u>16</u>、25、32*、<u>40</u>、50*、<u>63</u>、100、125*、<u>160</u>、<u>250</u>、300*、400、450*、500、<u>630</u>、<u>1000</u>、<u>1600</u>、2000、<u>2500</u>、3000、<u>4000</u>、5000、<u>6300</u>、8000、<u>10000</u>、<u>15000</u>、20000、<u>25000</u>、30000、35000、<u>40000</u>、45000、50000、60000、80000、<u>100000</u>。

注意：*号仅限于电解电容。而数值下画"—"的系列表示优先采用。

（3）绝缘电阻。电容器的绝缘电阻为电容器两端极间的电阻，或者称为漏电电阻。电容器中的介质并不是绝对的绝缘体，多少有些漏电。除电解电容之外，一般电容的漏电流很小。当漏电流较大时，电容器发热，当发热严重时将导致电容器损坏。

（4）频率特性。电容器的频率特性为电容量与频率变化的关系。为了保证电容器工作的稳定性，应将电容器的极限工作频率选择在自身固有谐振频率的 1/3～1/2。部分常用电容器的最高工作频率为：如小、中型云母电容为150～250MHz、75～100MHz；小、中型圆片形瓷介电容为2000～3000MHz、200～300MHz；小、中型圆管形瓷介电容为150～200MHz、50～70MHz；圆盘形瓷介电容为2000～3000MHz；小、中、大纸介电容器为50～80MHz、5～8MHz、1～1.5MHz。

4．电容器的规格标注方法

（1）直标法。将主要参数和技术指标直接标注在电容器表面上，容许误差用百分比表示。例如，1p2表示1.2pF，33n表示0.033μF。

（2）数码标法。不标单位，直接用数码表示容量，如 4700 表示 4700pF、0.068 表示 0.068μF。用 3 位数码表示容量大小，单位为 pF，前两位为容量的有效数字，后一位为乘 10^n，如 103 表示 10000pF。若第三位为 9，则乘以 10^{-1}，如 339 表示 $33×10^{-1}$=3.3pF。

（3）色标法。色标法与电阻的色标法相似。色标通常有 3 种颜色，沿引线方向，前两种表示有效数字，第三种色标表示乘以 10^n，单位为 pF。有时一、二色标同色，就标为一道宽的色标，如橙橙红，两个橙色就标为一道宽的色标，表示 3300pF。

5．电容器的性能测量

电容器在使用前应对其性能进行测量，检查其是否有短路、断路、漏电、失效等情况。

（1）容量测量：可通过数字万用表（采用伏安法测量）、万用电桥（采用比较法测量，精度较高）、Q 表（应用谐振法测量，同时可测 Q 值、精度较高）等测量。若用机械万用表测量，则可利用电容的充放电判断容量的大小。

（2）漏电测量：利用万用表的欧姆挡测量电容器时，除空气电容之外，阻值应为∞左右，其阻值为电容器的绝缘电阻，阻值越大，表明漏电越小。

6．使用常识

电容器的种类很多，正确选择和使用电容器对产品设计非常重要。

（1）选用适当的型号。根据电路要求，一般用于低频耦合、旁路去耦等电气要求不高的场合，可使用纸介电容、电解电容器等，极间耦合选用 1～22μF 的电解电容。射极旁路采用 10～220μF 的电解电容。在中频电路中，可选用 0.01～0.1μF 的纸介电容、金属化纸介电容、有机薄膜电容等；在高频电路中，应选云母电容和瓷介电容。

在电源滤波和退耦电路中，可选用电解电容，一般只要容量、耐压、体积和成本满足要求即可。

对于可变电容，应根据统调的级数，确定采用单联或多联可变电容器，如果不需要经常调整，可选用微调电容。

（2）合理选用标称容量及容许误差。在很多情况下，对容量要求不严格，容量偏差可以很大，如在旁路、退耦电路及低频耦合电路中，选用时可根据设计值，选用相近容量或容量大些的电容。

在振荡电路、延时电路、音调控制电路中，电容量应尽量与设计值一致，容许误差等级要求高些；在各种滤波器和各种网络中，电容量的容许误差等级有更高的要求。

（3）额定工作电压的选择。若电容器的额定工作电压低于电路中的实际电压，则电容器会发生击穿损坏。一般应为实际电压的 1～2 倍，使其留有足够的余量。对于电解电容，实际电压应是电解电容额定工作电压的 50%～70%。若实际电压低于额定工作电压的一半，则会使电解电容器的损耗增大。

（4）选用绝缘电阻高的电容器。在高温、高压条件下更要选择绝缘电阻高的电容器。

（5）在装配中，应使电容器的标志易于观察到，以便核对。同时，应注意不可将电解电容的极性接错，否则会损坏电容甚至会有爆炸的危险。

（四）晶体二极管

1．国产半导体器件型号命名方法

国产半导体器件的型号由五部分组成，其符号与意义如表 2-9 所示。

表 2-9 国产半导体器件的型号命名方法及其符号与意义

第一部分		第二部分		第三部分				第四部分	第五部分
用数字表示器件的电极数目		用汉语拼音字母表示器件的材料和极性		用汉语拼音字母表示器件的类别				用数字表示器件序号	用汉语拼音字母表示规格号
符号	意义	符号	意义	符号	意义	符号	意义		
2	二极管	A	N型锗材料	P	普通管	V	微波管		
		B	P型锗材料	W	稳压管	C	参量管		
		C	N型硅材料	Z	整流管	L	整流堆		
		D	P型硅材料	S	隧道管	N	阻尼管		
				U	光电器件	K	开关管		
				X	低频小功率管 (f_a>3MHz、P_c≤1W)	A	高频大功率管 (f_a≥3MHz、P_c≥1W)		
				D	低频大功率管 (f_a>3MHz、P_c≤1W)	G	高频小功率管 (f_a<3MHz、P_c<1W)		
3	三极管	A	PNP型锗材料	B	雪崩管	J	阶跃恢复管		
		B	NPN型锗材料	JG	激光器件	T	可控硅整流器		
		C	PNP型硅材料	CS	场效应器件	Y	体效应器件		
		D	NPN型硅材料	FH	复合管	BT	半导体特殊器件		
		E	化合物材料	PIN	PIN型管				

示例说明如图 2-4 所示。

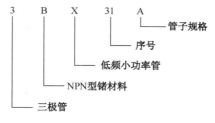

图 2-4 示例说明

它是锗 NPN 型低频小功率管。

2．晶体二极管的分类

（1）整流二极管：用于整流电路，把交流电转换为脉动的直流电，要求正相电流大，对结电容无特殊要求，一般频率低于 3kHz，其结构多为面接触型。

（2）检波二极管：用于将高频信号中的低频信号检出，要求结电容小，一般最高频率可达 400MHz，其结构为点接触型，一般采用锗材料制成。

（3）稳压二极管：用于直流稳压，利用反向击穿电压低的特性稳压，反向击穿为可逆。

（4）开关二极管：用于开关电路、限幅、钳位或检波电路。

（5）变容二极管：用于调谐、振荡、放大自动频率跟踪、稳频、倍频及锁相等电路。

（6）阻尼二极管：特殊高频、高压整流二极管，用于电视机行扫描中做阻尼和升压整流。

（7）发光二极管：将电能转换为光能的半导体器件，用于显示等电路。

3．二极管的主要特性指标

（1）最大整流电流：在长期工作时，允许通过的最大正向电流。
（2）最高反向工作电压：防止二极管击穿，使用时反向电压极限值。

4．二极管的性能测量

二极管的极性及性能好坏的判别可用万用表测量。当万用表旋至"⊶⊷"挡时，两支表笔之间有 2.8V 的开路电压（红表笔正、黑表笔负）。当 PN 结正偏时，约有 1mA 电流通过 PN 结，此时表头显示为 PN 结的正向压降（硅管约为 700mV，锗管约为 300mV）；当 PN 结反偏时，反向电流极小，PN 结上反向电压仍为 2.8V，表头显示"0000"（表示溢出）。通过上述两次判断，可得出 PN 结正偏时红表笔接的引脚为正极；若测量值不在上述范围，则说明二极管损坏。

二极管的特性参数可用晶体管图示仪测量，详见图示仪介绍。

5．使用常识

二极管在使用时硅管与锗管不能相互代替，同类型管可代替。对于检波二极管，只要工作频率不低于原来的管子即可。对于整流管，只要反向耐压和正向电流不低于原来的管子就可替换，其余管子应根据手册参数替换。

（五）晶体三极管

1．三极管的分类

（1）按半导体材料分：有锗三极管和硅三极管。一般锗为 PNP 管，硅为 NPN 管。
（2）按制作工艺分：有扩散管、合金管等。
（3）按功率分：有小功率管、中功率管、大功率管。
（4）按工作频率分：有低频管、高频管和超高频管。
（5）按用途分：有放大管和开关管。

2．三极管的主要参数

（1）共基极小信号电流放大系数（α）：0.9～0.995。
（2）共射极小信号交流放大系数（h_{fe}）：10～250。
（3）共射极小信号直流放大系数（h_{FE}、β）：10～250。
（4）集电极—基极反向截止电流（I_{CBO}）：锗管为几十微安，硅管为几微安。
（5）集电极—射极反向截止电流（I_{CEO}）：$I_{CEO}=\beta I_{CBO}$。
（6）集电极—基极反向击穿电压（$V_{(BR)CBO}$）：几十伏特～几百伏特。
（7）集电极—射极反向击穿电压（$V_{(BR)CEO}$）：几十伏特～几百伏特。
（8）发射极—基极反向击穿电压（$V_{(BR)EBO}$）：几伏特～几十伏特。
（9）集电极最大允许电流（I_{CM}）：低频小功率锗管、硅管分别为 10～500mA、小于 100 mA；低频大功率锗管、硅管分别为大于 1.5A、大于 300 mA。
（10）集电极最大允许耗散功率（P_{CM}）：小功率管小于 1W，大功率管大于 1W。
（11）电流放大系数截止频率（f_{hfb}、f_{hfe}）：低频管 f_{hfb} 小于 3MHz，高频管 f_{hfe} 大于 3MHz。
（12）特征频率（f_T）：$\beta=1$ 时的频率；一般高频管大于 10MHz，有的可达几千兆赫兹。

3．三极管的性能测试

（1）类型判别，即 NPN 或 PNP 类型判别。若采用机械万用表，则利用欧姆挡测量正、反向电阻判别；若采用数字万用表，则用万用表的两个表笔对三极管的 3 个引脚两两相测；若红表笔（V/Ω）接三极管任意一个引脚，而黑表笔（COM）依次接另两个引脚，若表头均显示正向压降（硅管约为 700mV，锗管约为 300mV），而黑表笔接该引脚，红表笔依次接触另两个引脚，表头显示超量程"0000"，则该引脚为 B 极，该管为 NPN；反之，若测量显示以上述相反，则该引脚同样为 B 极，该管为 PNP。

（2）电极判别，即 E、B、C 引脚判别。若采用机械万用表，则利用欧姆挡测量 β 法判别；若采用数字万用表，在通过上述方法测出 B 极的情况下，通过测量 BE 结和 BC 结的正向电压进行判断，由于发射区掺杂浓度高于集电区掺杂浓度，因此 BE 结的正向压降略大于 BC 结的正向压降，因此可判断出 E、C 两个引脚；若万用表具有测量 h_{FE} 挡，则将万用表旋至 h_{FE} 档，根据上述判断的类型和 B 极，假设另两极之一为 C 极，将被测三极管插于对应类型的 E、B、C 插孔；反之，假设其为 E 极，重新插于对应类型的 E、B、C 插孔，比较两次测量的 h_{FE} 数值，显示数值大的一次，其假设的引脚为正确。

（3）三极管的特性参数可用晶体管图示仪测量，详见图示仪介绍。

4．使用常识

在实际工作中，根据电路性能、要求不同，合理选择晶体管是重要的，选择时应考虑的主要参数为：$f_T \geq 3 \times$ 工作频率、$P_{CM} \geq$ 输出功率、β 取 40～200、I_{CEO} 选择小的、$V_{(BR)CEO} \geq 2 \times$ 电源电压。替换时，应根据手册参数选择相近或超出的晶体管。

（六）集成电路

集成电路是用半导体工艺或薄、厚膜工艺（或这些工艺的结合），将晶体二极管、三极管、场效应管、电阻、电容等元器件按照设计电路要求连接起来，共同制作在一块硅或绝缘体基片上，然后封装成为具有特定功能的完整电路。由于将元器件集成于半导体芯片上，代替了分立元件，因此集成电路具有体积小、质量轻、功耗低、性能好、可靠性高、电路性能稳定、成本低等优点。

1．集成电路分类

（1）按制作工艺。

① 薄膜集成电路：在绝缘基片上，采用薄膜工艺形成有源元件和互连线而构成的电路。

② 厚膜集成电路：在陶瓷等绝缘基片上，用厚膜工艺制作厚膜无源网络，而后装接二极管、三极管或半导体集成电路芯片，构成具有特定功能的电路。

③ 半导体集成电路：用平面工艺在半导体晶片上制成的电路。根据采用的晶体管不同分为双极型集成电路和 MOS 型集成电路，双极型集成电路又称为 TTL 电路，其中的晶体管与常用的二极管、三极管性能一样。MOS 型集成电路分为 N 沟道 MOS 电路（简称 NMOS 集成电路）、P 沟道 MOS 电路（简称 PMOS 集成电路）。由 N 沟道、P 沟道 MOS 晶体管互补构成的互补 MOS 电路，简称 CMOS 集成电路。半导体集成电路工艺简单，集成度高，应用广泛，品种多，发展迅速。

④ 混合集成电路：采用半导体工艺和薄膜、厚膜工艺混合制作的集成电路。

（2）按集成规模（芯片上的集成度）分。

① 小规模集成电路：10 个门电路或 10～100 个元器件。

② 中规模集成电路：10～100 个门电路或 100～1000 个元器件。

③ 大规模集成电路：100～1000 个门电路或 1000 个以上元器件。

④ 超大规模集成电路：10000 个以上门电路或十万个以上元器件。

(3) 按功能分。

① 数字集成电路：能够传输"0"和"1"两种状态信息并能进行逻辑、算术运算和存储及转换的电路。常用的 TTL 电路有 54××、74××、74LS××等系列；CMOS 电路有 4000、4500、74HC××等系列。

② 模拟集成电路：除数字集成电路之外的集成电路。

a. 线性集成电路：输出、输入信号呈线性关系的电路，如各类运算放大器。

b. 非线性集成电路：输出信号不随输入信号而变化的电路，如对数放大器、检波器、变频器、稳压电路以及家用电器中的专用集成电路。

2．半导体集成电路型号的命名方法

半导体集成电路型号由五部分组成，其命名方法及其符号与意义如表 2-10 所示。

表 2-10　半导体集成电路型号的命名方法及其符号与意义

第一部分		第二部分		第三部分	第四部分		第五部分	
用字母表示器件符合国家标准		用字母表示器件型号		用阿拉伯数字表示器件系列和品种代号	用字母表示器件的工作温度		用字母表示器件的封装	
符号	意义	符号	意义		符号	意义	符号	意义
C	中国制造	T	TTL				W	陶瓷扁平
		H	HTL				B	塑料扁平
		C	CMOS					
		F	线性放大器		C	0～70℃	F	全密封扁平
		D	音响、电视电路		E	−40～85℃	D	陶瓷直插
		W	稳压器		R	−55～55℃	P	塑料直插
		J	接口电路		M	−55～125℃	J	黑陶瓷直插
		B	非线性电路				K	金属菱形
		M	存储器				T	金属圆形
		μ	微型机电路					

（七）晶体管特性图示仪

1．XJ4810 型晶体管特性图示仪面板

XJ4810 型晶体管特性图示仪面板如图 2-5 所示。

2．功能键及旋钮作用说明

晶体管图示仪由示波管及控制电路、集电极电源、X 轴作用、Y 轴作用、阶梯信号、测试台六部分组成，其旋钮、开关功能如下。

（1）集电极电源极性开关：测量 NPN 时，应选择"+"；测量 PNP 时，应选择"−"。

（2）峰值电压范围选择：分为 0～10V、0～50V、0～100V、0～500V 和 AC 共五档。

（3）电容平衡：减小各种杂散电容形成的电容性电流的影响。

（4）峰值电压%：在峰值电压选择范围下，调整电压范围。

（5）功耗限制电阻：串接于被测三极管集电极电路上，限制超过功耗。

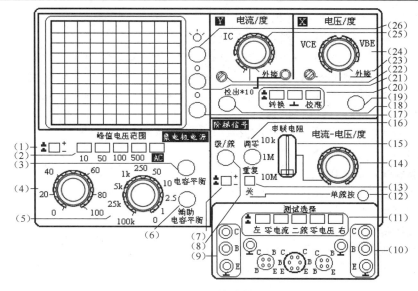

图 2-5 XJ4810 晶体管特性图示仪面板

（6）辅助电容平衡：针对集电极变压器次级绕组对地电容不对称进行电容平衡调整。

（7）阶梯信号极性开关：测量 NPN 时，应选择"+"；测量 PNP 时，应选择"-"。

（8）"级/簇"旋钮：0～10 连续可调，调整阶梯波的梯级数目，即每簇曲线所包含的曲线数。

（9）左测试管插座：被测管按 E、B、C 引脚插入测试。

（10）右测试管插座：被测管按 E、B、C 引脚插入测试。

（11）测试选择开关：分为左、零电流、二簇、零电压、右共 5 档。

（12）"单簇按"按键：在梯信号处于待触发状态时，每按一次按键，就产生一次阶梯信号，这种测试方法用于测量晶体管的极限参数，以免被测管长时间处于过载状态。

（13）"重复/关"开关。

① 重复：使阶梯信号重复出现，做正常测试。

② 关：阶梯信号处于待触发状态。

（14）阶梯信号选择旋钮：具有 22 档、2 种偏转作用的开关。

① 基极阶梯电流 I_B：0.2μA/级～50mA/级共 17 档。

② 基极阶梯电压 V_B：0.05V/级～1V/级共 5 档。

（15）串联电阻：10k、1M、10M 共 3 档，当阶梯信号选择开关置阶梯电压时，串联电阻将串联在被测管的输入电路中，保护被测管的基极。

（16）"调零"旋钮：调整阶梯信号起始级到零电位的位置。

（17）电源开关、亮度旋钮：拉出接通电源；顺时针增大亮度。

（18）Y 轴位移旋钮：调整光迹上下移动。

（19）X 轴位移旋钮：调整光迹上下移动。

（20）显示切换按键。

① 转换：图像在Ⅰ、Ⅱ象限内相互转换，便于 NPN 管转测 PNP 管时简化测试操作。

② ⊥：放大器输入接地，表示输入为零的基准点，通过 X、Y 位移旋钮定光标原点。

③ 校准：由仪器提供的 X、Y 校准信号，以达到 10°校正目的。

（21）聚焦旋钮：调整图像清晰。

（22）Y 轴增益电位器：调整 Y 增益，以便校准刻度。

（23）X 轴增益电位器：调整 X 增益。

（24）X 轴选择开关：具有 17 挡、3 种偏转作用的开关。

① 集电极电压 V_{CE}：0.05～50V/div 共 10 挡，被测管的集电极电压作为 X 轴参量。

② 基极电压 V_{BE}：0.05～1V/div 共 5 挡，被测管的基极电压作为 X 轴参量。

③ 基极电流或基极源电压：1 挡，当基极电流或基极基极源电压作为 X 轴参量；其数值由"阶梯选择"开关刻度读测。

（25）Y 轴选择开关：具有 22 挡、4 种偏转作用的开关。

① 集电极电流 I_C：10μA/div～0.5mA/div 共 15 挡，被测管的集电极作为 Y 轴参量。

② 二极管漏电流 I_R：0.2～0.5μA/div 共 5 挡，被测二极管的漏电流作为 Y 轴参量。

③ 基极电流或基极源电压：1 挡，基极电流或基极基极源电压作为 Y 轴参量，其数值由"阶梯选择"开关刻度读测。

④ 电流衰减旋钮：中间旋钮拉出为电流/度×0.1 倍率开关。

（26）辅助聚焦旋钮：配合聚焦旋钮，调整图像清晰。

3．使用方法

（1）打开电源开关，预热 5min。

（2）示波管显示部分调整：亮度、聚焦、辅助聚焦，通过 X、Y 位移将光点调到合适位置。

（3）集电极电源：将集电极电源的开关、旋钮根据被测管及测量要求调到合适位置，其中"峰值电压"应置于最小位置，测量时慢慢增大。

（4）Y 轴作用：将 Y 轴选择开关按测量要求调到合适位置。

（5）X 轴作用：将 X 轴选择开关按测量要求调到合适位置。

（6）基极阶梯信号：将阶梯信号的开关、旋钮根据被测管及测量要求调到合适位置。

（7）测试台：将测试选择开关全弹出，然后将被测管按对应的引脚插入管座，再将测试选择开关键入测试一方，即可进行有关测试。

（8）关机：仪器使用后关闭电源，将"峰值电压范围"置 10V，"峰值电压"旋钮置 0，"功耗限制电阻"置 1kΩ 左右，"Y 轴作用"置 1mA/度，"X 轴作用"置 1V/度，"阶梯信号"置 0.01 mA/级，"重复/关"开关置关位置，以防下次使用仪器时，不致损坏管子。

（9）测量时，确定判明被测管的引脚（E、B、C）和极性，选择集电极电源和阶梯信号的"极性"。

（10）在测试中应特别注意"阶梯信号"选择旋钮、"功耗电阻"与"峰值电压范围"的位置。加于被测管的电压和电流，务必从小到大地慢慢增加。

（11）测试台上"测试选择"按键平常应处于不测试状态。

三、实验仪器

（1）电子技术综合实验箱　　　　　　　　　　1 台
（2）数字万用表　　　　　　　　　　　　　　1 台
（3）晶体管特性图示仪　　　　　　　　　　　1 台

四、实验内容

1．辨认一组电阻器

辨认所给色标电阻的标称阻值及容许误差，判断其额定功率，并用数字表测量进行比较，将所测电阻按从小到大的顺序填入表 2-11（测量时，被测电阻不能带电，不能和手并联，以免测量不准确，同时应选择好量程，以提高测量精度）。

表 2-11　电阻器辨认、测量表（至少画出 5 行）

型号/名称	色　环	额定功率	标称阻值	容许误差	测量值

2．辨认一组电容器

辨认所给电容器的材料、标称容量及容许误差，将所读电容器按从小到大的顺序填入表 2-12 中。

表 2-12　电容器辨认、测量表（至少画出 5 行）

型　号	名　称	直流工作电压	标称容量	容许误差

3．测量一组半导体器件（二极管、三极管）

用数字万用表测量晶体管参数，填入表 2-13 中，并判别晶体管的类型、引脚及好坏。

表 2-13　晶体管参数测试（根据测量三极管数按表扩充）

参　数	测量值		型　号			
	1N4004	1N4148	9011(9013)		9012	
			BE 结	BC 结	BE 结	BC 结
正向压降						
反向压降						
管子类型						

4．测量二极管、发光二极管、稳压管的伏安特性并绘制伏安特性曲线

要求：采用直流稳压电源 CH1（限流 10mA）为输入电压。

（1）设计测量二极管伏安特性曲线电路：二极管电压范围为 0～1V（分 10 点），测量对应电流，列出表格，并画出伏安特性曲线。

（2）设计测量发光二极管伏安特性曲线电路：发光二极管电压范围为 1～2.5V（分 15 点），测量对应电流，列出表格，并画出伏安特性曲线。

（3）设计测量稳压管伏安特性曲线电路：列出表格，并画出伏安特性曲线。

5．测量晶体管电流放大倍数

晶体管电流放大倍数可由专用仪器图示仪或晶体管参数测试仪直接测量，也可根据定义设计

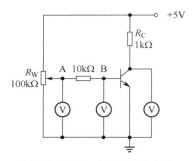

图 2-6　NPN 三极管测量电路

电路进行测量。图 2-6 所示为 NPN 三极管测量电路，即将电路设计为共射电路（射极接地），为计算方便，将 R_C 选为 1kΩ，为便于改变 I_B，基极接 10kΩ，并接 5V 经 100kΩ 电位器分压构成设计电路。当改变电位器使电路处于放大状态时，分别用电压表测量三极管对公共端电压，则可根据定义计算出晶体管电流放大倍数。

要求：设计并测量 PNP 三极管（9012）电流放大倍数的电路，参照表 2-14 进行测量并计算值。

表 2-14　晶体管电流放大倍数 β 测量

	V_C	4V	3V	2V	1V
测量	V_A				
	V_B				
计算	$I_B=(V_A-V_B)/R_{AB}$				
	$I_C=(5V-V_C)/R_C$				
	B				

五、预习要求

（1）阅读实验内容，了解各元器件的性能和规格。
（2）阅读实验内容，了解晶体管特性图示仪的基本工作原理和使用方法。
（3）采用 Multisim 12 仿真软件，利用电压电流分析仪（IV analyzer）测试三极管 2N2222、2N3244 的 β 值。
（4）采用 Multisim 12 仿真软件，设计测量上述两个三极管的 β 值的电路，求出 β 值。

六、实验报告要求

（1）将辨认的一组电阻按表 2-11 格式填写，计算误差。
（2）将辨认的一组电容按表 2-12 格式填写。
（3）将给定的晶体管测量结果填入表 2-13 中。
（4）画出测量二极管伏安特性的测试设计图，列表填入相应测量值，并画出该曲线。
（5）画出测量发光二极管伏安特性的测试设计图，列表填入相应测量值，并画出该曲线。
（6）画出测量稳压管稳压值的设计电路，列表说明测量的稳压值。
（7）将晶体管电流放大倍数 β 测量结果填入表 2-14 中。
（8）总结实验过程的体会和收获，对实验进行小结。

七、思考题

（1）能否用双手接触万用表笔测量电阻？
（2）如何测量小阻值的电阻？
（3）如何测量稳压管的稳压值？
（4）总结判断晶体管极性、引脚的方法。
（5）总结判断晶体管好坏的方法。

实验三 示波器的应用

一、实验目的

（1）了解示波器的基本工作原理和主要技术指标。
（2）掌握示波器的使用方法。
（3）应用示波器测量各种信号的波形参数。
（4）掌握用示波观察测量多个相关波形的正确方法。

二、实验原理

1. 数字示波器显示波形原理

示波器是将输入的周期性电信号以图像形式展现在显示器上，以便对电信号进行观察和测量的仪器。示波器如何将被测电信号随时间的变化规律展现成波形图呢？

示波器显示器是一种电压控制器件，根据电压有无控制屏幕亮灭，并根据电压大小控制光点在屏幕上的位置。

示波器根据输入被测信号的电压大小，经处理控制显示器光点在屏幕上进行垂直方向的位移。若示波器仅由被测连续电信号控制，则示波器仅显示出一条垂直光线，而不能显示该信号的形状。为了显示出被测信号随时间变化的规律，控制显示器在屏幕上进行水平方向的扫描，示波器显示屏必须添加幅度随时间线性增长的周期性锯齿波电压，才能让显示屏的光点反复地自左端移动到右端，屏幕上就出现一条水平光线，称为扫描线或时间基线。线性的锯齿波作为水平轴的时间坐标，故称它为时基信号（或扫描信号）。这样，当显示屏同时加上被测信号和时基信号时，显示屏将显示被测信号的波形，数字示波器显示波形原理如图 3-1 所示。

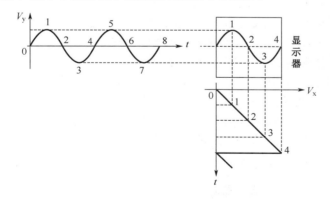

图 3-1 数字示波器显示波形原理

为了在显示屏上观察到稳定的波形，必须使锯齿波的周期 T_x 和被测信号的周期 T_y 相等或成整数倍关系，即 $T_x = nT_y$（n 为正整数）；否则，所显示波形将出现向左或向右移动现象，即显示的波形不能同步。

2. 数字存储示波器的原理

数字存储示波器主要由信号调理部分、采集存储部分、触发部分、软件处理部分和其他部分组成。双通道数字存储示波器原理如图3-2所示。

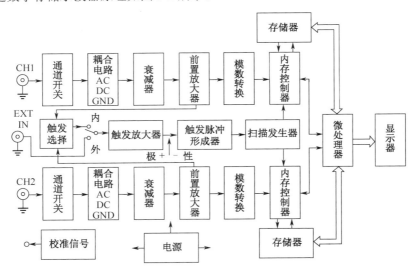

图3-2 双通道数字存储示波器原理

（1）信号调理部分：由测试笔、通道开关、耦合电路、衰减器、前置放大器组成，其主要对被测输入信号进行预处理，对被测信号接地、直通、隔直（示波器耦合选择），对大幅度信号进行衰减、小幅度信号进行放大（示波器垂直灵敏度旋钮），达到较理想的信号幅度让模数转换器（ADC）进行模数转换，使信号波形在显示器达2/3以上幅度。

（2）采集存储部分：由模数转换、内存控制器、存储器组成，主要将被测预处理后的信号各点经采集转换为对应数字信号，通过内存控制器将被测信号的各点数字信号存储在存储器，在存储器存满后，再把样点信号传递到微处理器进行处理。

（3）触发部分：由触发选择、触发放大器、触发脉冲形成器、扫描发生器组成，主要通过触发选择器选择输入信号 CH1、CH2（内触发）或同系统电路中边沿最小的信号（外触发）作为触发信号，并将该信号经触发放大器放大达到合适的幅度，经触发脉冲形成器形成适当的脉冲信号，控制扫描发生器形成锯齿信号。同样通过内存控制器将扫描信号的各点数字信号存储在存储器，在存储器存满后，再把样点信号传递到微处理器进行处理。

（4）软件处理部分：主要由微处理器和相应软件组成，采集的数据传递到微处理器后，先要进行 $\sin(x)/x$ 正弦内插，或者线性内插进行波形的重建，重建后的波形可以进行各种各样的参数测量、信号运算和分析等。最终的结果或原始的样点都可以直接显示到屏幕上。

（5）其他部分：各种电路所需电源、标准信号发生器等。

3. 示波器的主要技术特性

（1）模拟带宽：由前置放大器的带宽决定。
（2）采样速率：由模数转换电路决定。
（3）存储深度：由存储器决定。
（4）触发能力：由触发电路的类型决定。

4. 数字存储示波器的面板

数字存储示波器的面板如图 3-3 所示。

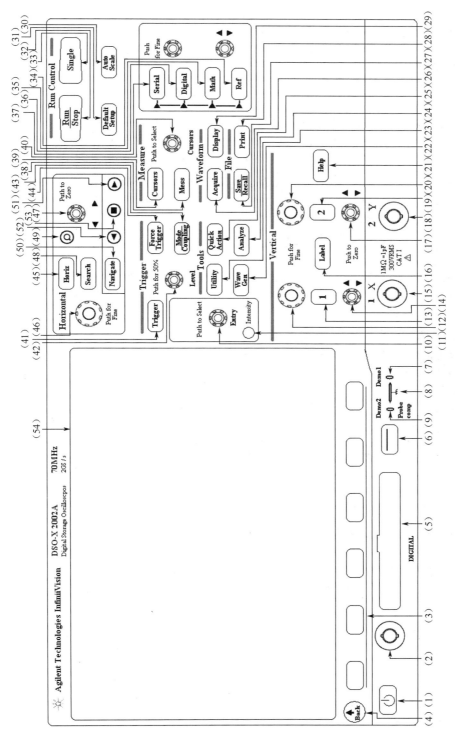

图 3-3 数字存储示波器的面板

5. 功能键及旋钮的作用说明

本仪器具有本机帮助功能，当对某键的功能尚不了解时，可通过长按该键，使示波器显示屏显示该功能键的使用说明。

（1）电源开关：按电源开关，接通电源。

（2）GEN OUT：信号发生器输出插孔。

（3）菜单键：根据选择功能，按照 LCD 上显示的菜单，按对应功能进行设置。

（4）Back（返回）键：在菜单层次结构中键入该键，则返回上一层菜单；在菜单顶层键入时，关闭菜单，并显示示波器信息。

（5）DIGITAL：8 位逻辑分析仪数字信号输入插座，本仪器不具备该功能。

（6）USB 端口：用于存储波形信息到 USB 设备或从 USB 设备调用信号到示波器显示。

（7）Demo1：演示端口输出，用于该示波器简单操作演示（通过键入 Help 键并由菜单选择培训，再选择输出，则可通过培训信号（f=1kHz；$V_{p\text{-}p}$=2.5V）选择各类信号观察。

（8）接地端口：接仪器地线。

（9）Demo2：输出标准信号（方波：f=1kHz；$V_{p\text{-}p}$=2.5V），当将示波器接该信号时，用于调节探头的输入电容与所连接的示波器通道匹配；

（10）Entry 旋钮：当对应 Entry 旋钮灯亮时，用于从菜单中选择菜单项或更改参数值。

（11）Intensity（亮度）键：默认 50%，键入时（键灯亮），可通过 Entry 调节波形的亮度。

（12）CH1 垂直灵敏度旋钮：改变垂直方向的灵敏度（电压值/格），并显示在显示屏的左上方，键入时进行粗、细调切换。

（13）CH1 通道开关：键入时（键灯亮），表示 CH1 通道工作；进入 CH1 通道设置菜单，可对 CH1 通道的耦合方式、带宽限制、微调、倒置和探头等功能根据需要进行设置。

（14）CH1 通道位移旋钮：用于调节波形在显示器的上下位置，键入时将 CH1 通道零电平位置显示在屏幕正中间。

（15）CH1 通道输入端口：通过探头接被测信号。

（16）Label（标签）：键入时，用于通过菜单输入标签以标识示波器显示屏上的每条轨迹。

（17）CH2 通道位移旋钮：用于调节波形在显示器的上下位置，键入时将 CH2 通道零电平位置显示在屏幕正中间。

（18）CH2 通道输入端口：通过探头接被测信号。

（19）CH2 通道开关：键入时（键灯亮），表示 CH2 通道工作；进入 CH2 通道设置菜单，可对 CH2 通道的耦合方式、带宽限制、微调、倒置和探头等功能，并根据需要进行设置。

（20）CH2 垂直灵敏度旋钮：改变垂直方向的灵敏度（电压值/格），并显示在显示屏的左上方，键入时进行粗、细调切换。

（21）Help（帮助）键：键入时，进入帮助菜单，可选择开始使用、示波器信息、语言、培训信号选项。

（22）Wave Gen（信号发生器）：键入时（键灯亮）信号发生器工作，进入信号发生器菜单，可选择波形类型、频率、幅度、偏移，并将信号从 Gen Out 插孔输出。

（23）Utility（系统应用菜单）：键入时，进入系统应用菜单，可进行选择 I/O、文件浏览器、选项、服务、定义快捷键、注释等功能的设置。

（24）Analyze（分析）：键入时，进入分析菜单，可进行选择触发电平、测量阈值、视频等功能的设置。

（25）Quick Action（快捷键）：定义该键为某功能的快键方式。

（26）Acquire（采集）：键入时，进入采集菜单，可进行选择采集信号模式正常、峰值检测、平均或高分辨率采集模式等功能的设置。

（27）Save/Recall：键入时，进入保存、回调菜单，可进行保存、回调、默认/擦除选择。

（28）Print：键入时，进入打印菜单，可选择打印机和网络设置等操作。

（29）Display：键入时，进入显示菜单，可设置余辉、捕获波形、清除余辉、清除显示、网格亮度，以及波形亮度的调整。

（30）Auto Scale（自动扫描）：键入时，自动显示被测波形。

（31）Default Setup（默认设置）：键入时，恢复示波器默认设置。

（32）Single（单次扫描）：只显示一扫描周期的波形。

（33）Run/Stop（运行/停止）：绿灯亮时连续采集并显示信号，键入时（红灯亮），停止采集。

（34）Ref：参考波形菜单。

（35）Math（数学函数）：可通过菜单选择 CH1 与 CH2 输入信号的数学运算。

（36）Digital（数字信号）：逻辑分析仪，该仪器无此功能。

（37）Serial（串行数字信号）：串行总线解码，该仪器无此功能。

（38）Mess（测量）：键入时，进入测量菜单，可选择测量源、测量类型、添加测量、设置、清除测量值等操作。

（39）Cursors 键：键入时，进入光标菜单，可选择光标模式、测量源、选择光标、单位等，并根据需要进行设置。

（40）Cursors 旋钮：光标线调整旋钮，键入时选择光标线。

（41）Trigger（触发）：设置示波器何时采集数据和显示波形，键入时，可通过菜单选择触发类型、触发源、触发斜率等，根据需要进行设置，并显示在显示器右上方，确保显示波形稳定。

（42）Level（触发电平）：用于调节模拟通道边沿检测的垂直电平（让波形稳定），触发电平值显示在显示屏右上方，只需将显示屏左侧的 T 触发线调整到所测波形之间即可稳定波形，键入时，自动将触发电平设置在最佳值。

（43）Mode/Coupling（触发模式/耦合菜单）：键入时，可通过菜单选择触发模式、耦合方式、噪声抑制、高频抑制、释抑功能，并根据需要进行设置。

（44）Force Trigger（强制触发）：在未触发时采集和显示波形。

（45）Horiz（水平控制）：键入时，进入水平控制菜单，可选择时基模式（标准、XY）、缩放、细调、时基参考点等，并根据需要进行设置。

（46）时基旋钮：调整时间的灵敏度（时间/格），并显示在显示屏的上方中间，键入时可以进行粗、细调切换。

（47）水平位移旋钮：用于调节波形在显示器的左右位置。

（48）Search（搜索）：查找模拟通道的变化，本仪器不具备该功能。

（49）◎（缩放）：键入时，可进行缩放功能的切换，在缩放功能下，示波器显示屏分成上下两个区域：上半部分显示正常波形，下半部分为选中波形区域的放大，放大部分可通过水平位移旋钮调节选择，放大区域可通过调整水平灵敏度旋钮进行选择，用于观察波形的细节。

（50）Navigate（导航）：键入时，进入导航菜单，通过导航菜单可选择时间和导航模式。

（51）▶（向前播放）：在导航且停止采集时有效，该键控制捕获的信号向前播放，多次键入该键可加快回放速度（分三级）。

（52）◀（向后播放）：在导航且停止采集时有效，该键控制捕获的信号向后播放，多次键入该键可加快回放速度（分三级）。

（53）■（暂停播放）：在导航且停止采集时有效，该键控制捕获的信号暂停播放。

（54）显示屏：显示测量信号的波形及示波器当前的设置信息。

6．示波器的测量信号参数方法

（1）打开电源开关（POWER）30s 后，屏幕上应有光迹，否则检查有关控制旋钮的位置。

（2）将示波器探头（如 CH1）接被测信号，确定触发源（SOURCE）选择在所接通道位置（应为 CH1）。

（3）键入相应的通道（应为 CH1）开关，启动该通道工作。

（4）将垂直和水平灵敏旋钮调到合适的位置，$V_{p-p}/8 \leqslant$ 选择 Y 轴灵敏度；$T/10 \leqslant$ 选择 X 轴灵敏度。

（5）屏幕上应有被测信号波形。

（6）若需测量信号各点电平，耦合方式则应选 DC 耦合；若只需观测信号幅度，则选 AC 耦合。

（7）将 Y 和 X 位移旋钮调到便于测量的位置。

7．示波器观测多个相关波形的方法

由于双踪示波器在"内触发状态"双通道显示情况下，示波器的扫描信号的起始时刻由"触发源选择"所选的 CH1、CH2 输入信号及"触发极性开关"所选的"+""-"来决定，即 CH1 的上升沿、下降沿或 CH2 的上升沿、下降沿决定扫描信号的起始时刻。因此，当示波器触发信号选择不当时，如信号仅由 CH1 输入，而触发源选择 CH2；由于触发源所选的 CH2 没有信号输入，示波器的扫描信号起始时刻不能确定，导致 CH1 输入信号不能同步而使波形不能稳定显示；而当示波器双通道显示两个相关信号时，不论两个信号是否同频，由于两个相关信号间的相位由电路决定，因此不论触发源选择 CH1 或 CH2，示波器的扫描信号起始时刻均能确定，示波器能稳定地显示两个相关波形。然而，当所需观测的相关信号超过两个时，双踪示波器将如何观察，从而保证观察信号之间的相位正确呢？下面以双踪示波器观察图 3-4 所示的 3 个相关工作波形为例，说明双踪示波器观察多个相关波形的方法。

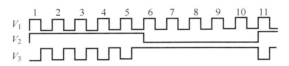

图 3-4　3 个相关工作波形

由于双线示波器每次只能观测两个波形，要把 3 个波形之间正确的相位关系描绘出来，就必须恰当地选取"触发信号"。

如果第一次同时观测 V_1、V_2 波形，选 V_1 作内"+"触发，V_1 的每个上升沿均有可能被选作扫描的起始时刻，那么 V_2 波形的起始时刻将随着 V_1 的不同上升沿而改变，对 V_2 来说，起始时刻就不确定了。当第二次同时观测 V_1、V_3 波形时，仍选 V_1 作内"+"触发，同理，对 V_3 来说，起始时刻也不确定的。这样画出的 V_2、V_3 波形的相位关系可能发生移动，不符合实际情况。

如果第一次同时观测 V_1、V_2 波形，选 V_2 作内"+"触发，在 V_1 的 10 个周期内，V_2 只有一个上升沿被选用扫描的起始时刻，那么 V_2 波形的起始时刻确定了，V_1 波形的起始时刻也就确定了。当第二次同时观测 V_2、V_3 波形时，仍选 V_2 作内"+"触发，同理，V_2 和 V_3 的起始时刻也是确定的。这样画出的 V_1、V_2、V_3 波形的相位关系就不会发生移动。

由上述讨论可知，V_2 波形的边沿数最少（信号周期等于系统周期）。决定扫描的起始时刻数最少（只有一个）。因此，就不会产生各个波形之间的相位移动。若要观测 3 个或 3 个以上的相关波形，必须选择系统中边沿数最少的波形作为触发信号，才能无误地画出各个波形之间的时序关系；但是在内触发的情况下，每次都必须用同一线来观测周期最大的 V_2 信号波形。若要同时观测 V_1、V_3 波形，则选不到 V_2 用内触发信号。因此，通常采用外触发方式，即把边沿数最少的 V_2 作为外触发信号。这样,示波器的两根测试笔就可以随意观测 V_1、V_2、V_3 之间任意两个波形,因为这时已固定 V_2 作为外触发信号了。这样就增加了观测的灵活性,并能准确无误地画出各个波形之间的时序关系。

三、实验仪器

(1) 双踪示波器　　　　　　　　　　1 台
(2) 函数信号发生器　　　　　　　　1 台
(3) "四位半" 数字多用表　　　　　　1 台

四、实验内容

1. 校验示波器的灵敏度

对于首次接触的示波器,必须对其灵敏度进行校验。其方法为:在示波器正常显示状态下,将探头接示波器本身提供的校准方波信号源(Demo2 端子);采用自动或手动方法观察校准信号,若测量得到的波形幅度、频率与校准信号(f=1kHz,Vp-p=2.5V)相同,则说明示波器准确;若不同,则应记下其误差。

图 3-5 所示为方波信号参数。

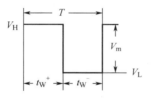

图 3-5　方波信号参数

2. 调整、测量含有直流电平的信号

若要求信号发生器输出方波信号(f = 1kHz、占空比 50%,V_{p-p} = 4V、V_H=3V、V_L = −1V),则调整、测量方法如下。

(1) 令信号发生器输出方波,调整信号频率为 1kHz。
(2) 调整信号幅度为 4V,偏移量为 1V,或者通过设置高、低电平的方法设置 V_H=3V,V_L=−1V。
(3) 连接示波器和信号发生器,令两个仪器 "COM" 端相接,并将示波器探头连接信号发生器信号输出端。
(4) 示波器置直流耦合(DC),手动或自动观测信号发生器的输出信号,分别改变波形输出类型,此时示波器上分别显示图 3-6 所示的波形。

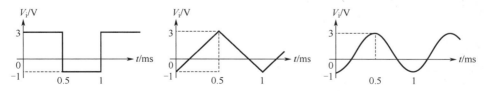

图 3-6　调整、测试含有直流电平的信号波形

3. 正弦电压的测量

信号发生器输出正弦信号（$f = 1\text{kHz}$、$V_{p-p} = 4\text{V}$、$V_H = 3\text{V}$、$V_L = -1\text{V}$），用数字电压表和示波器按表 3-1 测量，然后计算相应的电压均方根值，并与数字电压表测量值相比较。

表 3-1 信号幅度的测量

输出值	$V_{p-p} = 4\text{V}$、$V_L = -1\text{V}$	$V_{p-p} = 1\text{V}$、$V_L = -0.25\text{V}$
理论计算该信号的均方根值		
数字电压表测量值（DC）		
数字电压表测量值（AC）		
数字电压表测量均方根值		
示波器测量直流电平		
示波器测量 V_{p-p} 值		
示波器测量均方根值		

4. 正弦信号周期和频率的测量

按表 3-2 改变上一步骤所用的信号发生器的频率，并保持其他参数不变，测量其周期，并换算成频率，并与信号发生器的频率显示值相比较。

表 3-2 信号周期的测量

频率显示值/kHz	0.1	1	10	50
理论计算周期				
测量周期				
测量频率/Hz				

5. 示波器的双踪显示

（1）信号相移测量图如图 3-7 所示。按图 3-7（a）所示搭接电路，测试装置按图 3-7（b）所示连接。

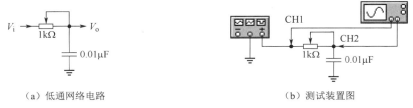

（a）低通网络电路　　　　　　　　　　　（b）测试装置图

图 3-7 信号相移测量图

（2）将上一步骤所用信号改为 $f_i = 50\text{kHz}$，示波器采用双通道工作，分别调节 CH1 和 CH2 的 Y 灵敏度和上下位移，使显示波形高度和位置适中，调节 X 灵敏度，使波形显示 1~2 个周期，如图 3-8 所示，用光标法测出 t_φ。显然 V_o 滞后于 V_i 的相位差 $\varphi = 360° \cdot t_\varphi / T$。调整电位器，测出 t_φ 最大值，并计算出 φ 值。

6. 示波器的"外扫描"（X-Y）工作模式

在"外扫描"（X-Y）工作模式（按下"Horiz"键，选择 X-Y 模式），则 CH1 的输入信号代替示波器内部的锯齿波作为 X 轴扫描信号，此时，水平（X）轴变为 CH1 的电压轴，X 轴上各点的电压值，用 CH1 的 Y 灵敏度来测量，垂直（Y）轴仍为 CH2 的电压轴，Y 轴上各点电压值，仍用 CH2 的 Y

灵敏度来测量。用（X-Y）功能，可以观察到图 3-7 所示电路关于 V_i、V_o 波形的李萨茹图形。

7．用双踪示波器观测多个相关波形

（1）按图 3-9 所示电路搭接电路，将 $1CP_0$ 接任意波信号发生器；（TTL 信号 f=10kHz，占空比为 1/2）。

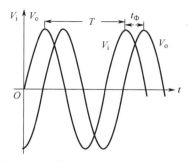

图 3-8　两个同频率信号相位差测量

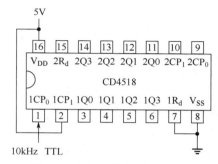

图 3-9　多个相关波形测试原理

（2）用示波器 CH1 分别观察 $1CP_0$、$1Q_0$、$1Q_1$、$1Q_2$、$1Q_3$，找出边沿数最少的信号作为触发信号（外同步信号），并将边沿数最多的信号作为参照信号（用 CH1 观察）。观察时，应满足边沿数最少的信号至少一个信号周期以上。

（3）用 CH2 分别观察其他信号，观察时，应注意各个信号的变化对应参照信号边沿。

（4）波形画法。

① 画出参照信号，并根据其他信号变化对应参照信号边沿情况画出各个边沿的虚线。

② 按照示波器观察其他波形情况，画出各个信号对应参照信号边沿。

③ 按照示波器显示，画出各个边沿对应的电平。

④ 画波形时，时间起点应对齐。

⑤ 必须完整观察各个信号（每个信号至少要达到边沿数最少的信号一个周期）。

（5）画出电路中 $1CP_0$、$1Q_0$、$1Q_1$、$1Q_2$、$1Q_3$ 的相位关系的相关波形，如图 3-10 所示。

图 3-10　多个相关波形记录

五、预习要求

（1）仔细阅读实验讲义内容，了解示波器技术性能和使用方法。

（2）利用仿真软件 Multisim 12，了解示波器的使用方法。

（3）注意各种测量仪器的使用范围及精度。

六、实验报告要求

（1）总结出示波器的通用使用方法。

（2）总结 Agilent DSO-X 2002A 型数字示波器的使用方法。

（3）记录相关实验内容。

（4）总结示波器在使用过程中遇到的问题和解决办法。

七、思考题

（1）用示波器观察正弦信号时，若荧光屏上出现下列情况，则应如何调节？

① 屏幕上什么都没有；

② 屏幕上只有一点；

③ 屏幕上只有一条水平线；

④ 屏幕上只有一条竖线；

⑤ 使波形同步；

⑥ 观察已知信号频率时，应注意示波器时间量程是否与输入信号的周期同数量级。

（2）用示波器观察正弦小信号（如 30mVp-p）时，示波器应如何调节才能使波形稳定显示？

（3）在信号参数测量时，如何提高测量精度（分别从幅度和周期阐述）？

（4）在多个相关波形观测中，如何选择触发信号和参照信号？

实验四　TTL、CMOS 门电路参数及逻辑特性的测试

一、实验目的

（1）掌握 TTL、CMOS 与非门参数的测量方法。
（2）掌握 TTL、CMOS 与非门逻辑特性的测量方法。
（3）掌握 TTL 与 CMOS 门电路接口设计方法。

二、实验原理

（一）TTL 门电路

TTL 门电路是标准的集成数字电路，其输入、输出端均采用双极型三极管结构；TTL 器件均与 TTL 门电路具有相同的特性，故需要了解 TTL 门电路的主要参数。

7400 是 TTL 型中速二输入端四与非门。图 4-1 所示为 7400 与非门内部电路原理和引脚排列。

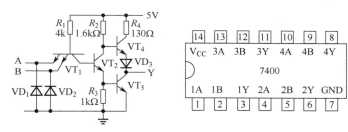

图 4-1　7400 与非门内部电路原理及引脚排列

1．TTL 与非门的主要参数

（1）输入短路电流 I_{IS}：与非门某输入端接地（其他输入端悬空）时，该输入端流入地的电流。

（2）输入交叉漏电流 I_{IH}：与非门某输入端接 V_{CC}（5V），流入该输入端的电流。

TTL 与非门输入特性如图 4-2 所示。

（3）输出高电平 V_{OH}：与非门输入接低电平（0V），则输出为高电平，考虑 TTL 门的应用环境，在输出高电平时应接负载电阻（2kΩ）。

（4）输出低电平 V_{OL}：与非门输入接高电平（5V），则输出为低电平，考虑 TTL 门的应用环境，在输出低电平时应接负载电阻（390Ω）。

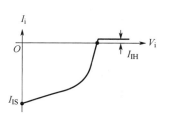

图 4-2　TTL 与非门输入特性

（5）开门电平 V_{ON}：使输出端维持低电平 V_{OL} 所需的最小输入高电平，通常以 $V_o=0.4V$ 时的 V_i 定义。

（6）关门电平 V_{OFF}：使输出端保持高电平 V_{OH} 所允许的最大输入低电平，通常以 $V_o=0.9V_{OH}$ 时的 V_i 定义。

阈值电平 V_T：$V_T=V_{OFF}+V_{ON}/2$。

（7）开门电阻 R_{ON}：某输入端对地接入电阻（其他悬空），使输出端维持低电平（通常 $V_o=0.4V$）所需的最小电阻值。

（8）关门电阻 R_{OFF}：某输入端对地接入电阻（其他悬空），使输出端保持高电平 V_{OH}（通常以 $V_o=0.9V_{OH}$）所允许的最大电阻值。

TTL 与非门输入端的电阻负载特性曲线如图 4-3 所示。

（9）输出低电平负载电流 I_{OL}：输出保持低电平 $V_o=0.4V$ 时允许的最大灌流（图 4-4）。

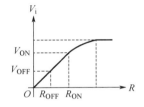

图 4-3 TTL 与非门输入端的电阻负载特性曲线

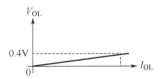

图 4-4 TTL 输出低电平特性

（10）输出高电平负载电流 I_{OH}：输出保持高电平 $V_o=0.9V_{OH}$ 时允许的最大拉流（图 4-5）。

（11）平均传输延迟时间 t_{pd}。

① 开通延迟时间 t_{OFF}：输入正跳变上升到 1.5V 相对输出负跳变下降到 1.5V 的时间间隔。

② 关闭延迟时间 t_{ON}：输入负跳变下降到 1.5V 相对输出正跳变上升到 1.5V 的时间间隔。

③ 平均传输延迟时间：开通延迟时间与关闭延迟时间的平均值。

时间的算术平均值：$t_{pd}=(t_{ON}+t_{OFF})/2$。TTL 与非门平均传输延迟时间示意图如图 4-6 所示。

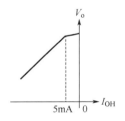

图 4-5 TTL 输出高电平特性

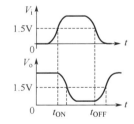

图 4-6 TTL 与非门平均传输延迟时间示意图

2．TTL 与非门的电压传输特性

TTL 与非门的电压传输特性是描述输出电压 V_o 随输入电压 V_i 变化的曲线，如图 4-7 所示。

从 V_i-V_o 曲线中形象地显示出 V_{OH}、V_{OL}、V_{ON}、V_{OFF}、V_T 之间的关系。

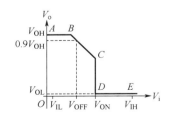

图 4-7 TTL 与非门的电压传输特性

（二）CMOS 门电路

CMOS 门电路是另一类常用的标准数字集成电路，其输入、输出端结构均采用单极型三极管结构,CMOS 电路均具有与 CMOS 门电路相同的特性。

C4011 是 CMOS 二输入端四与非门。图 4-8 所示为 C4011 与非门内部电路原理和引脚排列。

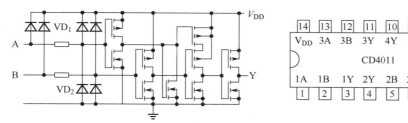

图 4-8　C4011 与非门内部电路原理及引脚排列

1. CMOS 门电路的主要参数

（1）由于 CMOS 门电路输入端具有保护电路和输入缓冲,而输入缓冲为 CMOS 反相器,为电压控制器件,因此当输入信号介于 $0 \sim V_{DD}$ 时,$I_i=0$；**多余输入端不允许悬空。**

（2）输出低电平负载电流 I_{OL}：使输出保持低电平 $V_o=0.05V$ 时允许的最大灌流。

（3）输出高电平负载电流 I_{OH}：使输出保持高电平 $V_o=0.9V_{OH}$ 时允许的最大拉流。

（4）平均传输延迟时间 T_Y：同 TTL 门电路定义。

2. CMOS 门电路的电压传输特性

CMOS 与非门的电压传输特性是描述输出电压 V_o 随输入电压 V_i 变化的曲线,如图 4-9 所示。从 V_i-V_o 曲线中形象地显示出 V_{OH}、V_{OL}、V_T 之间的关系。

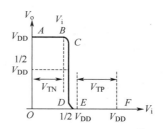

图 4-9　CMOS 与非门的电压传输特性

3. 与非门的逻辑特性

输入有低（0）,输出就高（1）；输入全高（1）,输出才低（0）。与非门的逻辑特性既可以用真值表（表 4-1）表示,也可以用图 4-10 所示的波形表示。

表 4-1　与非门的真值表

A	B	Q
0	×	1
×	0	1
1	1	0

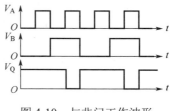

图 4-10　与非门工作波形

（三）TTL 电路与 CMOS 电路的接口设计

1. 接口条件

驱动门　　负载门

$V_{OH(min)} \geqslant V_{IH(min)}$

$V_{OL(max)} \leqslant V_{IL(max)}$

$I_{OH(max)} \geqslant nI_{IH(max)}$

$I_{OL(max)} \leqslant mI_{IL(max)}$

2. 接口电路示意图

接口电路示意图如图 4-11 所示。

三、实验仪器

图 4-11 接口电路示意图

(1) 直流稳压电源　　　　　　　　　1 台
(2) 任意波信号发生器　　　　　　　1 台
(3) 数字万用表　　　　　　　　　　1 台
(4) 电子技术综合实验箱　　　　　　1 台
(5) 数字示波器　　　　　　　　　　1 台

四、实验内容

1. TTL 与非门主要参数的测量

(1) 测量 I_{IS}、V_{OH}、I_{IH}、V_{OL}。

TTL 与非门实验电路如图 4-12 所示，将输入端 2 串接电流表 "A" 到地，此时电流表指示值为 I_{IS}，电压表指示值为 V_{OH}。将输入端 2 悬空，电压表指示值为 V_{OL}（测量 V_{OH} 时应接模拟负载电阻 2kΩ，测量 V_{OL} 时应接入模拟灌流电阻 390Ω）。

(2) 测量 V_{OFF}、R_{OFF}、V_{ON}、R_{ON}：将输入端 2 接 "B"，使输入端接电位器 R_W=10kΩ。

① 当 $R_W = 0$ 时，$V_O=V_{OH}$，将模拟拉流电阻 2kΩ 接入，调节 R_W 逐渐增大，直到 V_O 下降到 $0.9V_{OH}$ 时，用直流电压表测量的 R_W 两端的电压即为关门电平 V_{OFF}，测量的 R_W 值即为 R_{OFF}（注意：测电阻时应与电路断开）。

② 当 $R_W = 10$kΩ 时，$V_O=V_{OL}$，将模拟灌流电阻 390Ω 接入，调节 R_W 逐渐减小，直到 V_O 上升到 0.4V 左右时，用直流电压表测量的 R_W 两端的电压即为开门电平 V_{ON}，测量的 R_W 值即为 R_{ON}（注意：测电阻时应与电路断开）。

2. CMOS 与非门参数测试

CMOS 与非门实验电路如图 4-13 所示。由于 CMOS 输入端不能悬空，因此将输入端并接，当输入接地时，输出为高电平 V_{OH}；当输入接高电平（V_{DD}）时，输出为低电平 V_{OL}。

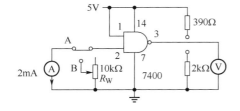

图 4-12 TTL 与非门实验电路

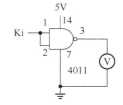

图 4-13 CMOS 与非门实验电路

*3. TTL、CMOS 与非门灌流负载能力测试

实验电路如图 4-14 所示。电流表量程置 200mA，将 R_W 逐渐减小，当输出电压上升到 0.4V（CMOS 为 0.05V）时，电流表测量值为 I_{OL}。

*4. TTL、CMOS 与非门拉流负载能力测试

实验电路如图 4-15 所示。电流表量程置 20mA，将 R_W 逐渐减小，当输出电压下降到 $0.9V_{OH}$

时,电流表测量值为 I_{OH}。

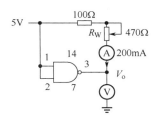
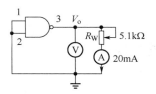

图 4-14 TTL 与非门灌流负载能力测试实验电路　　图 4-15 TTL 与非门拉流负载能力测试实验电路

5. TTL、CMOS 与非门平均传输延迟时间的测量

TTL 平均传输延迟时间测量电路如图 4-16 所示(CMOS 电路测量图根据引脚图参照图 4-15 搭接,接电路时应接芯片电源)。3 个与非门首尾相接便构成环形振荡器,用示波器观测输出振荡波形,并测出振荡周期 T,计算平均传输延迟时间 T_Y。

6. 测量参数结果

将上述测量参数填入表 4-2 和表 4-3。

表 4-2 TTL 参数

参　数	I_{IS}	I_{IH}	V_{OH}	V_{OL}	V_{ON}	V_{OFF}	R_{ON}	R_{OFF}	I_{OH}	I_{OL}	t_{pd}
测量值											

表 4-3 CMOS 参数

参　数	V_{OH}	V_{OL}	I_{OH}	I_{OL}	T_{pd}
测量值					

7. TTL 与非门电压传输特性的测量

测量电路如图 4-17 所示(图中细线为信号端,粗线为电路公共端)。输入正弦波信号 V_i (f=200Hz,$V_{i\,P-P}$=5V、V_{IL}=0V),示波器置 X-Y 扫描,观测并画出与非门的电压传输特性曲线,测量 V_{OH}、V_{OL}、V_{OFF}、V_{ON},并与前面电压表测量的数据相比较。

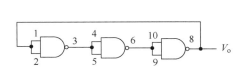
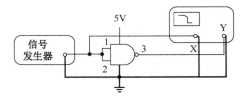

图 4-16 TTL 平均传输延迟时间测量电路　　图 4-17 与非门的电压传输特性测量图

8. CMOS 与非门电压传输特性的测量

按照上述方法,观测并画出 CMOS 与非门的电压传输特性曲线,用示波器测量 V_{OH}、V_{OL}、V_{TH},并与前面电压表测量的数据相比较。

9. TTL、CMOS 测量参数结果

TTL、CMOS 电压传输特性曲线参数及测量值如表 4-4 所示。

表 4-4　TTL、CMOS 电压传输特性曲线参数及测量值

器件	TTL 器件				CMOS 器件		
参数	V_{OH}	V_{OL}	V_{ON}	V_{OFF}	V_{OH}	V_{OL}	V_T
测量值							

10．观测 CMOS 门电路带 TTL 门电路（当电源电压均为 5V 时）的情况

（1）当 CMOS 输出带 1 个 TTL 门时，当 CMOS 门输入端分别为高电平（5V）或低电平（0V）时，测量 CMOS 与非门输出端电平。

（2）当 CMOS 输出带 4 个 TTL 门（4 个 TTL 门输入并接）时，如图 4-18 所示。在 CMOS 输入端分别输入高电平（5V）或低电平（0V）时，测量 CMOS 与非门输出端的相应电平。

（3）将测量数据填入表 4-5。

表 4-5　接口电路测量参数

CMOS 带 1 个 TTL		CMOS V_O	TTL V_O	CMOS 带 4 个 TTL		CMOS V_O	TTL V_O
V_{IL}	0V			V_{IL}	0V		
V_{IH}	5V			V_{IH}	5V		

11．观测 TTL 门电路带 CMOS 门电路（当电源电压分别为 5V、12V 时）的情况

测量电路如图 4-19 所示，在 A 端加入 TTL 信号（f=10kHz），用示波器观察记录 A、B、D 各点的波形，此电路有何问题？试在 B、C 之间利用三极管设计一接口电路（已知：9011 三极管的参数为 V_{BES}=0.7V、V_{CES}=0.2V、β=150、I_{CM}=30mA），使输出 D 的波形与输入 A 反相。

图 4-18　CMOS 输出带 4 个 TTL 门

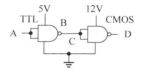

图 4-19　TTL 带 CMOS 门

五、预习要求

（1）复习 TTL、CMOS 与非门各参数的意义及其测量方法。
（2）采用 Multisim 12 仿真软件，对实验电路进行仿真。
（3）按实验内容 11 要求设计接口电路。
（4）自拟数据记录表格。

六、实验报告要求

（1）画出与非门参数的各种测量电路。
（2）画出电压传输特性曲线。
（3）列表整理实验数据及测量结果。
（4）总结实验过程的体会和收获，对实验进行小结。

七、思考题

在图 4-19 所示电路中，若要使 D 与 A 同相，最简电路应如何设计？

实验五 单 RC 电路的研究

一、实验目的

（1）研究单 RC 构成的低通电路、高通电路的幅频特性。
（2）研究单 RC 电路对阶跃信号的响应。
（3）进一步掌握信号发生器和示波器的应用。
（4）掌握数字频率特性测试仪的使用方法。

二、实验原理

（一）单 RC 构成的低通电路

滤波器的主要功能是对信号进行处理，保留信号中的有用成分，滤除信号中的无用成分。按频域特性，分为低通滤波器、高通滤波器、带通滤波器、带阻滤波器；按时域特性，分为有限冲激响应和无限冲激响应。

低通滤波器是容许低于截止频率的信号通过，但高于截止频率的信号不能通过的电子滤波装置，是让某一频率以下的信号分量通过，而对该频率以上的信号分量大大抑制的电容、电感与电阻等器件的组合装置。一阶 RC 低通电路如图 5-1（a）所示，图 5-1（b）所示为该电路的幅频特性，图 5-1（c）所示为该电路的相频特性。

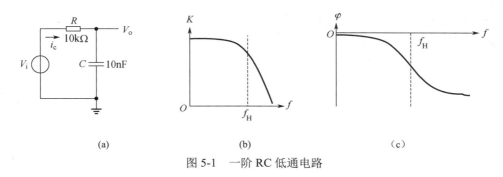

图 5-1　一阶 RC 低通电路

由电路分析可得，该电路的电压传输函数为

$$K = \frac{V_C}{V_i} = \frac{\dfrac{1}{j\omega C}}{R + \dfrac{1}{j\omega C}} = \frac{1}{1 + j\omega RC} = \frac{1}{1 + j\dfrac{f}{f_H}}$$

式中，$f_H = \dfrac{1}{2\pi RC}$ 为上限频率。

$$|K| = \frac{1}{\sqrt{1+(\frac{f}{f_H})^2}}, \quad \varphi = -\arctan\frac{f}{f_H}$$

当 $f=0$ 时，$|K|=1$，$\varphi=0°$；当 $f=f_H$ 时，$20\lg|K|=20\lg 0.707=-3\text{dB}$，$\varphi=45°$；当 $f \gg f_H$ 时，$|K| \to 0$，$\varphi \to -90°$。

由于该电路只有一个独立的储能元件 C，因此称为一阶 RC 低通电路。

根据电路定理，由图 5-1 可得：$V_i = V_R + V_C$，当 $\tau \gg T_i$ 时，则 $V_i \approx V_R$，由于 $i_R = V_R/R \approx V_i/R$，故 $V_o = V_C = \frac{1}{C}\int i_C dt \approx \frac{1}{C}\int \frac{V_i}{R} dt = \frac{1}{\tau}\int V_i dt$ 可见，V_o 与 V_i 的积分成正比，因此图 5-1 电路称为积分电路。当 $\tau \ll T_i$（T_i 为信号周期）时，$V_o = V_C \approx V_i$，因此图 5-1 称为直流耦合电路。

（二）单 RC 构成的高通电路

高通滤波器是容许高于截止频率的信号通过，但低于截止频率的信号不能通过的电子滤波装置，是让某一频率以上的信号分量通过，而对该频率以下的信号分量大大抑制的电容、电感与电阻等器件的组合装置。一阶 RC 高通电路如图 5-2（a）所示，图 5-2（b）所示为该电路的幅频特性，图 5-2（c）所示为该电路的相频特性。

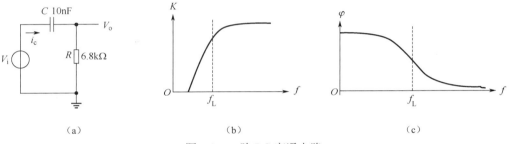

图 5-2　一阶 RC 高通电路

由图 5-2 可知，高通电路的下限截止频率为 f_L，$0 \sim f_L$ 为阻带，$f_L \sim \infty$ 为通带，故它为一阶 RC 高通滤波器。

由电路分析可得，该电路的电压传输函数为

$$K = \frac{V_R}{V_i} = \frac{R}{R+\frac{1}{j\omega C}} = \frac{1}{1+\frac{1}{j\omega RC}} = \frac{1}{1+j\frac{f_L}{f}}$$

式中，$f_L = \frac{1}{2\pi RC}$ 为下限频率。

$$|K| = \frac{1}{\sqrt{1+(\frac{f_L}{f})^2}}, \quad \varphi = \arctan\frac{f_L}{f}$$

当 $f \geqslant 10 f_L$ 时，$20\lg|K|=0\text{ dB}$，$\varphi=0°$；当 $f=f_L$ 时，$20\lg|K|=20\lg 0.707=-3\text{dB}$；当 $f \leqslant 0.1 f_L$ 时，$20\lg|K|=-20\lg\frac{f_L}{f}$，$\varphi \to 90°$。

一阶 RC 低通和高通滤波电路对信号只有衰减作用，而没有放大作用，故称为无源滤波电路。

根据电路定理，由图 5-2 可得，$V_i = V_C + V_R$，当 $\tau \ll T_i$（T_i 为信号周期）时，即 $R \ll 1/\omega C$，

则 $V_i \approx V_C$，由于 $i_C = C \dfrac{dV_C}{dt}$，因此 $V_o = V_R = i_C R = \tau \dfrac{dV_C}{dt} \approx \tau \dfrac{dV_i}{dt}$。

可见，V_o 与 V_i 的微分成正比，因此图 5-2 称为微分电路。当 $\tau \gg T_i$ 时，$V_o = V_R \approx V_i$，因此图 5-2 称为交流耦合电路。

（三）RC 构成的带通电路

将单 RC 低通电路和高通电路串联，则构成带通滤波器或带阻滤波器。

（四）单 RC 电路对阶跃信号的响应

单 RC 电路对阶跃信号的响应遵从过渡过程公式：

$$X(t) = X(\infty) + [X(0^+) - X(\infty)] e^{-\frac{t}{\tau}}$$

式中，$\tau = RC$ 为时间常数。

过渡过程进行的时间与过渡过程进行的程度之间的关系，如表 5-1 所示。

表 5-1 过渡过程进行的时间与过渡过程进行的程度之间的关系

t	τ	2τ	2.3τ	3τ	4τ	5τ
$\dfrac{X(t) - X(0^+)}{X(\infty) - X(0^+)}$	0.63	0.865	0.90	0.95	0.98	0.995

三、实验仪器

(1) 直流稳压电源　　　　　　　　　1 台
(2) 任意波信号发生器　　　　　　　1 台
(3) 数字万用表　　　　　　　　　　1 台
(4) 电子技术综合实验箱　　　　　　1 台
(5) 数字示波器　　　　　　　　　　1 台

四、实验内容

（一）低通滤波器

1. 低通滤波器幅频、相频特性测量

根据理论公式计算 f_H，信号发生器输出正弦信号（占空比为 50%，$V_{p-p} = 5V$、$V_L = 0V$），用双踪示波器的 CH2 接输入 V_i，CH1 接输出 V_o，测出实际电路 f_H，按表 5-2 要求测量，画出幅频特性和相频特性。

表 5-2 低通滤波器的幅频、相频特性测试

f/Hz	$0.01f_H$	$0.1f_H$	$0.5f_H$	f_H	$2f_H$	$5f_H$	$10f_H$
f/Hz							
V_o/V							
$\varphi/°$							

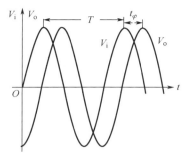

图 5-3 相位差测量

测量方法如下。

（1）点频测量法。

① 幅频特性测量：利用点频法测量即选取一定数量的频率点（表 5-2），改变信号发生器的频率（输入电压保持恒定），在各频点测量输出电压，根据测量数据，可画出幅频特性曲线（工程上，横轴一般采用对数坐标）。

② 相频特性测量方法：利用点频法测量即选取一定数量的频率点，改变信号发生器的频率利用双线示波器测量输入信号和输出信号之间的相位差（见图 5-3），测出 t_φ，则 V_o 滞后于 V_i 的相位差 $\varphi = 360° \cdot t_\varphi / T$。根据测量数据，可画出相频特性曲线（工程上，横轴一般采用对数坐标）。

（2）频率特性测试仪（扫频仪）测量方法。

① 连接"OUTPUT"和"CHA INPUT"连接线。

② 选择"频率"：设定频段为"频段低"，"起始频率"为 20Hz，"终止频率"为 30kHz。

③ 选择"增益"：设定"输出增益"为-10dB，"输入增益"为 0dB。

④ 选择"输入"：设定"输入阻抗"为 500kΩ。

⑤ 选择"扫描"：设定"扫描类型"为对数，"扫描时间"为 8Muilt。

⑥ 选择"显示"：设定为"幅度相位"，观察幅频特性和相频特性。

⑦ 选择"校准"：设定"校准"，表明该仪器在上述设定测量条件下对仪器进行校准，确保测量精度，当校准完成时，将"补偿"设定为打开状态，使相频特性曲线的起始为 0°，由于该测量是在高阻（500kΩ）下测量的，因此其增益有所提高，大约为 10dB。

⑧ 将仪器"OUTPUT"接入电路输入，即为电路提供扫频信号输入。将电路输出接入仪器"CHA INPUT"，则仪器进入测量状态。

⑨ 选择"刻度"：设定"自动刻度"，使特性曲线显示为最佳状态。

⑩ 调整频率旋钮：测定低频时的增益和下降 3dB 的频率，该频率即为上限频率 f_H，此时的相位即为上限频率点的相位差；同时可根据各需测量频点测量对应参数。

⑪ 选择"存储"：选择下一页，通过"存储设备"选择"可移动磁盘 E"；选择文件类型"图形"；选择"保存"，输入文件名后单击"确定"按钮。

⑫ 读取存储图形：通过 ↑↓ 选择已存文件，选择"读取"即可调用原来存储图形。

2．低通滤波器对阶跃信号与非阶跃信号的响应

令输入信号分别为方波、三角波（幅度为 $V_{p-p} = 5V$、$V_L = 0V$，占空比为 50%）。

（1）取 $T_i = 10\mu s$（$f_i = 100kHz$），则 $\tau \gg T_i$，电路为积分电路，观察并定量地画出对应的输入、输出波形。

（2）取 $T_i = 10ms$（$f_s = 100Hz$），则 $\tau \ll T_i$，电路为直流耦合电路，观察并定量地画出对应的输入、输出波形。

（二）高通滤波器

1．高通滤波器幅频、相频特性测量

根据理论公式计算出 f_L，信号发生器输出正弦信号（占空比为 50%，$V_{p-p} = 5V$、$V_L = 0V$），用双踪示波器的 CH2 接输入 V_i，CH1 接输出 V_o，测出实际电路的 f_L，按表 5-3 测量，画出幅频特性和相频特性。

表 5-3 高通滤波器的幅频、相频特性测试

f/Hz	$0.01f_L$	$0.1f_L$	$0.5f_L$	f_L	$2f_L$	$5f_L$	$10f_L$
f/Hz							
V_o/V							
$\varphi/°$							

2．高通滤波器对阶跃信号与非阶跃信号的响应

令输入信号分别为方波、三角波、正弦波（V_{p-p} = 5V、V_L = 0V，占空比为 50%）。

（1）取 T_i = 6.6μs（f_i = 150kHz），则 $\tau \gg T_s$，电路为交流耦合电路，观察并定量地画出对应的输入、输出波形。

（2）取 T_i = 10ms（f_i = 100Hz），则 $\tau \ll T_i$，电路为微分电路，观察并定量地画出对应的输入、输出波形。

（三）RC 分压器

在图 5-4 电路中，V_i 用 f = 1kHz、V_{p-p} = 5V、V_L = 0V，占空比为 50%的方波输入。调整电位器，观察电路输入、输出波形并定量记录最佳补偿、过补偿、欠补偿的工作情况。测量 3 种情况下的电位器阻值，总结补偿电路的补偿规律。

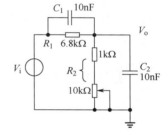

图 5-4 RC 分压器

五、预习要求

（1）仔细阅读实验讲义内容，说明低通电路和高通电路的原理及作用。

（2）采用 Multisim 12 软件仿真，用波特图（Bode Plotter）测量高通、低通电路的幅频特性和相频特性。

（3）采用 Multisim 12 软件仿真，用示波器测量交流耦合、微分电路（高通电路模型）和直流耦合、积分电路（低通电路模型）的输入、输出参数。

（4）记录仿真时的各种波形及参数。

六、实验报告要求

（1）按实验报告格式，填写实验目的和简要原理。

（2）简单说明低通电路和高通电路的原理和应用方法（归纳）。

（3）列出测量结果并进行误差分析，说明仿真电路、实际电路的误差原因。

（4）记录实验波形和数据。

（5）总结实验过程的体会和收获，对实验进行小结。

七、思考题

（1）要改变高通电路的下限频率，如何改变电路参数？

（2）要改变低通电路的上限频率，如何改变电路参数？

（3）在高通电路对阶跃信号响应时，信号频率与电路参数在何种条件下，电路发生变化？

（4）在低通电路对阶跃信号响应时，信号频率与电路参数在何种条件下，电路发生变化？

（5）如何组成带通和带阻电路？

（6）如何利用示波器测量小信号？

（7）如何利用示波器测量具有大直流电平叠加的小信号？

实验六 基本放大电路

一、实验目的

（1）学会在面包板上搭接电路（布局、布线）的方法。
（2）学习基本放大电路的调试方法。
（3）学习基本放大器参数的测量方法。
（4）学习基本放大器故障的排除方法。
（5）了解静态工作点对输出波形的影响和负载对放大倍数的影响。

二、实验原理

1．静态工作点的选择

放大器要不失真地放大信号，必须设置合适的静态工作点 Q。为获得最大不失真输出电压，静态工作点应选在输出特性曲线上交流负载线的中点，如图 6-1 所示，若工作点选得太高，如图 6-1 中的 Q_2，则产生饱和失真；若工作点选得太低，如图 6-1 中的 Q_1，则会产生截止失真。

若放大器对小信号放大，由于输出交流幅度很小，非线性失真不是主要问题，因此 Q 点不一定要选在交流负载线的中点，一般前置放大器的工作点都选得低一些，这有利于降低功耗、减少噪声，并提高输入阻抗。

采用简单偏置的放大电路，其静态工作点将随着环境温度的变化而变化，若采用电流串联负反馈分压式偏置电路，则它具有自动稳定工作点的能力，因而获得广泛应用。

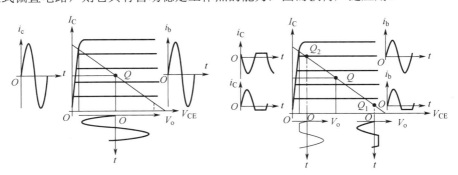

图 6-1 放大器静态工作点对输出波形的影响

在图 6-2 所示的基本放大电路中，当电源电压 E_C 和元器件参数选定后，其静态工作点只靠 R_w 来调节，R_w 增大，I_{BQ} 减小，Q 点降低；反之，I_{BQ} 增大，Q 点升高，工作点具有以下关系。

$$I_{CQ} = \beta I_{BQ}$$
$$V_{CEQ} = E_C - I_{CQ}(R_C + R_E)$$

2. 单极放大电路的电压放大倍数

电压放大倍数 A_v 是反映放大器对信号的放大能力的一个参数。根据定义，低频放大器的电压放大倍数是指在输出不失真条件下，输出电压有效值（峰值、峰-峰值）与输入电压有效值（峰值、峰-峰值）之比：$A_v = \dfrac{V_o}{V_i}$。根据理论分析，有

$$A_v = -\dfrac{\beta R_L'}{r_{be}}$$

其中，$R_L' = R_C // R_L$；$r_{be} = r_{bb} + (1+\beta)\dfrac{26(\text{mV})}{I_{EQ}(\text{mA})}$；"－"号表示 V_o

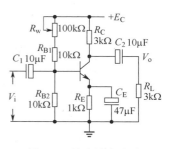

图 6-2　基本放大电路

和 V_i 是倒相关系。

3. 放大器的幅频特性

放大器的幅频特性是指放大器的电压放大倍数与频率的关系曲线，如图 6-3 所示。

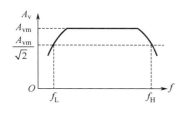

图 6-3　放大器的幅频特性

在中频段，耦合电容和射极电容所呈现的阻抗很小，可以视为短路，同时晶体管的 β 值受频率变化的影响，以及频率对晶体管结电容与分布电容的影响均可忽略，此时电压放大倍数为最大值 $A_v = A_{vm}$。

在低频段和高频段，上述各种因素的影响不可忽略，使电压放大倍数下降。通常将电压放大倍数下降到中频段 A_{vm} 的 0.707 倍时所对应的频率，称为放大器的上限频率 f_H 和下限频率 f_L，f_H 与 f_L 之差称为放大器的通频带，即 $\Delta f_{0.7} = f_H - f_L$。

4. 放大器参数的测试方法

（1）静态工作点的测量与调试。根据定义，静态工作点是指放大器不输入信号且输入端短路（输入端接地）时，三极管的 I_{CQ}、V_{BEQ}、V_{CEQ} 值称为静态工作点。由于在电路中，电流测量需将电流表串接于所测支路，破坏电路结构，一般在电子电路中不测量电流，因此改为测量电压换算电流；同时，为了测量方便及减少误差，静态工作点只测三极管三极对公共端的直流电压（V_{BQ}、V_{EQ}、V_{CQ}），通过换算得出静态工作点参数。其换算关系为

$$V_{BEQ} = V_{BQ} - V_{EQ};\ V_{CEQ} = V_{CQ} - V_{EQ};\ I_{CQ} \approx V_{EQ} / R_E$$

静态工作点的测量装置如图 6-4 所示。若测量计算的工作电流 I_{CQ} 不符合要求，则调节 R_W 的大小，改变 I_{BQ} 值，以达到调整工作电流 I_{CQ} 及电压 V_{CEQ} 的目的。

（2）放大倍数测量。放大倍数按定义式进行测量，即输出交流电压与输入交流电压的比值。通常采用示波器比较测量方法（也适用于非正弦电压）和交流电压表测量（适用于正弦电压）。

放大倍数的测量装置如图 6-5 所示。在测量时，为避免不必要的感应和干扰，必须将所有测量仪器公共端与放大器公共端连接在一起。

在测量过程中，应当选择输入信号（幅度、频率），通过示波器观察输出波形，在不失真条件下，应尽量加大输入信号幅度，以避免输入信号太小易受干扰。

（3）输入阻抗测量。放大器输入阻抗为从输入端向放大器看进去的等效电阻，即 $R_i = V_i / I_i$，该电阻为动态电阻，不能用万用表测量。输入阻抗 R_i 的测量装置如图 6-6 所示。

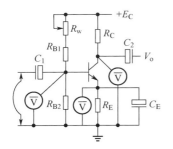
图 6-4 静态工作点的测量装置

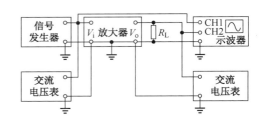
图 6-5 放大倍数的测量装置

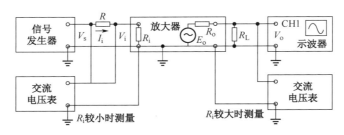

图 6-6 输入阻抗的测量装置

在图 6-6 中，R 为测量 R_i 所串接在输入回路的已知电阻（该电阻可根据理论计算 R_i 选择，为减小测量误差，一般选择与 R_i 同数量级），其目的是避免测量输入电路中电流，而改由测量电压进行换算，即

$$I_i = \frac{V_R}{R} = \frac{V_s - V_i}{R},$$

则

$$R_i = \frac{V_i}{I_i} = \frac{V_i}{V_s - V_i} R$$

上述测量方法仅适用于放大器输入阻抗远远小于测量仪器输入阻抗的条件。

（4）输出阻抗测量。放大器输出阻抗为从输出端向放大器看进去的等效电阻，即 $R_o = V_o/I_o$；该电阻为动态电阻，不能用万用表测量。输入阻抗的测量装置如图 6-6 所示。若输出回路不并接负载 R_L，则输出电压测量值为 $V_{o\infty}$；若输出回路并接负载 R_L，则输出电压测量值为 V_{oL}。因此可按下式求 R_o。

$$R_o = \frac{V_{o\infty} - V_{oL}}{I_o} = \frac{V_{o\infty} - V_{oL}}{V_{oL}/R} = (\frac{V_{o\infty}}{V_{oL}} - 1)R_L$$

在上述输入阻抗、输出阻抗测量时，应保证输出波形不失真。

（5）频率特性测量。放大器频率特性的测量装置如图 6-5 所示（需接负载电阻），频率特性测量示意图如图 6-7 所示。在保证输入 V_i 不变的情况下，改变输入信号频率（升高、下降），使输出 V_o 下降为中频时的 0.707 倍，则对应的频率即为 f_H、f_L。

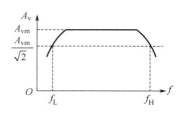

图 6-7 频率特性测量示意图

三、实验仪器

（1）直流稳压电源　　　　　　　　　1 台
（2）任意波信号发生器　　　　　　　1 台
（3）数字万用表　　　　　　　　　　1 台

（4）电子技术综合实验箱　　　　　　　　　1台
（5）数字示波器　　　　　　　　　　　　　1台

四、实验内容

1. 搭接实验电路

按电路图 6-2 在面包板上搭接实验电路，检查电路连接无误后，方可将+12V 直流电源接入电路。

2. 静态工作点的测量与调试

按静态工作点测试方法进行测量与调试（用"四位半"数字万用表 DC 挡测量），要求 I_{CQ} = 2mA。测量值填入表 6-1。

表 6-1　静态工作点测量

静态工作点	V_{EQ}/V	V_{BQ}/V	V_{CQ}/V	测量计算		
				I_{CQ}/mA	V_{BEQ}/V	V_{CEQ}/V
万用表测量值						

3. 基本放大器的电压放大倍数、输入电阻、输出电阻的测量

（1）外加输入信号从放大器 V_s 端输入信号：频率 f = 2kHz 的正弦信号，R=1kΩ，使 V_i =10mV。在空载（R_L= ∞）情况下，用示波器同时观察输入和输出波形（V_i 和 V_o），若输出波形失真，则应适当减小输入信号。

（2）测量 V_s、V_i、V_o、V_{oL}（用"四位半"数字万用表的 AC 挡或数字示波器测量），测量时应采用同一种仪器测量，以避免仪器之间产生的误差，将测量值填入表 6-2 并计算 A_v、R_i、R_o。

表 6-2　电压放大倍数、输入电阻、输出电阻的测量值

测量				计算			
V_s/mV	V_i/mV	V_o	V_{oL}	A_v	A_{vL}	R_i	R_o

4. 放大器上、下限频率的测量

保持输入信号的幅度 V_{iP-P}=30mV 不变，当 f= 2kHz 时，测量输出电压 V_{oL}。当频率从 2kHz 向高端增大，使输出电压下降到 0.707 V_{oL} 时，记下此时信号发生器的频率，即为上限频率 f_H；同理，当频率向低端减小，使输出电压下降到 0.707 V_{oL} 时，记下此时信号发生器的频率，即为下限频率 f_L。测量过程均应保持 V_i 不变和波形不失真。放大器上、下限频率的测量值填入表 6-3 中。

表 6-3　放大器上、下限频率的测量值

f_H	f_L	$B=f_H-f_L$

5. 观察静态工作点对波形失真的影响

改变 R_w，待示波器上出现截止和饱和失真波形时，测量相应的静态工作电压（用数字表的 DC 挡测量），记入表 6-4，并画出失真波形。

表 6-4 静态工作点对放大器工作状态的影响

输出波形	R_w	V_{EQ}/V	V_{BQ}/V	V_{CQ}/V	波形图
良好正弦波					
截止失真					
饱和失真					

五、预习要求

（1）复习理论课有关的内容，掌握静态工作点、电压放大倍数的概念和理论计算；了解静态工作点对输出波形的影响和负载对放大倍数的影响。

（2）根据实验电路图 6-2 所给参数，计算 A_v，设晶体管 $\beta=150$，$r_{be}=1.6\text{k}\Omega$。

（3）采用 Multisim 12 仿真软件，查找替换 9011 三极管，根据实验电路进行仿真；了解三极管放大器静态工作点的调试方法，以及放大器参数的测量方法。

（4）了解示波器的 AC/DC 耦合方式，以及应用场合有什么不同。

六、实验报告要求

（1）画出实验电路，标明元器件参数。
（2）归纳输入信号频率、信号幅度的选择原则。
（3）将实验数据和结果列成表格，将实际电路、仿真电路与理论计算进行比较，分析讨论实验结果。
（4）总结实验过程的体会和收获，对实验进行小结。

七、思考题

（1）如何根据静态工作点判别电路是否工作在放大状态？
（2）若输入信号增大到 100mV，则输出电压是多少？是否满足 $V_o = A_v \cdot V_i$？试说明原因。
（3）能否用万用表的电阻挡测量电路的输入、输出电阻？

实验七　场效应管放大器

一、实验目的

（1）学习场效应管主要参数的设计方法。
（2）掌握场效应管放大电路的设计和调试方法。
（2）学习场效应管恒流源负载放大电路的设计及测试方法。

二、实验原理

1. 场效应管的主要特点

场效应管是一种电压控制器件，由于它的输入阻抗极高（一般可达上百兆，甚至几千兆），动态范围大，热稳定性好，抗辐射能力强，制造工艺简单，便于大规模集成。因此，场效应管的使用越来越广泛。

场效应管按结构可分为 MOS 型和结型；按沟道分为 N 沟道和 P 沟道器件；按零栅压源、漏通断状态分为增强型和耗尽型器件，可根据需要选用。那么，场效应管由于结构上的特点源漏极可以互换，为了防止栅极感应电压击穿，要求一切测试仪器都要良好接地。

2. 场效应管的特性

（1）转移特性（控制特性）：反映了管子工作在饱和区时栅极电压 V_{GS} 对漏极电流 I_D 的控制作用。当满足$|V_{DS}|>|V_{GS}|-|V_P|$时，I_D 对于 V_{GS} 的关系曲线即为转移特性曲线，如图 7-1 所示。由图 7-1 可知，当 $V_{GS}=0$ 时的漏极电流即为漏极饱和和电流 I_{DSS}，也称为零栅漏电流，使 $I_D=0$ 时所对应的栅源电压，称为夹断电压 $V_{GS}=V_P$。

转移特性可用如下近似公式表示。

$$I_D = I_{DSS}(1-\frac{V_{GS}}{V_P})^2 \quad (当\ 0 \geqslant V_{GS} \geqslant V_P) \tag{7-1}$$

这样，只要 I_{DSS} 和 V_P 确定，就可以把转移特性上的其他点估算出来。转移特性的斜率为

$$g_m = \frac{\Delta I_D}{\Delta V_{GS}}\bigg|_{V_{DS}=常数} \tag{7-2}$$

它反映了 V_{GS} 对 I_D 的控制能力，是表征场效应管放大主用的重要参数，称为跨导。一般为 0.1～10mS（mA/V）。它可以由式（7-1）求得

$$g_m = -\frac{2I_{DSS}}{V_P} \cdot (1-\frac{V_{GS}}{V_P}) \tag{7-3}$$

（2）输出特性（漏极特性）：反映了漏源电压 V_{DS} 对漏极电流 I_D 的控制作用。

图 7-2 所示为 N 沟道场效应管的输出特性。

由图 7-2 可知，曲线分为 3 个区域，即Ⅰ区（可变电阻区）、Ⅱ区（饱和区）、Ⅲ区（击穿区）。饱和区的特点是 V_{DS} 增加时 I_D 不变（恒流），而 V_{GS} 变化时，I_D 随之变化（受控），管子相当于一

个受控恒流源。实际曲线，对于确定的 V_{GS} 值，随着 V_{DS} 的增加，I_D 有很小的增加。I_D 对 V_{DS} 的依赖程度可以用动态电阻 r_{DS} 表示为

$$r_{DS}=\frac{\Delta V_{DS}}{\Delta I_D}（\Delta V_{DS}）/（\Delta I_D）|_{V_{GS}=常数} \tag{7-4}$$

在一般情况下，r_{DS} 在几千欧到几百千欧之间。

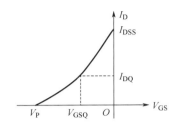

图 7-1　N 沟道场效应管的转移特性　　　图 7-2　N 沟道场效应管的输出特性

（3）场效应管特性曲线的测试方法。

① 连接方法：将场效应管 G、D、S 分别插入图示仪测试台的 B、C、E。

② 输出特性测试：集电极电源为 +10V、功耗限制电阻为 1kΩ；X 轴置集电极电压为 1V/°；Y 轴置集电极电流为 0.5mA/°；与双极型晶体管测试不同为阶梯信号，由于场效应管为电压控制器件，因此阶梯信号应选择阶梯电压，即阶梯信号为重复、极性为"-"、阶梯选择为 0.2V/°，则可测出场效应管的输出特性，并从特性曲线求出其参数。

③ 转移特性测试：在上述测试基础上，将 X 轴置基极电压调整为 0.2V/°，则可测出场效应管的转移特性，并从特性曲线求出其参数。

（4）场效应管主要测试电路参数设计。

① 零栅漏电流的测量方法：由转移特性曲线可知，当 $V_{GS}=0$，$I_{DSS}=I_D$，由于 K30A 场效应管的 I_{DSS} 小于 5mA，因此 V_{DD} 选用 5V、R_D 选用 1kΩ，则

$$I_{DSS}=\frac{V_{DD}-V_D}{R_D} \tag{7-5}$$

I_{DSS} 设计电路如图 7-3 所示。

② 夹断电压的测量方法：由转移特性曲线可知，当 $I_D=0$，$V_{GS(th)}=V_{GS}$，由于 K30A 场效应管为负电压控制，因此必须用可变负电压控制 V_{GS}，（采用-5V 电源通过 1 kΩ 电位器调节），测量时，应先调整 V_{GS}，使 V_D 小于 V_{DD}，然后再逐步调整 V_{GS}，使 V_D 刚好等于 V_{DD}，则此时的 V_{GS} 即为 $V_{GS(th)}$。$V_{GS(th)}$ 设计电路如图 7-4 所示。

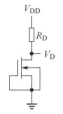　　　　　　　　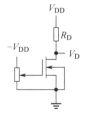

图 7-3　I_{DSS} 设计电路　　　　　　　图 7-4　$V_{GS(th)}$ 设计电路

3．自给偏置场效应管放大器

自给偏置 N 沟道场效应管共源基本放大器如图 7-5 所示。该电路与普通双极型晶体管放大器

的偏置不同，它利用漏极电流 I_D 在源极电阻 R_S 上的电压降 $I_D R_S$ 产生栅极偏压，即 $V_{GSQ}=-I_D R_S$。由于 N 沟道场效应管工作在负压，因此称为自给偏置。同时，R_S 具有稳定工作点的作用。该电路主要参数如下。

电压放大倍数： $$A_V = V_o / V_i = -g_m R_L'$$

式中，$R_L' = R_D \parallel R_L \parallel r_{DS}$。

输入电阻： $$R_i \approx R_G$$

输出电阻： $$R_o = R_D \parallel r_{DS}$$

4．恒流源负载的场效应管放大器

由于场效应管的 g_m 较小，与双极型晶体管相比，场效应管放大器的电压放大倍数较小。提高其放大倍数的一种方法是：采用恒流源负载，即在图 7-5 中将 R_D 用一个恒流源代替，如图 7-6 所示。它利用场效应管工作在饱和区时，静态电阻小、动态电阻较大的特性，在不提高电源电压的情况下可获得较大的放大倍数。

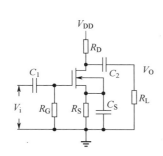
图 7-5　自给偏置 N 沟道场效应管共源基本放电器

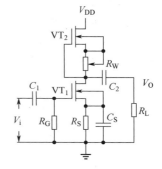
图 7-6　恒流源负载的场效应管放电器

5．设计举例

试设计一个场效应管放大器，场效应管选用 K30A，引脚排列如图 7-7 所示。

图 7-7　K30A 引脚排列

要求：电源电压为+12V、负载为 $R_L=10\text{k}\Omega$；$A_V \geqslant 5$、$R_i \geqslant 500\text{k}\Omega$、$R_o \leqslant 10\text{k}\Omega$、$f_L \leqslant 50\text{Hz}$；若要求电压放大倍数提高为 50，电路如何改变？

（1）电路模型选择：自给偏置场效应管放大器。

（2）场效应管特性参数测试：按上述方法测试（工作点为 $V_{DSQ}=5\text{V}$、$I_{DQ}=1\text{mA}$）。

（3）确定 R_D、R_S 和 R_G。

$$R_D = \frac{E_D - (V_{DSQ} + |V_{GSQ}|)}{I_{DQ}} = \frac{12-(5+0.5)}{1} = \frac{12-5.5}{1} = 6.5 \text{ (k}\Omega\text{)}$$

按 E24 标称系列取 $R_D=6.8\text{k}\Omega$，即

$$R_S = \frac{|V_{GSQ}|}{I_{DQ}} = \frac{0.5}{1} = 0.5 \text{ (k}\Omega\text{)}$$

按 E24 标称系列取 $R_S=510\Omega$。

按 E24 标称系列取 $R_G = 620\text{k}\Omega$，确保 $R_i > 500 \text{ k}\Omega$。

（4）确定 C_1、C_2、C_S。

$$C_1 \geqslant (3\sim10)\frac{1}{2\pi f_L R_G}, \quad C_2 \geqslant (3\sim5)\frac{1}{2\pi f_L (R_D+R_L)}, \quad C_S \geqslant (1\sim3)\frac{1+g_m R_S}{2\pi f_L R_S}$$

一般取 $C_1=0.01\mu F$，$C_2=1\mu F$，$C_S=47\mu F$。

（5）设计参数验算。

$A_v = -g_m R_L' = 1.8 \times 6.8//10 \approx 7.3$；$R_i \approx R_G = 620\text{k}\Omega$；$R_o \approx R_L = 10\text{k}\Omega$。

（6）根据上述设计，符合设计要求。

6．场效应管放大器参数的测试方法

（1）静态工作点调试：同单极放大器调试方法。

（2）电压放大倍数测量：同单极放大器调试方法。

（3）放大器频率特性测量：同单极放大器调试方法。

（4）输入阻抗测量：放大器输入阻抗为从输入端向放大器看进去的等效电阻，即 $R_i=V_i/I$，该电阻为动态电阻，不能用万用表测量。输入阻抗的测量装置如图 7-8 所示。

在图 7-8 中，R 为测量 R_i 所串接在输入回路的已知电阻（该电阻可根据理论计算 R_i 选择，为减少测量误差，一般选择与 R_i 同数量级），其目的是避免测量输入电路中电流，而改由测量电压进行换算，即

$$I_i = \frac{V_R}{R} = \frac{V_s - V_i}{R}$$

则

$$R_i = \frac{V_i}{I_i} = \frac{V_i}{V_s - V_i} R$$

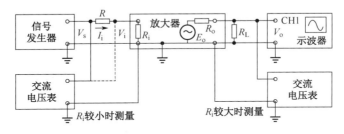

图 7-8 输入、输出阻抗的测量装置

上述测量方法仅适用于放大器输入阻抗远远小于数字万用表输入阻抗条件下，然而，场效应管放大器输入阻抗非常大，上述设计放大器要求 $R_i>500\text{k}\Omega$，而数字万用表 $R_i\approx 1\text{M}\Omega$，故数字万用表测量将产生较大的误差，同时将引入干扰。因此，不能用数字万用表测量 V_i。然而，由于放大器输出阻抗较小，数字万用表可直接测量，因此采用测量输出电压换算求 R_i。

当电路不串入 R 时，$V_{i1}=V_s$，输出测量值为

$$V_{o1} = A_v \cdot V_{i1} = A_v \cdot V_s$$

当电路串入 R 时，$V_{i2} = \dfrac{R_i}{R_i + R} V_s$，输出测量值为

$$V_{o2} = A_v \cdot V_{i2} = A_v \cdot \frac{R_i}{R_i + R} V_s$$

由于同一放大电路，其放大倍数相同，因此令上述两式相除并进行整理可得

$$R_i = \frac{V_{o2}}{V_{o1} - V_{o2}} R$$

（5）输出阻抗测量。

输出阻抗的测量装置如图 7-8 所示，在输入回路不串接 R 情况下。

若输出回路不并接负载 R_L，则输出测量值为 $V_{o\infty}$。

若输出回路并接负载 R_L，则输出测量值为 V_{oL}。因此，可按下式求 R_o。

$$R_o = \frac{V_{o\infty} - V_{oL}}{I_o} = \frac{V_{o\infty} - V_{oL}}{V_{oL}/R} = (\frac{V_{o\infty}}{V_{oL}} - 1) R_L$$

在上述输入阻抗、输出阻抗测量时，应保证输出波形不失真。

三、实验仪器

（1）示波器　　　　　　　　　　　　1 台
（2）函数信号发生器　　　　　　　　1 台
（3）直流稳压电源　　　　　　　　　1 台
（4）数字万用表　　　　　　　　　　1 台
（5）多功能电路实验箱　　　　　　　1 台

四、实验内容

1. 场效应管参数测试

（1）按图 7-3、图 7-4 设计测量所给场效应管 I_{DSS}、V_{GS}。

（2）用晶体管图示仪测量所给场效应管 K30A 的转移特性曲线及输出特性曲线，并从特性曲线上求出该场效应管的主要参数，同时应从特性曲线上确定静态工作点 V_{GSQ}、I_{DQ} 以使放大器能得到最大动态范围，测量数据填入表 7-1。

表 7-1　场效应管主要参数的测量数据

I_{DSS}/mA	$V_{GS(th)}$/V	V_{GSQ}/V	I_{DQ}/mA	r_{DS}/kΩ	g_m/(mA/V)

2. 重新设计场效应管放大电路

根据场效应管参数，重新设计、修改电路参数。

3. 电路搭接

根据重新设计电路，在实验箱上搭接实验电路，检查电路连接无误后，方可将+12V 直流电源接入电路。其中，R_S 采用实验箱上的 1kΩ 电位器。

4. 静态工作点的调试测量

根据设计理论值，通过调整电位器 R_S，使静态工作点基本符合设计参数并填入表 7-2。

表 7-2 静态工作点设计、测量值

静态工作点	V_{DQ}/V	V_{GQ}/V	V_{SQ}/V	I_{DQ}/mA	V_{DS}/V	V_{GS}/V
测 量 值						
设计理论值	6V					

5. 场效应管放大器的参数测试

（1）参照单极放大器参数测试方法，选择合适的输入信号，自拟实验步骤测量放大倍数。

（2）参照输入阻抗测试方法，选择合适的串接电阻，自拟实验步骤测量输入阻抗。

（3）参照输出阻抗测试方法，选择合适的负载，自拟实验步骤测量输出阻抗。

6. 采用恒流源负载的场效应管放大器

在上述电路基础上，按图 7-6 更改电路，其中 R_S 改为 510Ω 电阻，R_W 采用实验箱上 1kΩ 电位器，通过调整 R_W，使静态工作点与上述电路基本相符合，以便进行比较。自拟实验步骤，测量放大器的放大倍数和输出阻抗，并与上述电路参数进行比较，说明恒流源负载的作用。

五、预习要求

（1）查找有关参考书，按要求进行电路设计。

（2）采用 Multisim 12 仿真软件，根据设计电路进行仿真；了解场效应管管放大器静态工作点的调试方法，以及放大器参数的测量方法。

（3）设计电路参数测量电路。

六、实验报告要求

（1）写出设计思路，画出实验电路图。

（2）总结场效应管测量输入电阻方法。

（3）设计表格填写有关测量参数。

（4）总结实验过程的体会和收获，对实验进行小结。

七、思考题

（1）为什么不能通过提高 R_D 阻值来提高场效应管放大器的放大倍数？

（2）为什么场效应管放大器输入电阻必须采用测量输出换算的方法？

（3）为什么采用恒流源负载就可提高场效应管放大器的放大倍数？

第三部分　功能电路分析与设计

功能电路分析与设计实验是在掌握基础训练的内容和基础验证性实验后进行的，是综合运用电子技术理论知识的过程。通过设计性实验，可以提高学生对基础知识和基本理论的运用能力，培养学生熟练使用计算机辅助分析与设计工具进行电路性能仿真和优化设计的能力，培养解决实际问题的综合能力。

模拟部分

在进行模拟电子技术实验时，往往会发现理论计算结果和具体的实验设计有较大的差异、原理电路与实际电路有较大差距、电路的功能和性能与预期设计不相符等，所有这些都是由模拟电子电路自身决定的。

模拟电子技术实验的特点如下。

（1）模拟电子器件（如半导体、集成电路等）品种繁多，特性各异。在进行实验时，首先就面临如何正确、合理地选择电子器件的问题。若选用不当，则将难以获得满意的实验结果，甚至造成电子器件的损坏。因此，必须对所用电子器件的性能有所了解。

（2）模拟电子器件的特性参数分散性大，电子元件（如电阻、电容等）的元件值也有较大的偏差。这就使得实际电路性能与设计要求有一定的差异，实验时就需要进行调试。调试电路所花费的时间有时会超过设计电路的时间。对于已经调试好的电路，若更换了某个元器件，也有个重新调试的问题。因此，掌握调试方法，积累调试经验是很重要的。

（3）模拟电路的输入信号与输出信号之间的关系具有连续性、多样性与复杂性，这就决定了模拟电路测试手段的多样性与复杂性。针对不同的问题采用不同的测试方法，是模拟电子技术实验的特点之一。

（4）测试仪器的非理想特性（如信号源具有一定的内阻、示波器和毫伏表输入阻抗不够高等）会对被测电路的工作状态有影响。了解这种影响，选择合适的测试仪器并分析由此引起的测试误差，是模拟电子技术实验中的一个不可忽视的问题。

（5）电子电路中的寄生参数（如分布电容、寄生电感等）和外界的电磁干扰，在一定条件下可能对电路的特性有重大影响，甚至因此产生自激而使电路不能工作。这种情况在工作频率较高时尤其易发生。因此，元件的合理布局和合理连接方式，接地点的合理选择和地线的合理安排，必要的去耦和屏蔽措施等在模拟电子技术实验中是相当重要的。

（6）模拟电子电路各单元电路相互连接时，经常会遇到一个匹配问题。尽管各单元电路都能正常工作，若未能做到很好地匹配，则相互连接后的总体电路也可能不能正常工作。为了做到匹配，在设计时就要考虑到这一问题，选择合适的元件参数。此外，在实验调试时，也要注意到匹配问题。

实验八 音频放大器设计

一、实验目的

(1) 掌握根据一定的技术指标,设计音频放大器。
(2) 掌握电流串联负反馈、电压并联负反馈电路的设计方法。
(3) 掌握晶体管放大器工作点的设置与调整方法、放大器基本性能指标(A_v、R_i、R_o、f_H、f_L、V_{op-p})的测试方法、负反馈对放大器性能指标的影响、放大器的调试技术。
(4) 掌握电子电路安装、调试、故障排除的方法。

二、基础依据

1. 单级音频放大器的模型

音频放大器能将频率从 20Hz～20kHz 的音频信号进行不失真地放大,是放大器中最基本的放大器,音频放大器根据性能不同,可分为基本放大器和负反馈放大器。

从放大器的输出端取出信号电压(或电流)经过反馈网络得到反馈信号电压(或电流),送回放大器的输入端称为反馈。反馈放大器的原理框图如图 8-1 所示。若反馈信号的极性与原输入信号的极性相反,则为负反馈。

根据输出端的取样信号(电压或电流)与送回输入端的连接方式(串联或并联)的不同,一般可分为 4 种反馈类型:电压串联反馈、电流串联反馈、电压并联反馈和电流并联反馈。负反馈是改变放大器及其他电子系统特性的一种重要手段。负反馈使放大器的净输入信号减小,因此放大器的增益

图 8-1 反馈放大器的原理框图

下降;同时改善了放大器的其他性能,如提高了增益稳定性,展宽了通频带,减小了非线性失真,以及改变了放大器的输入阻抗和输出阻抗。负反馈对输入阻抗和输出阻抗的影响与反馈类型有关。由于串联负反馈是在基本放大器的输入回路中串接了一个反馈电压,因此提高了输入阻抗,而并联负反馈是在输入回路上并联了一个反馈电流,从而降低了输入阻抗。凡是电压负反馈都有保持输出电压稳定的趋势,与此恒压相关的是输出阻抗减小;凡是电流负反馈都有保持输出电流稳定的趋势,与此恒流相关的是输出阻抗增大。

2. 单级电流串联负反馈放大器、电压并联负反馈放大器与基本放大器的性能比较

图 8-2 所示为分压式偏置的共射基本放大器,它未引入交流负反馈。

图 8-3 所示为在图 8-2 的基础上,在发射极增加一反馈电阻 R_E,这样就引入单级电流串联负反馈。

图 8-4 所示为在图 8-2 的基础上,将 R_{b1} 改接至集电极,这样就引入了单级电压并联负反馈。它们的主要性能如表 8-1 所示。

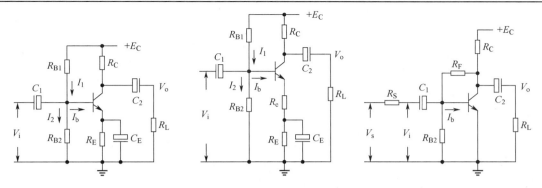

图 8-2 共射基本放大器　　图 8-3 单级电流串联负反馈放大器　图 8-4 单级电压并联负反馈放大器

表 8-1　基本放大器、电流串联负反馈放大器和电压并联负反馈放大器主要性能比较表

主要性能	基本放大器	电流串联负反馈放大器	电压并联负反馈放大器
电压增益	$A_v = -\dfrac{\beta R'_L}{r_{be}}$	$A_{vf} = -\dfrac{\beta R'_L}{r_{be}+(1+\beta)R_e}$ ①	$A_{vf} \approx -\dfrac{A_{R0}}{1+\dfrac{A_{R0}}{R_F}} \cdot \dfrac{1}{R_s}$ ④
输入电阻	$R_i = R_{B1}//R_{B2}//r_{be}$	$R_{if} = R_{B1}//R_{B2}//[r_{be}+(1+\beta)R_e]$ ②	$R_{if} = \dfrac{(R_s//R_{B2}//R_F)//r_{be}}{1+\dfrac{A_{Ro}}{R_F}}$
输出电阻	$R_o = r_{ce}//R_C \approx R_C$	$R_{of} \approx R_C$ ③	$R_{of} = \dfrac{R_F//R_C}{1+\dfrac{A_{Ro}}{R_F}}$
增益稳定性	较差	提高	提高
通频带	较窄	展宽	展宽
非线性失真	较大	减小	减小

注：① $r_{be} = r_{bb} + (1+\beta)\dfrac{26(mv)}{I_{EQ}(mA)}$、$R'_L = R_C // R_L$。

② 当 $(1+\beta)R_e \gg r_{be}$ 时，$r_{be}+(1+\beta)R_e \approx \beta R_e$，则 $A_{vf} = -R'_L / R_e$。

③ 电流负反馈的输出电阻为 R_C 与从晶体管集电极看进去的等效电阻相并联。电流负反馈的效果仅使后者增大，但与 R_C 并联后，总输出电阻仍然没有多大变化。

④ $A_{R0} = \dfrac{\beta \cdot (R_s//R_{B2}//R_F) \cdot (R_C//R_F)}{r_{be}+(R_s//R_{B2}//R_F)}$，当 R_s 越大，负反馈越明显，则 $A_{vf} = -R_F/R_s$。

3. 射极输出器的性能

图 8-5 所示为射极输出器，它是单级电压串联负反馈电路。由于它的交流输出电压 V_o 全部反馈回输入端，因此其电压增益为 $A_{vf} = \dfrac{(1+\beta)R'_L}{r_{be}+(1+\beta)R'_L} \leqslant 1$。

输入电阻：$R_{if} = R_B // [r_{be}+(1+\beta)R'_L]$

式中，$R'_L = R_E // R_L$。

输出电阻：$R_{of} = R_E // [(R_B//R_s)+r_{be}]/(1+\beta)$

当信号源内阻 $R_s = 0$、$R_e > 100\Omega$ 时，$R_{of} \approx \dfrac{r_{be}}{1+\beta}$。

射极输出器由于 $A_{vf} \approx 1$，因此它具有电压跟随特性，且输入电阻高、输出电阻低的特点，在多级放大电路中常作为隔离器，起阻抗变换作用。

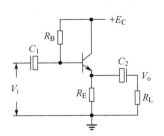

图 8-5 射极输出器

三、实验内容

（一）电路设计基础

1．静态工作点

（1）静态工作点的合理设置。

当放大器在信号输入时，晶体管各极的电流和电压是直流分量和交流分量的叠加，因此静态工作点的位置对输出波形的影响很大。由实验五可知，当静态工作点设置不合理时，可能使放大器进入截止区或饱和区而导致输出信号失真。

（2）静态工作点的稳定与计算方法及偏置电路元件参数的选取。

由晶体管的性能可知，当温度变化时，晶体管参数 V_{BE}、β、I_{CEO}、I_{CBO} 均受影响，导致静态工作点发生偏移，影响放大器工作；为了使工作点稳定，必先稳定 I_{CQ}，而 $I_{CQ} \approx I_{EQ}$，因此，稳定 I_{EQ} 即可。从图 8-2 或图 8-3 可以看出，若满足条件 $I_1 \gg I_{BQ}$ 和 $V_B \gg V_{BE}$，则 $V_B = \dfrac{E_C \cdot R_{B2}}{R_{B1} + R_{B2}}$ 与晶体管参数无关，可近似看成恒定，而 $I_E = \dfrac{V_E}{R_e + R_E} = \dfrac{V_B - V_{BE}}{R_e + R_E} \approx \dfrac{V_B}{R_e + R_E}$ 也即恒定。在选取偏置电路元件参数时，不但要满足稳定工作点的条件，还应兼顾电路的其他性能。例如，$R_e + R_E$ 越大，对 I_{CQ} 的负反馈作用越大，稳定性越好，但 $R_e + R_E$ 越大，V_E 也越大，当 E_C 确定时管压降 V_{CE} 越小，从而缩小了放大器的动态范围；同样，为了稳定 V_B 应该使 $I_1 = I_2 = I_R \gg I_{BQ}$，但 I_R 越大，必定使输入阻抗变小，影响放大器的放大倍数。因此，一般情况下以经验公式计算静态工作点与偏置电路的元件参数。首先根据电源电压、三极管 β、电路输入阻抗、输出动态范围等具体要求确定 I_{BQ}，再取 $I_R \geq (5 \sim 80) I_{BQ}$，$V_B \geq (1 \sim 3) V_{BE}$，因为 $V_B \gg V_{BE}$，所以 $V_B \approx V_E$，则 $I_{CQ} = \beta I_{BQ}$，$V_{CEQ} \approx E_C - I_{CQ} R_C - V_E$

根据上述分析，偏置电路元件计算公式：

$$R_{B2} = \dfrac{V_B}{I_R} \qquad R_{B1} = \dfrac{E_B - V_B}{I_R} \qquad R_E = \dfrac{V_E}{I_{EQ}} \approx \dfrac{V_B - V_{BE}}{I_{CQ}}$$

（3）工作点的调整。

在晶体管确定后，电源电压 E_C 的变动、负载 R_C 的改变、基极电流 I_B 的变化都会影响工作点，如图 8-6 所示。当 R_C 和 I_B 确定时，E_C 的变动将引起整个负载线平行移动，工作点沿 I_{BQ} 线移到 Q_1；当 E_C 和 I_B 确定时，改变 R_C 则负载线的斜率改变，工作点 Q 沿 I_{BQ} 线移到 Q_2。若 R_C 和 E_C 确定，工作点 Q 随 I_B 的变化沿负载线移动。一般当电路确定之后，R_C 和 E_C 也确定，这时静态工作点主要取决于 I_B 的选择，因此调整工作点主要是调整偏置电路的 R_B。

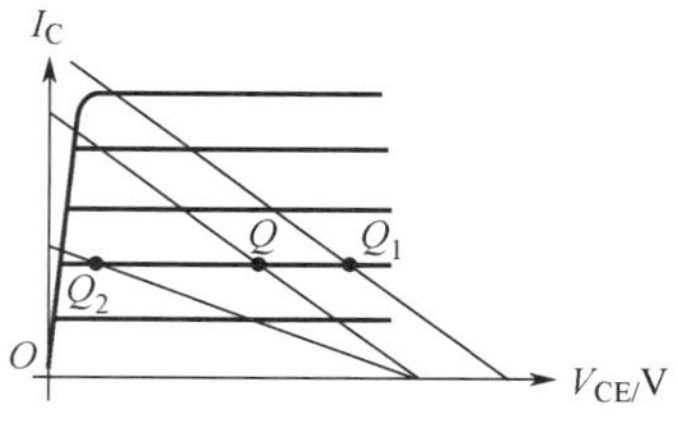

2．放大器电压放大倍数、输入阻抗、输出阻抗

放大器电压放大倍数、输入阻抗、输出阻抗的设计按表 8-1 所给电路模型的计算公式计算选择。

图 8-6 电路参数变化对工作点的影响

3．动态范围

放大器的最大不失真输出信号的峰-峰值称为放大器的动态范围。作为前置或中间放大器，一般输出电压幅度不大，在选择工作点时不必考虑动态范围，往往选得稍微偏低一些，以减少管子的功耗及输出噪声。

而作为末级放大器，除了对放大倍数有一定要求，还要求有足够大的动态范围。

对于图8-2所示的放大器，若对输出信号的动态范围有一定的要求，则应根据给定负载R_L和动态范围V_{op-p}及射极电压V_E，选择放大器的工作状态。

（1）选择电源电压E_C：$\quad E_C \geq 1.5(V_{op-p} + V_{CES}) + V_E$

（2）确定直流负载R_C：$\quad R_C = (\dfrac{E_C - V_E - V_{CES}}{V_{OP}} - 2)R_L，\quad V_{CES} \leqslant 1V$

（3）确定静态工作点Q：$\quad V_{CEQ} = V_{OP} + V_{CES}，\quad I_{CQ} = \dfrac{(E_C - V_E - V_{CES}) - V_{OP}}{R_C}$

（4）作直流与交流负载线，检验工作状态是否符合要求。若不符合要求，则可适当修改E_C。

4．频率特性

放大器频率特性定义参见实验五。对于低频放大器的设计，高频特性的考虑只要在选择晶体管时，满足$f_\beta \geq f_H$即可。重点考虑低频特性满足技术指标的要求。因此，在单独计算耦合电容和旁路电容时，可按公式计算。

$$C_1 = (3 \sim 10)\dfrac{1}{2\pi f_L(R_S + r_{be})} \quad C_2 = (3 \sim 10)\dfrac{1}{2\pi f_L(R_C + R_L)} \quad C_E = (1 + \beta)\dfrac{1}{2\pi f_L(R_S + r_{BE})}$$

实际上，一般的基本放大器的电容C_1、C_2、C_E并不是每次都进行计算，而是根据经验和参考一些类似电路酌情选择，通常取$C_1 = C_2 = 5 \sim 20\mu F$，$C_E = 47 \sim 200\mu F$。

5．设计步骤

设计一个放大器主要根据技术指标的要求选择晶体管，确定放大器的级数和电路类型，以及确定各级静态工作点、电源电压和电路元件数值。然后通过实验测试并修改电路参数达到指标要求，其具体步骤如下。

（1）根据放大器的下列指标选择晶体管。

① 放大器的上限频率f_H：选择晶体管的$f_\beta \geq f_H$。

② 放大器的动态范围：应保证晶体管的$\beta V_{CEO} \geq V_{op-p}$；最大集电极电流$I_{CM} \geq 2I_{CQ}$。

③ 放大器的输出功率（末级晶体管）应保证晶体管的最大耗散功率$P_{CM} \geq P_O$。

晶体管选定的型号后，应对管子的β、r_{BE}、βV_{CEO}等参数进行测量。

（2）根据放大倍数公式估计放大倍数，能满足要求就用单级，否则就选择两级或多级。

（3）根据输出动态范围和发射极电压，可按$E_C \geq 1.5(V_{op-p} + V_{CES}) + V_E$确定电源电压，一般$V_E$为$1 \sim 3V$。

（4）选择各级静态工作点：末级应从满足动态范围的要求选择。前几级可从提高A_v和减少失真选择，Q点应高一些；而从降低噪声和减少电源消耗选择，Q点应低一些。一般输入级$I_{CQ} = 0.5 \sim 1mA$；而后几级的$I_{CQ} = 1 \sim 5mA$。

（5）集电极直流负载电阻R_C的选择：R_C对放大倍数、动态范围、通频带都有影响，应根据主要指标选择。对于输出级，R_C的选择应从动态范围的要求考虑（参见上述分析公式）；而前几级可从提高放大倍数考虑，在低频放大器中，$R_C = 1 \sim 10k\Omega$。

（6）根据工作点和温度稳定性的要求，计算偏置电路元件R_{B1}、R_{B2}、R_E等。

（7）根据下限频率f_L的要求，确定耦合电容C_1、C_2和旁路电容C_E。

（8）根据放大倍数公式及$E_C = V_{OP} + V_{CES} + I_{CQ}(R_C + R_E)$，验算$A_v$和$E_C$是否符合要求。

对于一个电子产品，设计者根据设计要求进行模型构思、功能模块划分、功能模块设计、功能模块组合整体设计，最终设计出符合要求的电子产品图纸。然而，该设计只是纸上谈兵，能否实际应用还要经过一系列的工作。在当前的实验室条件下，这一系列工作包括：模拟仿真→部分电路的可编程器件实现（任选）→硬件安排、印刷电路板设计→部件的安装与调试（包括硬件和软件）→修改、重新审定某些部件的方案→系统联调→修改、重新审定系统方案→指标测试→撰写设计总结报告。对于一个准备投产的正式产品，以上设计过程还只是整个设计过程中的一小部分，也就是在编写完设计总结报告以后，还必须草样评审→修改设计的技术要求和系统方案—重新进行电路板的修改→安装部件、调试部件→系统联调→进行各种例行实验，测试系统在极限条件下的各项指标→完成正样评审设计报告→正样评审→小批量的生产技术准备→小批量生产；经过若干批产品的试验生产后，才逐步进行大批量生产。以上过程是一个反复实现的过程，是一个不断发现问题、解决问题的深化过程；每个环节都必须认真对待，不可掉以轻心。模拟仿真能保证系统的设计思路和逻辑功能正确，使总体功能符合设计要求；但模拟仿真的通过并不能保证系统的性能一定能达到设计的技术要求，因为模拟的系统与实际的系统还有许多差别，由于模型的不完备、有些分布参数的无法计算性，以及有些参数的随机性，特别是有些干扰源的不可模拟性使实际系统的性能有可能达不到设计的技术要求，若由于条件的限制对于设计好的电子产品，不能预先进行模拟仿真，则整个系统有可能出现较多的问题，即有可能出现逻辑错误、功能性错误，性能有可能达不到设计要求，因此在调试过程中可能要花费更多的精力。硬件安排、印刷电路板的设计及电路的装配对系统的性能会有很大的影响，如果设计时考虑不够全面，设计不够合理，就有可能产生灾难性的后果，必须充分关注这些实际问题，特别是在微弱信号的处理电路、高速信号、宽带信号的处理电路中尤其要有充分的考虑。软、硬件的测试保证了系统的物理基础及运行，是电子产品系统联调的基础。在软、硬件测试中，必须注意测试方法及步骤，保证全面测试及安全可靠，系统联调是验证电子产品是否合乎要求的最后环节，系统能否通过完全决定于联调中所得到的各项指标；但联调方法、仪器使用以及测试环境是否得当也会影响最后结果，甚至会得出错误的结论。总结报告是对整个设计过程的总结和文字资料的整理，为以后的开发、维修提供完整的档案；同时不能忽略的一点是，在总结报告中还可能进一步发现设计中的不足、错误及需要修改的地方，这是一个再认识的过程。整个电子产品设计就是一个由理论到实践，再由实践回到理论的螺旋式上升的认识过程，我们通过这个过程，将对客观世界有更深刻的理解和认识，为后面的工作积累知识和经验，为走向成熟迈出必要的一步。

本实验通过对音频放大器的安装、焊接、调试，初步了解电子制作的过程。

（二）安装的基本知识

1. 硬件安排

（1）整机结构与印刷电路板分配。对于比较庞大的系统而言，应考虑整机结构问题，如采用哪种形式的机架（框架）、印制电路板数、尺寸、面板配置、连接插座、电缆等问题；而对于比较小的系统而言，则只要考虑控制与显示部分的安排、引线等问题。在整机结构设计时，应考虑保证整机能长时间连续工作，并能经受一定的振动，同时需考虑实用、装配检修测试方便、走线合理、屏蔽、抗干扰、散热等问题。印制电路板分配的原则应该是性质相同的电路安排在一块板上，如控制系统、电源系统、数字系统等，按照信号传输路径将相邻的电路安排在一块板上，模拟电路或小信号电路安排在一块板上或一块板上相对集中，大功率电路、高压电路、发射电路等单独配置，甚至安排必要的屏蔽盒、绝缘盒、散热装置及保护装置等。总之，设计时应避免强、弱信号电路混在一起；高、低压电路混在一起；模、数电路交叉混在一起。

（2）连接方法。将系统的各部分组成一个完整的系统需要将各个独立的部件、印刷电路板等连接起来；正确选择连接方法、连接线等是十分重要的问题，选择连接方法及连接线应考虑信号延迟、交扰、导线内阻（直流内阻、交流内阻）、屏蔽、抗干扰、阻抗匹配、接触电阻、检修方便等方面的问题。

2. 印制电路板设计

目前电子电路的安装广泛采用印制电路板,它是在敷有铜箔的绝缘基板上经过一定的工序,腐蚀成的电路接线板。本实验采用工厂制作的印制电路板。

印制电路板的制作过程是:先根据设计电路图,利用 CADENCE 或 PROTEL 软件进行设计,形成布线图;然后利用照相的办法或印刷的办法,在铜箔上将需要保留铜箔的地方涂上一层保护层,将它置于三氯化铁水溶液中,将不需要的铜箔腐蚀掉,再除去保护层,打好焊接安装孔,必要时再镀上一层金或银,使之导电良好;最后喷上助焊剂,标出安装丝印图,便可安装元器件,进行焊接。

印制电路板上元器件的布置是否合理,对整机的性能影响非常大,为达到整机电气性能指标,除依赖良好的电路和元器件之外,还必须合理布置元器件和严格遵守安装工艺。印制电路板上元器件的布置一般应注意以下的原则。

(1) 根据电路原理图中所有元器件的形状和印制电路板的面积,合理布置元器件的密度;电路中相邻元器件就近放置,以使互相间的连线尽量短,避免引入不必要的干扰。在工作频率不太高时,元器件的安装方式可以是立式,也可以是卧式;当工作频率较高时,元器件的引脚尽可能短,安装方式最好采用卧式,在安装过程中,应使元器件排列整齐、美观。

(2) 对于较大、较重的元器件,放在板的下方,通过引线连接电路;各种可调元件的位置应力求操作、调整方便与安全。

(3) 输入电路与输出电路的距离应尽可能远些,以免相互干扰或产生寄生耦合,从而影响电路正常工作。

(4) 各元器件间的连线不宜迂回太远,以免产生寄生感应。

(5) 远离易产生噪声的器件,如信号线应尽量远离振荡源。

(6) 逻辑电路应远离大电流噪声电路,如控制电路与驱动电路应分板制作。

(7) 地线设计正确的接地与屏蔽可以解决大部分的干扰问题。

在进行印制电路板地线设计时,应注意以下几个问题。

① 单点接地与多点接地选择:在低频电路中,导线与元器件间的电感影响较小,而接地电路中的环流引起的干扰对系统影响较大,因而屏蔽线采用一点接地;在高频电路中,地线阻抗变得很大,此时应尽量降低地线阻抗,应采用就近多点接地法。

② 数字信号地与模拟信号地分开连接,最终单点相连,消除地电路经过公共阻抗而产生的干扰。

③ 接地线尽量加粗,尽可能减小地线阻抗,从而减小因公共阻抗耦合而产生的干扰。

④ 将数字地构成闭合网络,可以降低元器件之间的地线电位差,能明显提高抗干扰能力。

(8) 电源线布置:除了要根据电流的大小尽量加大线宽,还采取使电源线、地线的走向与信号传递的方向一致,将有助于增强抗干扰能力。

(9) 配置去耦电容:在印制电路板的各关键部位配置去耦电容是印制电路板设计的一项常规做法。它包括以下几个方面。

① 在电路板电源输入端跨接一个 $10\sim100\mu F$(或更大)电解电容,消除电源中的低频干扰。

② 在每个关键集成电路芯片的电源输入端跨接一个 $0.01\mu F$ 的陶瓷电容或钽电容,消除电源中的高频干扰。

③ 去耦电容的引线不能太长,特别是高频旁路电容不能有长引线。

(10) 在电路的关键位置设置检测点,便于电路的检测。

(11) 印制电路板的尺寸:印制电路板的尺寸过大,布线线条长,阻抗增加,不仅抗干扰能力下降,成本也提高;若过小,则散热不好,且易受邻近线条干扰。因此尺寸应适中。

(三)焊接的基本知识

1. 电烙铁的结构与使用

电烙铁是焊接的主要工具,它作为热源,使焊锡溶化,并对焊点加热,使焊锡能很好地附着在焊点上。

电烙铁的结构如图 8-7 所示。电烙铁头用紫铜制作成,导热性能良好,并且容易粘锡;烙铁头插在传热筒中用螺丝固定,使用时可以改变它伸出的长度,以调节其温度;加热器是在用云母片绝缘的圆筒上绕电热丝制作成。电热丝两条引线接 220V 电源。一般还有第三根引线——地线,它和烙铁外壳相连。

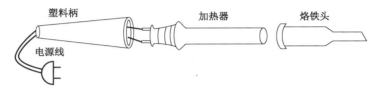

图 8-7　电烙铁的结构

电烙铁的功率一般有 20W、30W、75W 和 100W 等种类,焊接时应根据元器件的大小和导线的粗细选择电烙铁。一般焊接小功率晶体管、集成电路和小型元件时,选用 20W(或 30W)的烙铁;焊接导线或大型元件时,用 75W 或 100W 的烙铁。

表 8-2 列出不同功率的电烙铁在室温时的电阻值,以供检修是参考。

表 8-2　不同功率的电烙铁在室温时的电阻值

电烙铁功率	20W	30W	75W	100W
电热丝阻值	2420Ω	2614Ω	650Ω	484Ω

烙铁头的形状和温度对焊接质量有重要影响。焊接前,应先将烙铁头进行清洁处理,并涂上一层薄锡。其方法为:用锉刀将烙铁头顶端锉成扁一些的形状,以利于焊锡顺利地流向焊接处;表面锉亮后,将电烙铁插上电源,当烙铁头开始变成紫色时,先在其上粘一层松香,然后用焊锡在上面轻擦,涂上一层薄锡,若某处涂不上锡,则一定是该处不清洁,需重新进行清洁处理。

焊接时,烙铁头温度要合适,过热时易氧化变黑,不能粘锡;温度太低时,则焊点不牢固也不光滑,甚至不能溶化焊锡。焊接时,烙铁头的温度一般为 250℃,这时能使焊锡较快地溶化,且焊锡在烙铁头上不容易附着。若烙铁头温度不合适,可以通过改变烙铁头伸出的长度进行调节。当烙铁长时间加热不用时,会使它温度升高,表面氧化变黑。所以较长时间不用时,应暂时断开电源。

2. 焊料与焊剂

常用的焊料是铅锡合金,简称焊锡。纯锡有较好的光泽,但熔点较高,流动性差,价格也较贵,而铅的流动性较好,成本较低,二者合成以后可以得到比较好的结果。为了增强焊锡的坚固性,还加入少量的其他金属(如锑),常用焊锡的成分大致为:锡 63%、铅 36.5%、其他金属 0.5%,其熔点温度约为 190℃。

焊剂的作用是去除油污和氧化物,防止被焊接的金属表面在焊接时受热继续氧化,增加焊锡的流动性。在电子设备的焊接中,常用的焊剂是松香,它有黄色和褐色两种,以淡黄色为好;用烙铁头吸附固体松香的方法有以下缺点:松香在烙铁头上容易挥发,粘到焊点上的数量较少,不能充分发挥焊剂的作用,烙铁头如果经常接触松香,容易使松香氧化变质;另一种焊剂是将松香溶于酒精中,把松香酒精溶液点在焊接处,再用烙铁焊接,效果较好,焊点也干净。松香酒精溶剂的配剂方法为:松香(碎末)20%、酒精78%、三乙醇胺2%,但松香酒精溶液微带酸性,易腐蚀,这是其缺点。目前市售的通常是直径为1~3mm的管状焊锡丝,管内混有松香焊剂,使用时,把烙铁头先与焊盘接触一短时间,待焊盘温度适当升高时,再把焊锡丝和焊盘接触,焊锡丝熔化,附着在焊点周围,能与焊点很好结合,不易虚焊。

3. 焊点质量

焊点质量直接关系到整个电子产品能否稳定可靠工作,质量好的焊点如图8-8(a)所示。在交界面处,焊孔(铜箔或焊片)和元器件引线及焊锡三者应很好地结合在一起,如图8-8(b)所示。从表面上看,焊锡也包住焊孔和元器件引线,但焊点内部并没有完全焊牢,经过一段时间后,因温度、湿度或振动等因素,焊点处就会接触不良,这种焊点通常称为虚焊点。虚焊从表面上不易被发现,因而会给调试和检修造成极大困难,形成虚焊点的主要原因有:元器件引线、导线和焊片的表面不清洁,焊锡或焊剂的质量不好或用量太少,烙铁头温度偏低等,而引线清理不好往往是主要原因。

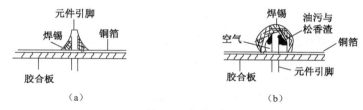

图8-8 焊接图

4. 焊接技术要点

(1)元器件清洁处理:焊接前,先把被焊元器件的引线和导线的焊接处用砂纸或刮刀刮干净,露出新表面,随后涂上焊剂,立即粘上锡。若忽略这一工序,则不易焊牢,容易形成虚焊。但新的元器件一般均镀有金、银等,则不能进行该工序。

(2)焊接前,应检查印制电路板是否完好,制作是否合乎要求,有无短路、断路现象以及穿心导孔是否导通;检查元器件参数及规格是否正确,性能是否良好。

(3)焊接次序:先焊小型元器件和细导线,后焊接中、大型元器件,以免小元器件不能装配焊接,安装时,注意元器件的整齐排列,文字面朝上,引线尽量短。

(4)烙铁温度要适当,一定要等到烙铁头的温度足够高(能很快将焊丝熔化)后,再进行焊接;否则焊锡不能充分熔化,焊剂作用不能充分发挥,焊点不光洁、不牢固,甚至形成虚焊。

(5)焊接时间要适当,若焊接时间不足,则不易焊牢,形成虚焊;若时间过长,则易把元器件损坏,或者将印制电路板的铜箔与底板间的胶烫化而使铜箔脱落。焊接时,不必将烙铁头在焊点处来回移动或用力下压,只要适当停留一会,当看到焊接处的锡面全部熔化,即可移开烙铁头。注意,不要使引线抖动,等焊锡凝固后,再放开元件,若在焊锡未凝固前移动所焊元器件,焊锡则会凝成砂状或附着不牢而形成虚焊。

(6)焊锡量要适当,焊锡量不宜过少,以免焊接不牢;但也不能太多,以免积成一堆,而内部难以焊牢,焊锡量以能将焊点处的元器件引线浸没,而轮廓又隐约可见为宜。

(四)电子系统的调试

调试的目标是将装配好的电子系统运行起来,使它的功能基本达到要求。有关详细指标的测试及调整应在电子系统指标测试阶段进行，把按照理论设计的电子系统装配成的实际设备通电运行，并使其功能符合预定要求。

1．电路板、连线与元器件检查

焊接好元器件的电路板及连好线的机架必须经检查无误后才能通电。应注意检查的是以下几方面。

（1）元器件是否安装正确：元器件性能、规格、数值及耐压、管座方向、电解电容极性、晶体管引脚极性等。

（2）各块电路板上的电源线与地线有否短路：两者间的电阻值是否合理，各器件引脚尤其是电源端与地线端连线是否正确。

（3）印制电路板与转接插头间的连线是否符合预先要求。

（4）各电路板间的信号线、地线、电源线及线路规格、接地点等是否符合预定要求，电源总线与地线之间的阻值等是否符合预定要求。

2．静态检查

静态检查的目的是保证整机各电路板及整机直流电路处于正常状态。

首先，分块进行静态检查：各电路板先不插器件（有外接器件），加上外接电源（有电压、电流指示）检查有无短路及半短路现象（电源电流不合理），然后逐点检查电源电流值及器件电源端电压值，并注意电路板有无异常现象（发热、冒烟、打火、异味），直至全部器件插入、总电流值在合理范围内、电压值正常、电路板上无异常现象为止。

其次，将静态检查合格的电路板插在机架上，用系统电源再次检查电源的电压值及电流值（机架电源应先检查合格），直到全部电路板插上后合格为止。

3．动态检查与调试

动态检查与调试的目的是使整机子系统处于正常运行状态，主要技术指标基本达到预定要求（但并未全部达标），以保证之后进行的系统联调及指标测试顺利实现。各子系统的全部指标及系统检查与调试的方法与内容也不尽相同。

（1）数字系统动态检查与调试。

数字系统分为数据子系统与控制子系统两大部分。首先应检查控制子系统部分：控制子系统都是时序电路，因此检查与调整控制子系统的内容就是检查与调试时序电路的内容与方法；检查时序电路的内容就是检查时序电路是否按照预定的状态图（流程图）要求，在时钟脉冲及输入信号作用下完成预定的状态转换及输出控制信号，可用多踪示波器、逻辑分析仪观察电路的状态变量及输出变量的波形并与要求相比较，同时应利用系统的显示部件做辅助检测电路。为便于检查与分析，还可以降低时钟频率或采用单步时钟的方法进行。系统时钟电路的稳定工作是检查与调整的基础，在检查中特别应注意时钟脉冲、状态变量及输出变量的时间关系。以时钟脉冲有效边作参照脉冲，分别检查其他变量的变化边沿，找出并消除不能允许的迟延、毛刺及竞争冒险现象或错误的状态转换。控制子系统合乎要求后可进行数据子系统的检查，应按照各模块电路的功能，逐块地检查它的逻辑功能（波形、电平）。检查时，注意保证电路工作条件及输入信号正确；数字系统全部功能电路连通后，可进行数字系统功能检查；正确设置输入信号条件，检查数字系统的输出指示（指示灯数字显示）以及波形。若数字系统的受控对象不单单是指示灯、显示器等，在检查中最后应接上全部受控对象，并检查这些对象动作的正确性。

（2）模拟系统动态检查与调试。

模拟系统的动态检查与调试的特点是首先逐级检查与调试各单元电路（系统闭环电路应先开

环）。一般由输入级开始进行，首先调整该级工作点至设计值，然后外加额定信号测试检查该级输出（增益、波形等），依次进行直至输出级。测试中，应注意各级技术指标是否基本合乎要求，有无寄生振荡、有无干扰、信号/噪声比情况等。如果发现有寄生振荡，那么应设法排除。排除寄生振荡的原则是逐一排除可能造成寄生振荡的因素，如工作点不合适、电源滤波不佳（高、低频）、接地点质量不好、接地点位置不对、电路元器件位置、屏蔽情况、走线情况等，直至最后排除。排除寄生振荡后，应设法再恢复寄生振荡以证实产生原因，从而彻底解决问题，切不可有侥幸心理。对于干扰及噪声问题的解决，可采用类似步骤；噪声来源还可能来自电路元器件虚焊及器件本身质量问题，可更换器件或重焊检查之。单元电路基本合格后，应将系统闭环电路接通，再次检查系统闭环电路工作情况（有无寄生振荡、能否锁定、大致工作指标等）。系统闭环电路可能产生的振荡的排除是调整系统闭环电路的首要任务，应该首先从环路增益、滤波特性等入手解决；模拟系统的动态调试可能比数字系统困难，产生问题的原因相互交错，必须细心、耐心逐一解决，直至整个模拟系统工作正常、指标基本达到要求为止，切不可马虎凑合；否则在系统联调、指标测试时，可能会遇到莫名奇妙的现象。

（3）系统功能联调。

经过各子系统的静态检查与动态调试之后，便可进行系统联调。系统联调的目的是使整个系统正常运行起来，并达到预定要求，同时各项技术指标基本满足要求，为指标测试提供条件。系统功能联调的方法与步骤是按照系统要求，首先由简入繁地逐级检查系统功能，发现问题逐个解决，直到系统全部功能均可实现为止。在检查系统功能的同时应注意监测系统的主要技术指标，如频率、功率、带宽、信号/噪声比、灵敏度等，以便判断系统的工作情况是否处于预定的工作状态。

（五）指标测试

指标测试是在系统功能联调之后，技术指标与功能指标在基本满足要求的条件下进行。指标测试的目标是正确测量出系统的各项指标，并与设计要求相对比，以检查系统是否达到设计要求；若在某些方面与要求有些差距，则应调整电路参数，使之完全符合要求，否则应该修改设计直至合格为止。在进行指标测试时，首先是确定测试方法（测试电路图），根据待测指标，拟定出测试方法，画出测试电路图，其中应包括：输入信号（指标）；测试环境（测试条件如温度、电磁屏蔽等）；系统配置，负载情况；测试点及使用的仪器（性能、指标、型号）；预期结果（数据、波形）；可能的调试点等；其次是选择正确测量仪器及测试方法，只有合格的测量仪器及正确的测量方法才能保证得到可信的结果。此外，还应保证在真实的系统配置及符合实际工作的环境下进行测试，否则结果也是不真实的。

1. 输入信号的保证

输入信号有电信号与非电信号两种。非电信号又有多种形式，如光、磁、热、力、声、位移（直线、角度）等。输入信号又可分为定量信号与非定量信号（功能信号）两种。对于非定量信号而言，由于要求条件比较宽松，因此比较容易获得，但也应恰当选择，且应调整方便。对于定量信号而言，则必须认真加以选择，主要是如何定量问题。电信号的定量比较容易，高档信号源本身配备的指示仪表（经过校正）即可定量，而且便于调节，正确选择信号源的功能及精度即可实现。对于非电量信号，必须解决测量仪器问题，其中包括仪器的精度、调整范围、使用条件等。

2. 输出信号的测量

输出信号的测量与输入信号的保证所要求的条件相仿，关键是正确选择测量仪器，其中包括以下几点。

（1）仪器的精度：必须比待测信号精度高一个数量级，测出的数据才有可信度。

（2）测量仪器对被测电路影响：如果测量仪器接入后对被测电路有影响，结果同样无效。

（3）测量仪器的使用范围：由于输出信号一般比较大，调整或使用不当很可能超出仪器使用范围而损坏仪器，因此在操作中除特别注意之外，还应有保护措施。

3．信号的同步

时序关系是电子系统的重要问题之一，必须予以关注。在指标功能检查时，必须保证观察到（测量到）正确时序关系的波形。一般波形观察使用脉冲示波器（双踪）、逻辑分析仪等。正确选择同步信号及同步信号边沿是观测好波形的基础，选用外同步、边沿触发方式，可以比较方便地观察不同观测点波形，而不必经常调整示波器工作情况。同步信号的选择也是非常重要的，一般选择系统中边沿数最少的时序信号作为同步信号，同样要注意同步信号的取用对被测电路的影响。

4．系统配置及负载情况

在指标测试时，必须保证系统处于实际配置工作状态下，否则测出的结果是无用的。这个问题在测试中经常出现，而且很容易忽视，如负载等。

5．测试环境的保证

必须保证正常的环境温度、系统通风、市电电网稳定、接地线可靠、电磁屏蔽合格（如果有要求的话）等，如果要求恶劣环境下系统可以正常工作，那么应该在指标测试中模拟恶劣工作环境。

6．测试中注意分析、整理数据

在指标测试的过程中，要认真记录测试数据、测试条件及所用仪器型号（序号），并随时进行分析判断，判断所测结果是否真实可靠。切不可得到满意的结果而沾沾自喜，不再去分析它。实际上，它可能是测量过程中的失误（如忘记加上负载等），最后不得不再次返工重做。对于不合格的指标，千万不能盲动，不加仔细思索地大范围调整电路参数，结果可能使系统处于更加混乱的状态，越发不可收拾。在分析判断时，一方面要考虑电路、系统可能存在的问题；另一方面要考虑测量方法、测量环境、使用仪器（如探头衰减档使用不正确或刻度失调、造成结果偏差等）以及测试条件等。总之，指标测试是依次全面检查自己的理论知识、实际测试能力、工作条理性、分析判断能力以及理论联系实际的能力，应该通过这个环节体会到由理论到实践，再由实践上升到理论的认识过程的重要性，使自己有一个认识上的飞跃。

四、实验记录与数据处理

（一）实验仪器

（1）直流稳压电源　　　　　　　　　　1台
（2）任意波信号发生器　　　　　　　　1台
（3）数字万用表　　　　　　　　　　　1台
（4）电子技术综合实验箱　　　　　　　1台
（5）数字示波器　　　　　　　　　　　1台

（二）模块设计与测量

1. 测量 9011、9012、9013 三极管的 β

按照实验二测量晶体管的方法分别测量 9011、9012、9013 三极管的 β，其中，9011（Ⅰ）的 $I_{CQ}\approx 0.7$mA；9011（Ⅱ）的 $I_{CQ}\approx 4.5$mA；9012、9013 的 $I_{CQ}\approx 1$mA。

2. 单级共射电流串联负反馈放大器（前置放大器）的设计

（1）已知：V_{cc}=5V，R_L=3.6kΩ，R_S=50Ω，三极管为 9011，β 按实际测量。

（2）要求：电路静态工作点 $I_{CQ}\approx 0.7$mA（0.67～0.73mA）、$V_{CQ}\approx 2.5$V（2.4～2.6V）。

（3）性能指标：$60\leq A_{v\infty}\leq 63$，$V_{op-p}\geq 2$V，$4$kΩ$\leq R_i\leq 5$kΩ，$3.3$kΩ$\leq R_o\leq 3.9$kΩ，$f_L\leq 100$Hz，$f_H\geq 100$kHz。

3. 单极共射电压并联负反馈放大器（推动放大器）的设计

（1）已知：V_{cc}=5V，R_L=1 kΩ，R_S=3.65kΩ，三极管为 9011，β 按实际测量。

（2）要求：电路静态工作点 $I_{CQ}\approx 4.5$mA（4.4～4.7mA）、$V_{CQ}\approx 1.9$V（1.8～2.0V）。

（3）性能指标：$1.4\leq A_{vs}\leq 1.6$，$R_i\leq 100$Ω，$R_o\leq 100$Ω，$f_L\leq 100$Hz，$f_H\geq 100$kHz。

4. 两级放大器级联测试和两级放大器负反馈（电压串联）测试

（1）将上述前置放大器和推动放大器串联构成两级放大器，测量该电路参数（A_v、R_i、R_o）及最大动态范围。

（2）为改善电路音质，将前置级和推动级构成两级电压串联负反馈（反馈电阻为 4.7kΩ），测量该电路参数（A_v、R_i、R_o）及最大动态范围。

5. OTL 功率放大器输出级

为确保音频信号能推动大负载（8Ω 扬声器），采用 PNP 和 NPN 互补晶体管组成无变压器互补推挽（OTL）功率放大器（采用射极跟随器结构），如图 8-9 所示。

在图 8-9 中，VT_1、VT_2 为 NPN、PNP 三极管组成互补对称输出。

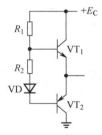

图 8-9 OTL 功率放大器输出级

射极输出结构，以便带大负载；R_1 为射极跟随器偏置电阻，使 VT_1、VT_2 工作在放大区，VD 和 R_2 是考虑到 VT_1、VT_2 发射结压降所设置的偏置，避免输出信号存在交越失真。

6. OTL 功率放大器

将上述三级（前置、推动、OTL 功率输出）串联。将上述三级（前置、推动、OTL 功率输出）级联，OTL 输出级参考电路如图 8-10 所示，测量整个电路参数（A_{vL}、R_i、R_o）及最大动态范围（R_L=8Ω）。

7. 焊接、调试

（1）将调试好的前置级、推动级分别按照所设计电路板（丝印图及版图如图 8-11 和图 8-12 所示）进行安装、调试、焊接，并把 OTL 输出级按所给电路进行焊接，组成 OTL 功率放大器。

（2）接上+5V 电源电压为：用万用表电流挡测量电路的总电流 I_A，如 I_A 小于 5mA，则可直接给 OTL 加上 5V 电源，进行各级静态工作点的调试，测量值填入表 8-3 中；若 I_A 大于 10mA，则应切断电源，检查电路故障原因，并排除之。

（3）静态工作点测量：测量 OTL 功率放大器各三极管工作点，填入表 8-3 中。

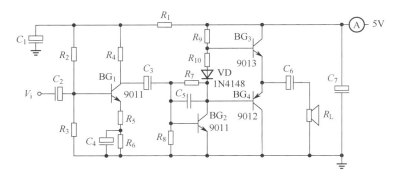

图 8-10 参考电路

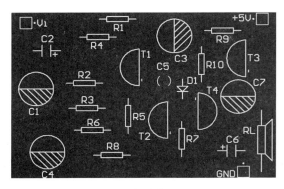

图 8-11 OTL 功率放大器 PCB 丝印图　　　图 8-12 OTL 功率放大器 PCB 版图

表 8-3 OTL 各级静态工作点

晶体管各极电压	BG1	BG2	BG3	BG4
基极电压 V_B/V				
发射极电压 V_E/V				
集电极电压 V_C/V				
计算 V_{BE}/V				

8．测量 OTL 功率放大器的指标

（1）最大不失真输出功率：指允许失真度为 10％ 时的输出功率。

OTL 率放大器的输入信号 $V_{ip\text{-}p}$=30mV（f=2kHz），用示波器观察输出波形，改变信号发生器输出幅度，逐步增大输出信号幅度。在波形刚出现失真时，测出最大输出电压 V_o。由 $P_o=V_o^2/R_L$ 可得最大不失真输出功率。

（2）电压增益。

调节 R_1 使输出功率为 125mW（对应于 R_L 为 8Ω 时，输出电压 V_o≈1V），测量这时 BG1 的基极输入电压 V_i，由 $A_v=V_o/V_i$ 求得电压增益。

（3）频率特性。

① 测量在 f=2kHz、P_o=125mW 时的输出电压 V_o 值。

② 在保持输入信号幅度不变的前提下（函数信号发生器输出幅度不变，R_L 位置不变）降低信

号频率,直到 OTL 功率放大器输出电压幅度下降 3dB(为 $0.707V_o$),这时的信号频率即为该放大器的下限频率。

③ 在保持输入信号幅度不变的前提下升高信号频率,直到 OTL 功率放大器的输出幅度下降 3dB(为 $0.707V_o$),这时的信号频率即为该放大器的上限频率。

(4)效率。在电源端串接电流表(在 A 处)。调节 R_1 使输出功率 P_o=125mW 时,读出总电流值。计算电源供给的直流功率 $P_{DC}=E_cI_{DC}$,则该功率放大器的总效率为 $\eta=P_o/P_{DC}$。

以上测得的各项指标必须满足实验要求的预定值;否则应进行分析,调整电路中有关元件的数值,直到满足指标要求为止。

(5)交叉失真现象。用一段导线把 R_9 和 VD 短接(把 BG3、BG4 两只晶体管基极短接),用示波器观察输出电压波形的交叉失真现象。

9. 试听

在调整测试完毕后,将大小合适的音乐信号送 OTL 功率放大器的输入端,试听该功率放大器的音质好坏。

五、预习要求

(1)复习理论课相关的内容,按项目指标设计电路。
(2)在 Multisim12 软件上仿真。
(3)拟定实验步骤,并画出实验装置图。

六、知识结构梳理与报告撰写

(1)画出音频放大器总体框图,说明电路原理。
(2)画出设计电路,标明元件参数,说明参数设计理由。
(3)调试过程中出现的问题及解决方法。
(4)安装、调试过程中出现的问题及解决方法。
(5)将实验数据和结果列成表格,并与设计时的理论计算进行比较,分析讨论实验结果。
(6)总结实验过程的体会和收获,对实验进行小结。
(7)心得体会。

七、分析与思考

(1)为什么前置级(第一级)的静态工作点要选择低一点?
(2)为什么第二级(中间级)要采用电压并联负反馈?
(3)为什么输出级要采用电压跟随器(OTL)输出?
(4)如何改进电路提高电路输出动态范围?

实验九　集成运算放大器的运用——运算器

一、实验目的

（1）熟悉集成运算放大器的性能和使用方法。
（2）掌握集成运放构成的基本模拟信号运算电路。

二、基础依据

集成运算放大器是一种高增益、高输入阻抗、低输出阻抗的直流放大器。若外加反馈网络，则可实现各种不同的电路功能。例如，施加线性负反馈网络，可以实现放大功能，以及加、减、微分、积分等模拟运算功能；施加非线性负反馈网络，可以实现乘、除、对数等模拟运算功能，以及其他非线性变换功能。本实验采用 TL082 型集成运算放大器，其引脚排列如图 9-1 所示。TL082 型为双集成运算放大器、TL084 为四集成运算放大器。

注意：在使用过程中，正、负电源不能接反，输出端不能碰电源；否则将会烧坏集成运算放大器。

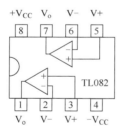 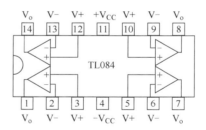

图 9-1　TL082、TL084 型集成运算放大器的引脚排列

集成运算放大器的应用非常广泛。本实验仅对集成运算放大器外加线性负反馈后的若干种电路功能进行实验研究。

三、实验内容

1. 反相放大器

反相放大器如图 9-2 所示，信号由反相端输入。在理想的条件下，反相放大器的闭环电压增益为

$$A_{VF} = \frac{V_o}{V_i} = -\frac{R_F}{R_1}$$

由上式可知，闭环电压增益的大小完全取决于电阻的比值 R_F/R_1，电阻值的误差将是测量误差的主要来源。

当取 $R_F = R_1$ 时，则放大器的输出电压等于输入电压的负值，即 $V_o = -\dfrac{R_F}{R_1}V_i = -V_i$。

此时，反相放大器起反相跟随器作用。

2．同相放大器

同相放大器如图 9-3 所示，信号由同相端输入。在理想的条件下，同相放大器的闭环电压增益为

$$A_{VF} = \dfrac{V_o}{V_i} = 1 + \dfrac{R_F}{R_1}$$

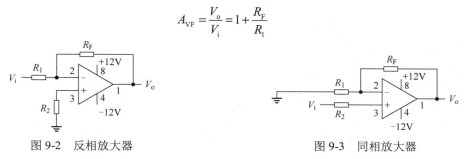

图 9-2　反相放大器　　　　　　　图 9-3　同相放大器

3．电压跟随器

电压跟随器如图 9-4 所示。它是在同相放大器的基础上，当 $R_1 \to \infty$ 时，$A_{VF} \to 1$，同相放大器就转变为电压跟随器。它是百分之百电压串联负反馈电路，具有输入阻抗高、输出阻抗低、电压增益接近 1 的特点。

在图 9-4 中，由于反相端与输出端直接相连，当输入电压超过共模输入电压允许值时，则会发生严重的堵塞现象。为了避免发生这种现象，通常采用图 9-5 所示的电压跟随器改进电路，并令 $R_2 = R_1 \mathbin{/\mkern-5mu/} R_F$。

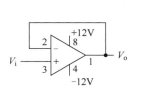　　　　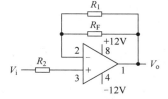

图 9-4　电压跟随器　　　　　　图 9-5　电压跟随器改进电路

4．反相加法器

反相加法器如图 9-6 所示。当反相端同时加入信号 V_{i1} 和 V_{i2} 时，在理想的条件下，输出电压为

$$V_o = -\left(\dfrac{R_F}{R_1}V_{i1} + \dfrac{R_F}{R_2}V_{i2}\right)$$

当 $R_1 = R_2$ 时，上式简化为 $V_o = -\dfrac{R_F}{R_1}(V_{i1} + V_{i2})$。

5．减法器

减法器如图 9-7 所示。当反相和同相输入端分别加入 V_{i1} 和 V_{i2} 时，在理想条件下，若 $R_1 = R_2$，$R_F = R_3$，输出电压为 $V_o = \dfrac{R_F}{R_1}(V_{i2} - V_{i1})$。

若 $R_F = R_1$，则 $V_o = V_2 - V_1$，因此电路又称为模拟减法器。

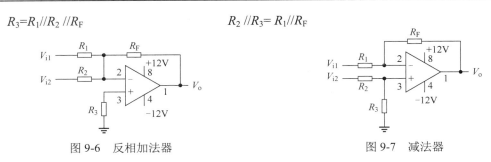

图 9-6 反相加法器 　　　　　　　　图 9-7 减法器

6. 积分器

积分器如图 9-8（a）所示。输入（待积分）信号加到反相输入端，在理想条件下，若电容两端的初始电压为零，则输出电压为 $V_o(t)=-\dfrac{1}{R_1C}\int_0^t V_i(t)\mathrm{d}t$。当 $V_i(t)$ 是幅值为 E_i 的阶跃电压时：$V_o(t)=-\dfrac{1}{R_1C}E_it$。此时，输出电压 $V_o(t)$ 随时间线性下降。

当 $V_i(t)$ 是峰值振幅为 V_{ip} 的矩形波时，$V_o(t)$ 的波形为三角波。如图 9-8（b）所示，根据上式，输出电压的峰-峰值为 $V_{op-p}=-\dfrac{V_{ip}}{R_1C}\left(\dfrac{T}{2}\right)$。

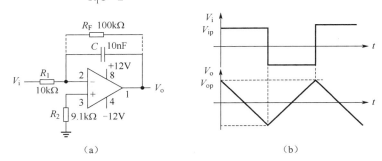

图 9-8 积分器及输出电压的峰-峰值

在实际实验电路中，通常在积分电容 C 的两端并接反馈电阻 R_F，其作用是引入直流负反馈，目的是减小运放输出直流漂移。由于 R_F 的存在对积分器的线性关系有影响，因此 R_F 不宜取太小，一般取 100kΩ 为宜。

*7. 单电源供电的运算电路

单电源供电指的是运放"$+V_{CC}$"引脚接正电源、"$-V_{CC}$"引脚接地，由此构成的运算电路依然能在合适的动态范围内呈现与双电源类似的"线性区"，从而得到所需的运算结果。很显然，此时运放的输出将不出现负值，若输入信号经"运算"后的结果存在负值，这部分将以"$-V_{om}$"的结果输出，且 $-V_{om} \geq 0V$。这样的输出与"运算"结果不符。因此，需要通过适当的"叠加运算"，使得原输出结果的最小值 $> -V_{om}$，且原输出结果的最大值 $< +V_{om}$，则可满足全部输出结果在单电源供电下运放的"线性区"内，以保证电路运算的正确性。

四、实验记录与数据处理

（一）实验仪器

（1）示波器　　　　　　　　　　　　　　　　　　　　　　1 台

（2）函数发生器　　　　　　　　　　　　1 台
（3）数字万用表　　　　　　　　　　　　1 台
（4）电子学实验箱　　　　　　　　　　　1 台
（5）数字示波器　　　　　　　　　　　　1 台

（二）模块设计与测量

1．反相放大器

（1）要求：放大倍数 $A_v \approx -10$，输入电阻 R_i 为 10kΩ、输出电阻 $R_o \leqslant 10Ω$，通频带 $\geqslant 100$kHz。
（2）在实验箱上搭接电路，自行设计实验步骤，列表记录测试数据，验证设计正确性。
（3）改变放大倍数 $A_v \approx -100$，测量通频带，说明变化原因。

2．同相放大器

（1）要求：放大倍数 $A_v \approx 11$，输入电阻不小于 1MΩ、输出电阻不大于 10Ω，通频带不小于 50kHz。
（2）在实验箱上搭接电路，自行设计实验步骤，列表记录测试数据，验证设计正确性。

3．反相加法器

（1）已知输入直流电平 V_{i1}=200mV，交流正弦信号（f=1kHz，V_{i2}=200 sin$ωt$ mV）。
（2）设计反向加法器电路，使输出为 $V_o = -2-2\sin ωt$ V。
（3）在实验箱上搭接电路，自行设计实验步骤，列表记录测试数据，验证设计正确性。

4．减法器

（1）已知输入直流电平 V_{i1}=200mV，交流正弦信号（f=1kHz，V_{i2}=200 sin$ωt$ mV）。
（2）设计减法器电路，使输出为 $V_o = (2\sin ωt - 2)$ V。
（3）在实验箱上搭接电路，自行设计实验步骤，列表记录测试数据，验证设计正确性。

5．积分器

（1）按图 9-8 所示搭接实验电路。
（2）从信号发生器输出方波信号作为 V_i，频率 f =1kHz，用双线示波器同时观察 V_i 和 V_o 的波形。要求 $V_{ip\text{-}p}$ 为 1V，占空比为 1/2。在同一时间坐标上画出输入、输出波形，并定量记下 V_i、V_o 和周期 T，并与理论计算 $V_{op\text{-}p}$ 进行比较。

*6．提高性运算器设计

（1）采用单电源（+5V）设计反相放大器。通过仿真与实物电路搭接，验证电路功能，记录输入电阻、输出电阻、通频带，以及最大动态范围，并与双电源电路作比较。
（2）采用单电源（+5V）设计同相放大器。通过仿真与实物电路搭接，验证电路功能，记录输入电阻、输出电阻、通频带，以及最大动态范围，并与双电源电路作比较。
（3）采用单电源（+5V）设计反相加法器。通过仿真与实物电路搭接，验证电路功能，记录最大动态范围，并与双电源电路作比较。
（4）采用单电源（+5V）设计减法器。通过仿真与实物电路搭接，验证电路功能，记录最大动态范围，并与双电源电路作比较。
（5）采用单电源（+5V）设计积分器。通过仿真与实物电路搭接，验证电路功能，记录最大动态范围，并与双电源电路作比较。

五、预习要求

（1）复习集成运放应用的有关内容，设计本实验各种应用电路。
（2）采用 Multisim 12 仿真软件，对实验电路进行仿真。
（3）整理实验数据（表格形式），画出对应验证波形。
（4）对比理论与实验数据，分析误差原因。
*（5）采用 Multisim 12 仿真软件，对单电源设计的实验电路进行仿真。

六、知识结构梳理与报告撰写

（1）画出各种设计实验电路，列表整理实验数据。
（2）计算实验结果，与理论值比较，分析产生误差的主要来源。
（3）总结实验过程的体会和收获，对实验进行小结。
*（4）归纳单电源设计的基本原则与验证结果。

七、分析与思考

（1）为什么反相放大器和同相放大器的下限频率为 0？
（2）在反相放大器和同相放大器中，若放大倍数提高，其上限频率是否会变化，为什么？
（3）如何利用反相加法和减法电路改变信号的直流电平？
（4）如何利用单电源设计反相放大器和同相放大器？

实验十 集成运算放大器构成振荡器的分析与设计

一、实验目的

（1）掌握产生自激振荡的振幅平衡条件和相位平衡条件。
（2）了解文氏电桥振荡器的工作原理及起振条件和稳幅原理。
（3）应用集成运算放大器组成锯齿波和矩形波电路。
（4）掌握晶体振荡电路。

二、基础依据

所谓振荡器，是指在接通电源后，能自动产生所需的信号的电路，如多谐振荡器、正弦波振荡器等。

当放大器引入正反馈时，电路可能产生自激振荡，因此，一般振荡器都由放大器和正反馈网络组成。其框图如图 10-1 所示。振荡器产生自激震荡必须满足两个基本条件。

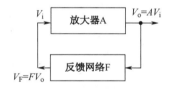

图 10-1 自激振荡框图

（1）振幅平衡条件：反馈信号的振幅应该等于输入信号的幅度，即

$$V_F = V_i \quad \text{或} \quad |AF| = 1$$

（2）相位平衡条件：反馈信号与输入信号应同相位，其相位差应为

$$\varphi = \varphi_A + \varphi_F = \pm 2n\pi \quad (n=0, 1, 2, \cdots)$$

为了振荡器容易起振，要求 $|AF|>1$，即电源接通时，反馈信号应大于输入信号，电路才能振荡，而当振荡器起振后，电路应能自动调节使反馈信号的振幅应该等于输入信号的幅度，这种自动调节功能称为稳幅功能。电路振荡产生的信号为矩形波信号，这种信号包含着多种谐波分量，故也称为多谐振荡器。为了获得单一频率的正弦信号，要求在正反馈网络具有选频特性，以便从多谐信号中选取所需的正弦信号。本实验采用 RC 串-并联网络，见图 10-2（a），作为正反馈的选频网络，其与负反馈的稳幅电路构成一个四臂电桥，如图 10-3 所示，故又称为文氏电桥振荡器。

三、实验内容

1．RC 串-并联网络的选频特性

RC 串-并联网络如图 10-2（a）所示。其电压传输系数为

$$F_{(+)} = \frac{V_{F(+)}}{V_o} = \frac{\dfrac{R_2}{1+j\omega R_2 C_2}}{R_1 + \dfrac{1}{j\omega C_1} + \dfrac{R_2}{1+j\omega R_2 C_2}} = \frac{1}{(1+\dfrac{R_1}{R_2}+\dfrac{C_2}{C_1}) + j(\omega C_2 R_1 - \dfrac{1}{\omega C_1 R_2})}$$

当 $R_1=R_2=R$、$C_1=C_2=C$ 时，则上式为

$$F_{(+)} = \frac{1}{3+j(\omega RC - \dfrac{1}{\omega RC})}$$

若令上式虚部为零，即得到谐振频率 f_o 为

$$f_o = \frac{1}{2\pi RC}$$

当 $f=f_o$ 时，传输系数最大，且相移为 0，即 $F_{max}=1/3$，$\varphi_F = 0$。

传输系数 F 的幅频特性和相频特性如图 10-2（b）、（c）所示。由此可见，RC 串-并联网络具有选频特性。对于频率 f_o 而言，为了满足振幅平衡条件 $|AF|=1$，要求放大器 $|A|=3$。为满足相位平衡条件：$\varphi_A + \varphi_F = 2n\pi$，要求放大器为同相放大器。

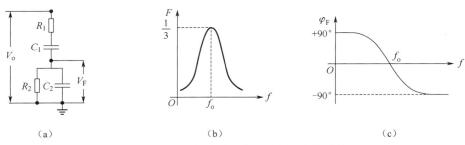

图 10-2　RC 串-并联网络及幅频、相频特性

2. 自动稳幅

由运算放大器组成的 RC 文氏电桥振荡器原理如图 10-3 所示。RC 串-并联网络的输出接放大器同相端，构成正反馈，并具有选频作用。R_F 和 R_1 分压输出接放大器的反相端，构成电压串联负反馈，以控制放大器的增益。负反馈系数为

$$V_{F(-)} = \frac{V_{F(-)}}{V_o} = \frac{R_1}{R_1 + R_F}$$

在深度负反馈情况下：

$$A_F = \frac{1}{V_{F(-)}} = \frac{R_1 + R_F}{R_1} = 1 + \frac{R_F}{R_1}$$

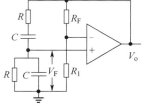

图 10-3　RC 文氏电桥振荡器原理

因此，改变 R_F 或 R_1 就可以改变放大器的电压增益。

由振荡器起振条件，要求 $|AF_{(+)}|>1$，当起振后，输出电压幅度将迅速增大，以致进入放大器的非线性区，造成输出波形产生平顶削波失真现象。为了能够获得良好的正弦波，要求放大器的增益能自动调节，以便在起振时，有 $|AF_{(+)}|>1$；起振后，有 $|AF_{(+)}|=1$，达到振幅平衡条件。那么如何能自动地改变放大器的增益呢？由于负反馈放大器的增益完全由反馈系数 $V_{F(-)}$ 决定。因此，如果能自动改变 R_F 和 R_1 的比值，就能自动稳定输出幅度，使波形不失真。

自动稳幅的方法很多，通常可以利用二极管、稳压管和热敏电阻的非线性特征，或者场效应管的可变电阻特性来自动地稳定振荡器的幅度。下面以二极管为例说明其稳幅原理。

二极管稳幅原理如图 10-4 所示。当电路接通电源时,由于设计时令 $R_F>3R_1$,因此在 f_o 点,$V_F>V_i$,满足起振条件,振荡器振荡,由二极管正相特性曲线(图 10-5)可见。由于起振时,V_o 较小,二极管两端的电压较小,二极管工作在 Q_1 点,因此其等效的直流电阻较大;随着振荡器输出电压 V_o 的增大,二极管两端的电压较大,二极管由 Q_1 点上升到 Q_2 点,则其等效的直流电阻较小。由图 10-5 可知,二极管 VD_1、VD_2 并联在 R_F 两端,随着 V_o 的逐渐增大,二极管等效电阻 R_D 减少,从而使总的反馈电阻 R_F 减小,负反馈增强,放大器增益下降,达到自动稳幅的目的。

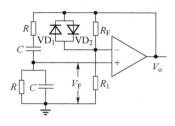

图 10-4 二极管稳幅原理

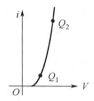

图 10-5 二极管特性曲线

3. 集成运算放大器构成自激式矩形波和锯齿波发生器

集成运算放大器构成自激式矩形波和锯齿波发生器电路如图 10-6 所示。

(1)图 10-6 中 A2 的作用为积分电路。

当 $V_i=E_1$ 时,VD_1 导通,VD_2 截止。由于运算放大器的反相输入端为虚地,因此 E_1 通过 R_1 对 C 充电,从而使 V_o 线性下降,V_o 变化的规律为

$$\Delta V_o(t) = \frac{-E_1}{R_1 C} t$$

当 $V_i=E_2$ 时,VD_1 截止,VD_2 导通。因此 E_2 通过 R_2 对 C 反充电,从而使 V_o 线性上升,V_o 变化的规律为

$$\Delta V_o(t) = \frac{-E_2}{R_2 C} t$$

(2)图 10-6 中 A1 为单限电压比较器(过零比较器),V_{01} 输出为矩形波。

① 当 $V_{01}=V_{OH}$ 时,V_{02} 线性下降,从而使 A1 的同相端电位 V_+ 下降,当 V_+ 过零时,A1 的输出 V_{01} 翻转为低电平 V_{OL},且 V_+ 也随之下跳。

② 当 $V_{01}=V_{OL}$ 时,V_{02} 线性上升,从而使 A1 的同相端电位 V_+ 上升,当 V_+ 过零时,A1 的输出 V_{01} 翻转为高电平 V_{OH},且 V_+ 也随之上跳。

如此往复,V_{01} 输出矩形波,V_{02} 输出锯齿波;V_{01}、V_{02} 的工作波形如图 10-7 所示。

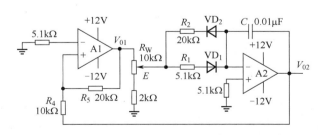

图 10-6 集成运算放大器构成自激式矩形波和锯齿波发生器

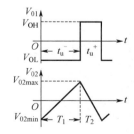

图 10-7 矩形波、锯齿波工作波形

(3)参数计算。

① 当 $V_{01}=V_{OL}$ 时,$E=E_L$,则

$$\Delta V_{02}(t) = \frac{E_L}{R_2 C} t$$

当 $t=T_1$ 时，$V_{02}(T_1) = V_{02\max}$。

当 $V_+ = \frac{R_5}{R_4+R_5} V_{02\max} + \frac{R_4}{R_4+R_5} V_{OL} = 0$ 时，则 V_{01} 由 V_{OL} 翻转为 V_{OH}，便得到

$$V_{02\max} = -\frac{R_4}{R_5} \cdot V_L = \frac{R_4}{R_5} |V_{OL}|$$

② 当 $V_{01} = V_{OH}$ 时，$E = E_H$，则

$$\Delta V_{02}(t) = \frac{E_H}{R_1 C} t$$

当 $t=T_2$ 时，$V_{02}(T_2) = V_{02\min}$。

当 $V_+ = \frac{R_5}{R_4+R_5} V_{02\min} + \frac{R_4}{R_4+R_5} V_{OH} = 0$ 时，则 V_{01} 由 V_{OH} 翻转为 V_{OL}，便得到

$$V_{02\min} = -\frac{R_4}{R_5} \cdot V_{OH}$$

③ $V_{02m} = V_{02\max} - V_{02\min} = \frac{R_4}{R_5} \cdot (V_{OH} + |V_{OL}|)$

④ V_{02} 的线性上升工作周期 T_1 等于 V_{01} 的 t_u^-；

当 $t=T_1$ 时，$V_{02\max} = V_{02\min} + V_{02}(T_1)$，即

$$\frac{R_4}{R_5} \cdot |V_{OL}| = -\frac{R_4}{R_5} \cdot V_{OH} + \frac{|E_L|}{R_2 C} \cdot T_1$$

由此可得

$$T_1 = t_u^- = \frac{R_2 R_4 C}{R_5 |E_L|} \cdot (V_{OH} + |V_{OL}|)$$

⑤ V_{02} 的线性下降工作周期 T_2 等于 V_{01} 的 t_u^+。

当 $t=T_2$ 时，$V_{02\min} = V_{02\max} - V_{02}(T_2)$，即

$$-\frac{R_4}{R_5} \cdot V_{OH} = \frac{R_4}{R_5} \cdot |V_{OL}| - \frac{|E_H|}{R_1 C} \cdot T_2$$

由此可得

$$T_2 = t_u^+ = \frac{R_1 R_4 C}{R_5 E_H} \cdot (V_{OH} + |V_{OL}|)$$

⑥ 若令 $V_{OH} = |V_{OL}|$、$E_H = |E_L|$，则

$$V_{02m} = \frac{2R_4}{R_5} \cdot V_{OH}$$

$$T_1 = t_u^- = \frac{2R_2 R_4 C}{R_5 E_H} \cdot V_{OH}$$

$$T_2 = t_u^- = \frac{2R_1 R_4 C}{R_5 E_H} \cdot V_{OH}$$

$$\frac{T_2}{T_1} = \frac{t_u^+}{t_u^-} = \frac{R_1}{R_2}$$

由此可见，改变 R_4、R_5，或者改变 E，均可以改变 T_1（t_u^-）、T_2（t_u^+），但不改变 V_{01} 的占空比；若改变 R_1、R_2，则可同时改变 T_1（t_u^-）、T_2（t_u^+）和占空比。

4．石英晶体振荡电路

由于 RC、LC 等正弦信号振荡或多谐振荡电路的，频率均受元器件参数的影响，其频率稳定

性相对较差，一般为 $10^{-3} \sim 10^{-2}$ 数量级，某些经过改进的电路也只能达到 10^{-4} 数量级。但在很多实际应用中，所需的频率稳定度指标却要求达 $10^{-8} \sim 10^{-6}$，有时甚至高达 10^{-9} 以上；石英晶体振荡器由于具有压电效应、极高的品质因数和极高的稳定性，由它来控制振荡器的频率就较容易使频率的稳定度提高到 $10^{-6} \sim 10^{-5}$ 数量级。若采用晶体恒温措施，则可达 $10^{-10} \sim 10^{-7}$ 数量级，一般晶体振荡器只能点频工作，不能大范围变化频率。

若在石英晶片两极加一电场，则晶片会产生机械变形；相反，若在晶片上施加机械压力，则在晶片相应的方向上会产生一定的电场，这种物理现象称为压电效应。因此，当晶片的两极加上交变电压时，晶片就会产生机械变形振动，同时晶片的机械振动会产生交变电场。一般情况下，晶片的机械振动的振幅和交变电场的振幅都非常小，只有在外加交变电压的频率为某一特定频率时，振幅才会突然加大，比一般情况下的振幅要大得多，此现象称为压电谐振。

石英谐振器的符号和等效电路及电抗-频率特性如图 10-8 所示。当晶体不振动时，可把它看成是一个平板电容 C_0，称为静电电容。C_0 与晶片的几何尺寸和电极面积有关，一般为几皮法至几十皮法；当晶体振动时，有一个机械振动的惯性，用电感 L 来等效，一般 L 值为 $10^{-3} \sim 10^2$ H，晶体的弹性一般以电容 C 来等效，C 值为 $10^{-2} \sim 10^{-1}$ pF。L、C 的具体数值与晶体的切割方式，以及晶片和电极的尺寸、形状有关。当晶片振动时，因摩擦而造成的损耗则用 R 来等效，它的数值约为 102Ω。由于晶片等效电感 L 很大，而 C 很小，R 也小，因此回路的品质因数 Q 很大，可达 $10^{-4} \sim 10^6$。加上晶片本身的固有频率只与晶片的几何尺寸有关，所以很稳定，而且可做得很精确。利用石英谐振器组成的振荡电路，可获得很高的频率稳定性。

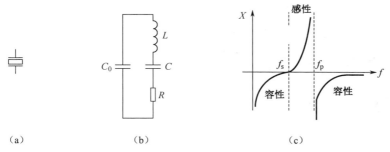

图 10-8　石英谐振器的符号和等效电路及电抗-频率特性

由石英谐振器的等效电路可知，这个电路有两个谐振频率，当 L、C、R 支路串联谐振时，等效电路的阻抗最小（等于 R），串联谐振频率为

$$f_s = 1/2\pi\sqrt{LC}$$

当等效电路并联谐振时，并联谐振频率为

$$f_p = \frac{1}{2\pi\sqrt{L \cdot \dfrac{CC_0}{C+C_0}}} = f_s\sqrt{1+\frac{C}{C_0}}$$

由于 $C \ll C_0$，因此 f_s 和 f_p 两个频率非常接近。

图 10-8（c）所示为石英谐振器的电抗-频率特性，在 f_s 和 f_p 之间为电感性，在此区域之外为电容性。

图 10-9 为石英晶体和 CMOS 非门组成的 1MHz 信号振荡器。图 10-9 中 R_f 使 F_1 运算放大器工作于线性放大区，晶体的等效电感 C_1、C_2 构成谐振回路。

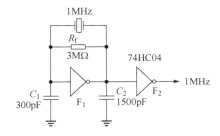

图 10-9　石英晶体和 CMOS 非门组成的 1MHz 信号发生器

若需要高精度的秒信号，可用上述输出的 1MHz 信号，经三片 4518（8421BCD 计数器）进行 106 分频，则可得到精度高的秒信号。精确秒信号发生器如图 10-10 所示。

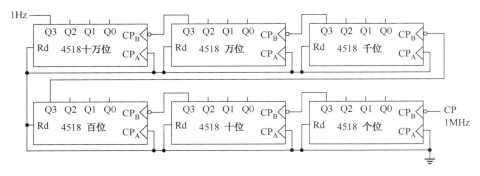

图 10-10　精确秒信号发生器

四、实验记录与数据处理

（一）实验仪器

（1）直流稳压电源　　　　　　　　　　1 台
（2）任意波信号发生器　　　　　　　　1 台
（3）数字万用表　　　　　　　　　　　1 台
（4）电子技术综合实验箱　　　　　　　1 台
（5）数字示波器　　　　　　　　　　　1 台

（二）模块设计与测量

1. 电路分析及参数计算

分析图 10-11 所示的振荡器电路的工作原理，并进行参数计算。

在图 10-11 中，运算放大器和 R_{F1}、R_{F2} 及 R_w 构成同相放大器，调整 R_w 即可调整放大器的增益；RC 串-并联网络构成选频网络；选频网络的输出端经 R_2、R_3 构成分压电路分压送运算放大器的同相端，构成正反馈，VD_1、VD_2 为稳幅二极管。

在不接稳幅二极管时，在谐振频率点，正反馈系数为

$$F_{(+)} = \frac{V_{F(+)}}{V_o} = \frac{1}{3} \cdot \frac{R_2}{R_2 + R_3}$$

而负反馈系数为

$$F_{(-)} = \frac{R_w}{R_{F1} + R_{F2} + R_w}$$

（1）为保证电路能稳定振荡，则要求 $F_{(+)} = F_{(-)}$。由此，根据电路参数，计算 R_w 的理论值。
（2）同相放大器的电压增益 A_{VF} = _____。
（3）电路的振荡频率 f_o = _____。

2．振荡器参数测试

（1）按图 10-11 所示搭接电路，（VD_1、VD_2 不接，K 拨向 1）经检查无误后，接通 ±12V 电源。

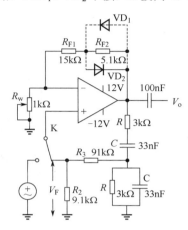

图 10-11　振荡器电路的工作原理

（2）调节 R_w，用示波器观察输出波形，在输出为最佳正弦波，测量输出电压 V_{p-p}。
（3）测量 R_w 值（拆除测量）。
（4）用李萨茹图形法测量振荡频率（先用示波器测量频率）。
李萨如图形测量信号频率方法：将示波器 CH1 接振荡器输出，CH2 接信号发生器正弦波输出，令示波器工作在"外扫描 X-Y"方式；当调节信号发生器频率时，若信号发生器频率与振荡器频率相同时，则示波器将出现一椭圆，通过此方法可测量未知信号频率。

3．观察自动稳幅电路作用

在图 10-11 基础上，接入稳幅二极管 VD_1、VD_2，调节电位器 R_w，观察输出波形的变化情况，测量出输出正弦波电压 V_{p-p} 的变化范围。

4．集成运算放大器构成自激式矩形波和锯齿波发生器

按图 10-6 所示搭接电路，用双踪示波器观察 V_{01}、E 和 V_{02} 工作波形；调节 R_w 改变 E 的幅度，观察 E 和 V_{02} 的波形变化情况（幅度、周期、占空比），调节 $E \approx \pm 5V$ 时，记录一组工作波形，测出 t_u^-、t_u^+、V_{02m}、V_{OH}、V_{OL}、E_H、E_L 等值，并用所测值 t_u^-、t_u^+、V_{02m} 与计算值进行比较。

5．石英晶体振荡器

按图 10-9 所示搭接电路，用示波器观察输出波形，测量其频率，其中门电路为高速 CMOS 非门。

*6．提高性振荡器设计

（1）采用单电源（+5V）设计文氏电桥振荡器。通过仿真与实物电路搭接，验证电路功能，并与双电源电路作比较。

（2）采用单电源（+5V）设计自激式矩形波和锯齿波发生器。通过仿真与实物电路搭接，验证电路功能，并与双电源电路作比较。

五、预习要求

（1）复习 RC 桥式振荡器的工作原理，并按相关要求，进行参数的理论计算。
（2）掌握稳幅电路的实验方法。
（3）复习运算放大器组成三角波、方波振荡器的工作原理，根据图 10-6 所示电路，当 $E_2= {-}4V$ 时，若输出最大扫描幅度 $V_{om}=20V$，求出 T_1、T_2 和 t_u^+/t_u^-。
（4）采用 Multisim 12 仿真软件，对实验电路进行仿真。
*（5）采用 Multisim 12 仿真软件，对单电源设计的实验电路进行仿真。

六、知识结构梳理与报告撰写

（1）画出实验电路，标明元件参数。
（2）列表整理实验数据，计算验证结果，并与理论值进行比较，分析误差原因。
（3）说明自动稳幅原理。
（4）画出方波、三角波振荡器电路，并根据要求画出波形，记录参数，计算误差。
（5）画出晶体振荡器电路、波形，并测量参数。
（6）简述实验过程中出现的故障现象及解决方法。
*（7）简述单电源设计文氏电桥振荡器、方波锯齿波振荡器的方法与结果分析。

七、分析与思考

（1）如何用单电源设计 RC 桥式振荡器？
（2）如何用单电源设计三角波、方波振荡器？

实验十一 集成运算放大器构成有源滤波器

一、实验目的

（1）了解有源 RC 滤波器的基本工作原理。
（2）学习有源二阶 RC 滤波器的调整与测试。
（3）掌握幅频特性的测量方法。

二、基础依据

早期滤波器电路仅仅由无源元件（电阻、电容和电感）构成。其中特别是电感的损耗大、体积和质量也大，不仅影响滤波的性能，而且加工、调整也不方便。近期随着集成运算放大器（集成运放）的普及，使用集成运放来改善滤波器的特性成为可能。它可使任何一种电抗元件组成的滤波电路的性能基本上保持不变。通常把电阻、电容和集成运放构成的滤波器称为有源 RC 滤波器。有源 RC 滤波器与类似性能的 RLC 滤波器相比，具有尺寸小、质量轻、综合调整简单、级间隔离好和有效增益大等优点。但也存在着缺点：电压和电流的大小受到一定的限制，不能"浮置"地实现给定的方案；受有源器件频率特性的限制，仅适用于低频范围，以及有源器件参数的变化，增大滤波器性能的不稳定。在大多数应用中，优点多于缺点。因此，在工程应用上，有源 RC 滤波器变得越来越重要。

通用有源 RC 滤波器的结构框图如图 11-1 所示。已经证明，这种电路结构在实现电压传递函数方面是很实用的。图 11-1 中的无源网络是由电阻和电容构成的。三角形表示压控电压源（VCVS），它是一个集成运算放大器。为了分析图 11-1 所示的电路，可以从只考虑无源网络入手，用类似于分析四端网络时所用的那样一组 y 参数，就可以明确地表示出网络的性质。这里电压和电流的变量各有 3 个，因此所需的一组 y 参数必须是一个 3×3 矩阵。现可用下列矩阵来描述这个无源网络。

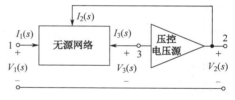

图 11-1 通用有源 RC 滤波器结构框图

$$\begin{bmatrix} I_1(s) \\ I_2(s) \\ I_3(s) \end{bmatrix} = \begin{bmatrix} y_{11}(s) & y_{12}(s) & y_{13}(s) \\ y_{21}(s) & y_{22}(s) & y_{23}(s) \\ y_{31}(s) & y_{32}(s) & y_{33}(s) \end{bmatrix} \begin{bmatrix} V_1(s) \\ V_2(s) \\ V_3(s) \end{bmatrix} \quad (11-1)$$

式中，S 为复频变量，即 $S=j\omega$。方矩阵称为 y 参数矩阵。

现在研究压控电压源对式（11-1）的影响。根据图 11-1 所示的各变量的含义，VCVS 给于式（11-1）的约束条件为

$$V_2(s)= A\, V_3(s), \quad I_3(s)=0 \quad (11-2)$$

式中，A 为 VCVS 的电压增益。

将式（11-2）代入式（11-1）可得

$$K(s)=\frac{V_2(s)}{V_1(s)}=\frac{-Ay_{31}(s)}{y_{33}(s)+Ay_{32}(s)} \tag{11-3}$$

式中，$K(s)$ 为电路的总电压传递函数。根据这个关系式可求得各种各样具体的滤波特性的有源 RC 网络结构。

设计一个有源滤波器，首先要根据对滤波器输出响应的要求，写出对应滤波器的传递函数，即网络函数。然后根据该传递函数，选择适当的滤波电路形式，并计算其 R、C 元件值。

三、实验内容

1. 二阶低通滤波器

二阶低通滤波器（LPF）传递函数的形式为

$$K(s)=\frac{H}{s^2+a_1 s+a_0} \tag{11-4}$$

这个函数的直流增益是 H/a_0，而系数 a_1 和 a_0 的数值通常根据所要达到的具体低通特性来选择。图 11-2 所示为一个有源二阶低通滤波器。该电路的电压传递函数为

$$K(s)=\frac{A/R_1 R_2 C_1 C_2}{s^2+s\left[\dfrac{1}{R_1 C_1}+\dfrac{1}{R_2 C_1}+\dfrac{1-A}{R_2 C_2}\right]+\dfrac{1}{R_1 R_2 C_1 C_2}} \tag{11-5}$$

显然，式（11-5）具有式（11-4）所要求的低通形式。如果令 $A=1$，$R_2=R_1$，$C_2=0.5 C_1$，那么该电路可得到一个具有巴特沃斯（Butterworth）特性，即具有最大平坦幅度响应的低通特性。此时式（11-5）可简化为

$$K(s)=\frac{1}{\dfrac{R_1^2 C_1^2}{2}s^2+R_1 C_1 s+1}$$

$$K(\mathrm{j}\omega)=\frac{1}{(1-\dfrac{R_1^2 C_1^2}{2}\omega^2)+\mathrm{j}\omega R_1 C_1}$$

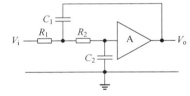

图 11-2　有源二阶低通滤波器

所以，该低通滤波器的幅频特性为

$$|K(\mathrm{j}\omega)|=\frac{1}{\sqrt{(1-\dfrac{R_1^2 C_1^2}{2}\omega^2)^2+(\mathrm{j}\omega R_1 C_1)^2}} \tag{11-6}$$

当 $\omega=\omega_\mathrm{H}=\dfrac{\sqrt{2}}{R_1 C_1}$ 时，$|K(\mathrm{j}\omega)|=\dfrac{1}{\sqrt{2}}$，输出下降 3dB。

由 $\omega_\mathrm{H}=\dfrac{\sqrt{2}}{R_1 C_1}$ 可得

$$f_\mathrm{H}=\frac{1}{\sqrt{2}\pi R_1 C_1}$$

式中，f_H 为低通滤波器的上限截止频率。

若需要更好的截止特性时，可将两个二阶低通滤波器串接起来成为高阶低通滤波器。而串接后的总电压传递函数简单地等于各级传递函数的乘积。

2. 二阶高通滤波器

二阶高通滤波器（HPF）传递函数的形式为

$$K(s) = \frac{Hs^2}{s^2 + a_1 s + a_0} \tag{11-7}$$

式中，H 为函数的高频增益。

图 11-3 所示为一个有源二阶高通滤波器。该电路的电压传递函数为

$$K(s) = \frac{As^2}{s^2 + s\left[\dfrac{1}{R_1 C_1} + \dfrac{1}{R_2 C_2} + \dfrac{1-A}{R_1 C_1}\right] + \dfrac{1}{R_1 R_2 C_1 C_2}} \tag{11-8}$$

显然，式（11-8）具有式（11-7）所要求的高通形式。如果令 $A=1$，$C_2=C_1$，$R_2=2R_1$，那么该电路可得到一个具有巴特沃斯（Butterworth）特性的高通特性。此时，式（11-8）可简化为

$$K(s) = \frac{1}{1 + \dfrac{1}{sR_1 C_1} - \dfrac{1}{2\omega^2 R_1^2 C_1^2}}$$

$$K(j\omega) = \frac{1}{(1 - \dfrac{1}{2\omega^2 R_1^2 C_1^2}) - j\dfrac{1}{\omega R_1 C_1}}$$

所以该高通滤波器的幅频特性为

$$|K(j\omega)| = \frac{1}{\sqrt{(1 - \dfrac{1}{2\omega^2 R_1^2 C_1^2})^2 + (\dfrac{1}{\omega R_1 C_1})^2}} \tag{11-9}$$

式中，当 $\omega = \omega_L = \dfrac{1}{\sqrt{2} R_1 C_1}$ 时，$|K(j\omega)| = \dfrac{1}{\sqrt{2}}$，输出下降 3dB。

由 $\omega_L = \dfrac{1}{\sqrt{2} R_1 C_1}$ 可得

$$f_L = \frac{1}{2\sqrt{2}\pi R_1 C_1}$$

式中，f_L 为高通滤波器的下限截止频率。

若需要更好的高通特性时，可将两个高通滤波器简单地串接起来成为高阶高通滤波器。

3. 带通滤波器

带通滤波器（BPF）有两种。一种是带通型滤波器，它有一定宽度的带域。这种电路一般是把前述的低通滤波器和高通滤波器串接而成的，如图 11-4 所示。

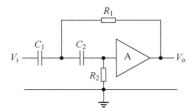

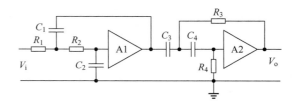

图 11-3 有源二阶高通滤波器　　　　　　　图 11-4 带通滤波器

另一种是选频式带通滤波器，如图 11-5 所示。图 11-5 中负反馈网络是有名的双 T 形 RC 滤波器。它对所选择的频率呈现高的增益，当 $C_1=C_2=0.5C_3$、$R_1=R_2=2R_3$ 时，所选择的频率为 $f_o = \dfrac{1}{2\pi R_1 C_1}$。

*4. 窄带通滤波器的一种快速设计

该滤波器是 MFB 带通结构的一个特例，是一种非常稳定及对元器件值的变化相对不敏感的滤波器，如图 11-6 所示。

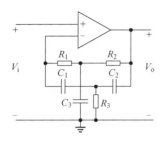 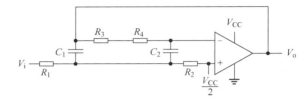

图 11-5　选频式带通滤波器　　　　　　　图 11-6　窄带通滤波器

图 11-6 中，$A_v = Q = \dfrac{R_3 + R_4}{2R_1}$，当 $C=C_1=C_2$、$R=R_1=R_4$ 时，$f_o = \dfrac{1}{2\pi R_1 C}$，$R_3 = (2Q-1)R_1$，$R_2 = \dfrac{R_1}{(2Q-1)}$。

Q 值越小，所选频带越宽；反之，Q 值越大，所选频带越窄。Q 值不宜选过高，是为了避免很容易达到运放的增益带宽积。

四、实验记录与数据处理

（一）实验仪器

（1）数字示波器　　　　　　　　　　　　1 台
（2）函数信号发生器　　　　　　　　　　1 台
（3）数字万用表　　　　　　　　　　　　1 台
（4）多功能电路实验箱　　　　　　　　　1 台

（二）模块设计与测量

1. 二阶低通滤波器特性测量

（1）按图 11-7 所示电路在实验箱上平台上搭接实验电路，经检查无误后，接通±12V 电源。

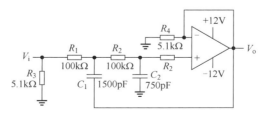

图 11-7　二阶低通滤波器

(2) 测量低通特性，用函数发生器正弦波作为输入电压 V_i，保持 $V_i=1V$ 不变，改变信号频率，分别测出相应的输出电压 V_o，记入表 11-1。

表 11-1 二阶低通滤波器特性测量

f/Hz	200	500	700	900	1000	1100	1200	1300	1400	1500
V_2 测量值/V										
V_2 理论值/V										
f/Hz	1600	1700	1800	1900	2000	2500	3000	4000	5000	6000
V_2 测量值/V										
V_2 理论值/V										

(3) 用坐标纸画出二阶低通有源 RC 滤波器的幅频特性曲线，并求上限截止频率 f_H 的测量值和理论值（电路保留，已备后用）。

(4) 用频率特性测试仪测量该电路的幅频特性和相频特性。

2．二阶高通滤波器特性测量

(1) 按图 11-7 所示电路在实验箱上搭接实验电路。以下实验步骤与低通滤波器测量步骤相同，把测量数据记入表 11-2。

表 11-2 二阶高通滤波器特性测量

f/Hz	2000	1000	500	400	300	250	220	210
V_2 测量值/V								
V_2 理论值/V								
f/Hz	200	180	160	140	120	100	80	60
V_2 测量值/V								
V_2 理论值/V								

(2) 用坐标纸画出二阶高通有源 RC 滤波器的幅频特性曲线，并求下限截止频率 f_L 的测量值和理论值（电路保留，已备后用）。

(3) 用频率特性测试仪测量电路的幅频特性和相频特性。

3．带通滤波器特性测量

(1) 将图 11-7 所示低通滤波器和图 11-8 所示高通滤波器串接起来，便成为带通滤波器。用频率特性测试仪测量其幅频特性和相频特性。

(2) 实验电路如图 11-5 所示。其中 $R_1=R_2=20k\Omega$，$R_3=10k\Omega$，$C_1=C_2=5100pF$，$C_3=0.01\mu F$。

首先测出由 R_1、R_2、R_3、C_1、C_2、C_3 组成的 T 形网络的幅频特性；然后测出负反馈放大器的幅频特性（测出中心频率和通频带带宽）。

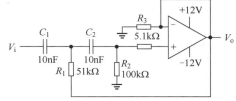

图 11-8 二阶高通滤波器

*4．提高性滤波器设计

(1) 采用单电源（+5V）设计低通滤波器。通过仿真与实物电路搭接，验证电路功能，并与双电源电路作比较。

(2) 采用单电源（+5V）设计高通滤波器。通过仿真与实物电路搭接，验证电路功能，并与双电源电路作比较。

（3）采用单电源（+5V）设计低通与高通串接的带通滤波器。通过仿真与实物电路搭接，验证电路功能，并与双电源电路作比较。

（4）采用单电源（+5V）设计双 T 形带通滤波器。通过仿真与实物电路搭接，验证电路功能，并与双电源电路作比较。

（5）采用窄带通滤波器快速设计，设计一款中心频率为 25kHz 的带通滤波器，测试并绘制其幅频特性曲线。

五、预习要求

（1）认真阅读本实验原理，计算实验内容二阶低通滤波器和二阶高通滤波器中的 V_2 理论值。

（2）采用 Multisim 12 仿真软件，对实验电路进行仿真。

（3）明确实验步骤，自拟带通滤波器的数据记录表格并记录测试数据。

*（4）采用 Multisim 12 仿真软件，对单电源设计的实验电路进行仿真。

六、知识结构梳理与报告撰写

（1）列表整理实验数据。

（2）绘制所测得的幅频特性曲线，并与理论值对照，分析实验结果。

（3）简述实验过程中出现的故障现象及解决方法。

*（4）简述单电源设计滤波器的方法与结果分析。

七、分析与思考

（1）如何用单电源设计 LPF 滤波器？

（2）如何用单电源设计 HPF 滤波器？

（2）如何用单电源设计 BPF 滤波器？

实验十二　集成运算放大器构成的电压比较器

一、实验目的

（1）掌握电压比较器的模型及工作原理。
（2）掌握电压比较器的应用。

二、基础依据

电压比较器主要用于信号幅度检测——鉴幅器，根据输入信号幅度决定输出信号为高电平或低电平；或者波形变换，将缓慢变化的输入信号转换为边沿陡峭的矩形波信号。常用的电压比较器有单限电压比较器、施密特电压比较器、窗口电压比较器、台阶电压比较器。下面以集成运放为例，说明构成各种电压比较器的原理。

三、实验内容

1. 集成运算放大器构成的单限电压比较器

集成运算放大器构成的单限电压比较器电路如图12-1（a）所示。图12-1（b）所示为其电压传输特性曲线。由于理想集成运放在开环应用时，$A_v \to \infty$、$R_i \to \infty$、$R_o \to 0$，因此当 $V_i < E_R$ 时，$V_o = V_{OH}$；反之，当 $V_i > E_R$ 时，$V_o = V_{OL}$；由于输出与输入反相，因此称为反相单限电压比较器。通过改变 E_R 值，即可改变转换电平 V_T（$V_T \approx E_R$）；当 $E_R = 0$ 时，电路称为"过零比较器"。同理，将 V_i 与 E_R 对调连接，则电路为同相单限电压比较器。图12-1（c）所示为反相单限电压比较器的应用——波形变换应用。

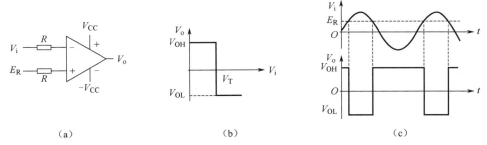

图12-1　单限电压比较器及其电压传输特性曲线与波形变换应用

2. 集成运算放大器构成的施密特电压比较器

集成运算放大器构成的施密特电压比较器电路如图10-2（a）所示。图10-2（b）所示为其电压传输特性曲线。

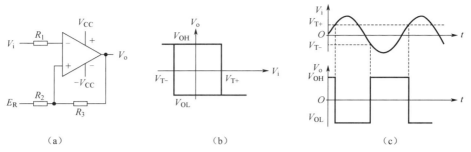

图 12-2 反相施密特电压比较器及其电压传输特性曲线与波形变换应用

当 $V_o=V_{OH}$ 时，$V_{+1}=V_{T+}=\dfrac{R_2}{R_2+R_3}V_{OH}+\dfrac{R_3}{R_2+R_3}E_R$；$V_{T+}$ 称为上触发电平；当 $V_o=V_{OL}$ 时，$V_{+2}=V_{T-}=\dfrac{R_2}{R_2+R_3}V_{OL}+\dfrac{R_3}{R_2+R_3}E_R$；$V_{T-}$ 称为下触发电平。

回差电平：$\Delta V_T=V_{T+}-V_{T-}$

当 V_i 从足够低往上升，若 $V_i>V_{T+}$ 时，则 V_o 由 V_{OH} 翻转为 V_{OL}；当 V_i 从足够高往下降，若 $V_i<V_{T-}$ 时，则 V_o 由 V_{OL} 翻转为 V_{OH}。

由于 V_{T+}、V_{T-} 不相等，因此称为双限电压比较器，而其电压传输特性曲线具有迟滞回线形状，又称为迟滞比较器。由于输入足够低时，输出为高；输入足够高时，输出为低，因此称为反相施密特电压比较器。通过改变 E_R 值，即可改变上、下触发电平 V_{T+}、V_{T-}；同理，将 V_i 与 E_R 对调连接，则电路为同相施密特电压比较器。图 12-2（c）所示为反相施密特电压比较器的应用——波形变换应用。

3．集成运放构成的窗口电压比较器

集成运放构成的窗口电压比较器电路如图 12-3（a）所示。图 12-3（b）为其电压传输特性曲线。

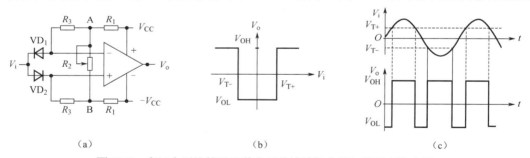

图 12-3 窗口电压比较器及其电压传输特性曲线与波形变换应用

当 $R_3 \gg R_1$、R_2 时，A、B 两点的直流电平分别为

$$V_A \approx \dfrac{R_1+R_2}{2R_1+R_2}\cdot V_{CC}-\dfrac{R_1}{2R_1+R_2}\cdot V_{CC}=\dfrac{R_2}{2R_1+R_2}\cdot V_{CC}$$

$$V_B \approx \dfrac{R_1}{2R_1+R_2}\cdot V_{CC}-\dfrac{R_1+R_2}{2R_1+R_2}\cdot V_{CC}=-\dfrac{R_2}{2R_1+R_2}\cdot V_{CC}$$

当 $V_i>V_A$ 时，VD_1 截止、VD_2 导通，则 $V_+>V_-$，$V_o=V_{OH}$。

当 $V_i<V_B$ 时，VD_1 导通、VD_2 截止，则 $V_+>V_-$，$V_o=V_{OH}$。

当 $V_B<V_i<V_A$ 时，VD_1、VD_2 均导通，由于 VD_1、VD_2 导通压降的存在，则 $V_+<V_-$，$V_o=V_{OL}$。

在理想情况下（$R_3>R_1$ 与 R_2，忽略 VD_1、VD_2 导通压降 V_D），上触发电平 $V_{T+}=V_A$、下触发电平 $V_{T-}=V_B$、窗口宽度 ΔV_T 分别为

$$V_{T+} = V_A \approx \frac{R_2}{2R_1 + R_2} \cdot V_{CC}$$

$$V_{T-} = V_B \approx -\frac{R_2}{2R_1 + R_2} \cdot V_{CC}$$

$$\Delta V_T = V_A - V_B = \frac{2R_2}{2R_1 + R_2} \cdot V_{CC}$$

在实际电路中，由于 R_3 没有远远大于 R_1 与 R_2，二极管也存在导通压降，因此 $V_{T+} > V_A$，$V_{T-} < V_B$。图 12-3（c）所示为窗口电压比较器的应用——波形变换应用。

*4．集成运放构成的台阶电压比较器（双限三态输出）

集成运放构成的台阶电压比较器电路如图 12-4（a）所示。图 12-4（b）所示为其电压传输特性曲线。

当 $V_o = V_{OH}$ 时，则 VD_3 导通，$V_B = V_{OH}$，使 VD_4 截止；而 $V_- \approx 0$（虚地），故 VD_1 导通，使 $V_A \approx V_- \approx 0$，$VD_2$ 截止。根据流入反相端的电流之和为 0 原则，则

$$I_{R1} + I_{R2} + I_{D1} = 0$$

即

$$\frac{E_R}{R_1} + \frac{V_{i1}}{R_2} + \frac{V_{CC} - V_D}{R_3} = 0$$

故

$$V_{T-} = V_{i1} = \frac{R_2}{R_3} \cdot (V_D - V_{CC}) - \frac{R_2}{R_1} \cdot E_R$$

式中，V_{T-} 为下触发电平。

当 $V_o = V_{OL}$ 时，则 VD_2 导通，$V_A = V_{OL}$，使 VD_1 截止；而 $V_- \approx 0$（虚地），故 VD_4 导通，使 $V_B \approx V_- \approx 0$，$VD_3$ 截止。根据流入反相端的电流之和为 0 原则，则

$$I_{R1} + I_{R2} + I_{D3} = 0$$

即

$$\frac{E_R}{R_1} + \frac{V_{i2}}{R_2} + \frac{V_{CC} - V_D}{R_3} = 0$$

故

$$V_{T+} = V_{i2} = \frac{R_2}{R_3} \cdot (V_{CC} - V_D) - \frac{R_2}{R_1} \cdot E_R$$

式中，V_{T+} 为上触发电平。

当 $V_i < V_{T-}$ 时，则 $V_+ > V_-$，$V_o = V_{OH}$；当 $V_i > V_{T+}$ 时，则 $V_+ > V_-$，$V_o = V_{OL}$；

当 $V_{T-} < V_i < V_{T+}$ 时，则 $V_+ = V_- = 0$，$V_o = 0$，故 VD_1、VD_2、VD_3、VD_4 全部导通。

$$\Delta V_T = V_A - V_B = \frac{2R_2}{R_3} \cdot (V_{CC} - V_D)$$

从上式可以看出，ΔV_T 与参考电压 E_R 无关，改变 E_R 时，仅改变 V_{T+} 和 V_{T-}，而 ΔV_T 不变。图 12-4（c）所示为台阶电压比较器的应用——波形变化应用。

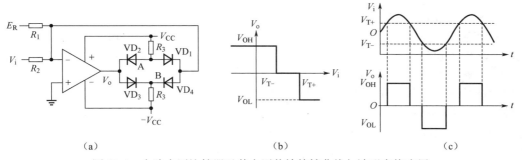

图 12-4 台阶电压比较器及其电压传输特性曲线与波形变换应用

四、实验记录与数据处理

（一）实验仪器

（1）示波器　　　　　　　　　　　　　　1台
（2）函数信号发生器　　　　　　　　　　　1台
（3）数字万用表　　　　　　　　　　　　　1台
（4）多功能电路实验箱　　　　　　　　　　1台

（二）模块设计与测量

1. 单限电压比较器

（1）按图 12-1（a）所示搭接电路，其中电源电压为±5V、$R_1=R_2=10\text{k}\Omega$，E_R 由实验箱可调直流电源输出 1 提供。

（2）观察图 12-1（a）所示电路的电压传输特性曲线。

电压传输特性曲线测量方法：用缓慢变化信号（正弦、三角）作为 V_i（$V_{ip\text{-}p}$=5V、f=200Hz），将 V_i 接示波器 X（CH1）输入，V_o 接 Y（CH2）输入，令示波器工作在外扫描方式（X-Y）；观察电压传输特性曲线。

（3）用直流电压表测量参考电压 E_R 值，调节 E_R，观察特性曲线的转换电平 V_T 随 E_R 的变化情况；当 $V_T=1\text{V}$ 时，记下 E_R 值，定量记录电压传输特性曲线。

（4）当 $V_T=1\text{V}$ 时，令示波器工作在内扫描方式（V-t），同时观察并画出 V_i、V_o 波形；根据电路工作原理，用示波器测量 V_i 的转换电平 V_T 值；改变 E_R，观察 E_R 减小时，V_o 的正脉宽 t_u^+ 的变化情况；当 $E_R=0$ 时，观察 V_o 波形，说明为什么当 V_i 直流成分为 0 时，V_o 为对称方波。

2. 施密特电压比较器

（1）按图 12-2（a）搭接电路，其中电源电压为±5V、$R_1=R_3=10\text{k}\Omega$，R_2 为 10kΩ 电位器，E_R 由实验箱可调直流电源输出 1 提供。

（2）用电压传输特性曲线的测量方法观察图 12-2（a）电路的电压传输特性曲线。

（3）调节 R_2 电位器，观察 ΔV_T 变化情况。当 $\Delta V_T \approx 1\text{V}$，调节 E_R，用直流电压表测量 E_R 值，当 $E_R=1\text{V}$，定量记录电压传输特性曲线。

（4）调节 E_R，观察电压传输特性曲线的变化情况，当 $E_R=0\text{V}$ 时，测量 V_{T+}、V_{T-} 值。

（5）令示波器工作在内扫描方式（V-t），同时观察并画出 V_i、V_o 波形；根据电路工作原理，用示波器测量 V_i 的转换电平 V_{T+}、V_{T-} 值；改变 E_R，观察 E_R 减小时，V_o 的正脉宽 t_u^+ 的变化情况。

3. 窗口电压比较器

（1）按图 12-3（a）搭接电路，其中电源电压为±5V、$R_1=1\text{k}\Omega$，R_2 为 1kΩ 电位器，$R_3=10\text{k}\Omega$。

（2）用电压传输特性曲线的测量方法观察图 12-3（a）电路的电压传输特性曲线。

（3）调节 R_2 电位器，观察 ΔV_T 变化情况。当 $\Delta V_T=1\text{V}$，定量记录电压传输特性曲线，用直流电压表测量 V_A、V_B 值，说明 $V_A \neq V_{T+}$，$V_B \neq V_{T-}$ 原因。

（4）令示波器工作在内扫描方式（V-t），同时观察并画出 V_i、V_o 波形；根据电路工作原理，用示波器测量 V_i 的转换电平 V_{T+}、V_{T-} 值；改变 E_R，观察 E_R 减小时，V_o 的正脉宽 t_u^+ 的变化情况。

*4. 台阶电压比较器（双限三态输出）

（1）按图 12-4（a）搭接电路，其中电源电压为±5V、$R_1=R_2=1\text{k}\Omega$，$R_3=10\text{k}\Omega$；E_R 由实验箱可

调直流电源输出 1 提供。

(2) 用电压传输特性曲线的测量方法观察图 12-4（a）电路的电压传输特性曲线。

(3) 调节 E_R，使 $E_R=0.5V$，定量记录电压传输特性曲线。

(4) 令示波器工作在内扫描方式（V-t），同时观察并画出 V_i、V_o 波形；根据电路工作原理，用示波器测量 V_i 的转换电平 V_{T+}、V_{T-} 值；改变 E_R，观察 E_R 减小时，V_o 的正脉宽 t_u^+ 的变化情况。

五、预习要求

(1) 了解各种电压比较器的原理及其电压传输特性，并掌握其应用。

(2) 采用 Multisim 12 仿真软件，对实验电路进行仿真。

(3) 了解示波器外扫描、内扫描的区别，掌握观察电路电压传输特性的方法。

六、知识结构梳理与报告撰写

(1) 按实验要求，画出个实验电路及其电压传输特性曲线和波形变化。

(2) 列出各电路观测的数据，分析实验结果。

(3) 简述实验过程中出现的故障现象及解决方法。

七、分析与思考

各电压比较器可以有哪些应用场景？

实验十三 整流、滤波和集成稳压器

一、实验目的

（1）了解整流、滤波电路的工作原理。
（2）掌握集成稳压器的性能和使用方法。

二、基础依据

电子线路在多数情况下需要用直流电源供电，而电力部门所提供的电源为 50Hz、220V 交流电（通常称为市电）。因此，应首先经过变压、整流；然后经过滤波和稳压，才能获得稳定的直流电。直流稳压电源的结构框图如图 13-1 所示。

市电 → 变压、整流 → 滤波 → 稳压 → 直流输出

图 13-1 直流稳压电源的结构框图

三、实验内容

1. 变压和整流电路

市电经过电源变压器降压，达到整流电路所要求的交流电压值，然后由二极管整流电路将其变换为单向脉动电压。

常用的整流电路如图 13-2 所示，包括半波整流[见图 13-2（a）]、全波整流[见图 13-2（b）]、桥式整流[见图 13-2（c）]电路等。

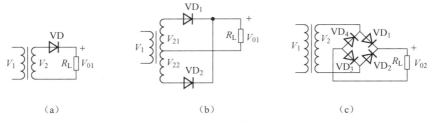

图 13-2 常用的整流电路

目前应用最普遍的是桥式整流电路，其输出电压 V_o 的波形与全波整流相同，如图 13-3 所示。

桥式整流电路工作原理：设变压器副边电压为 $V_2=\sqrt{2}\sin\omega t$，当 V_2 正半周时，二极管 VD_1、VD_3 导通；当 V_2 负半周时，VD_2、VD_4 导通，因而在负载上将得到全波整流波形 V_{o2}。当忽略二极管的正向压降时，对于这个波形，可用傅里叶级数表达如下。

$$V_{02} = \sqrt{2}V_2\left(\frac{2}{\pi} - \frac{4}{3\pi}\cos2\omega t - \frac{4}{15\pi}\cos4\omega t + \cdots\right)$$

式中,V_2为变压器副边交流电压有效值。$\omega=2\pi f$,其中 f 为市电频率(50Hz)。傅里叶级数第一项为平均直流成份,即 $\overline{V}_{02}=\dfrac{2}{\pi}\sqrt{2}V_2\approx 0.9V_2$。

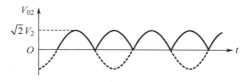

图 13-3 桥式整流波形

傅里叶级数的第二项 2ω 是最低的谐波频率,常称为基波,基波成分幅值 $\widetilde{V}_{dm}$ 最大,为

$$\widetilde{V}_{dm}=\dfrac{4}{3\pi}\sqrt{2}V_2$$

由于其他高次谐波幅值较小,通常我们只考虑基波成分而舍弃幅值较小的高次谐波。基波成分幅值 $\widetilde{V}_{dm}$ 与平均直流成分 $\overline{V}_{02}$ 之比,定义为电压脉动系数 S_1,即 $S_1=\dfrac{\widetilde{V}_{dm}}{\overline{V}_{02}}=\dfrac{2}{3}\approx 0.67$。

脉动系数是衡量整流输出波形平滑程度的一个重要指标。由上述分析可知,在桥式整流输出电压中,交流成分仍占据相当大的比重,因而必须把整流输出中的交流成分滤去。为此,需在整流电路后面连接一个低通滤波电路。

2. 滤波电路

实用滤波电路的形式很多,如电容滤波、阻容滤波、电感滤波,以及电感、电容滤波等。

电容滤波是小功率整流电路中应用最为广泛的一种滤波器。如图 13-4(a)所示,在负载电阻 R_L 上并联一只大电容后,即构成了电容滤波。图 13-4(b)所示为电容滤波后的输出电压 V_{03} 的波形。

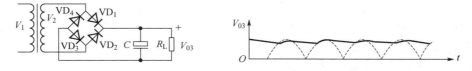

图 13-4 阻容滤波电路及输出电压波形

由于电容放电时间常数 $\tau=R_L C$ 通常较大,因此负载两端输出电压 V_{02} 的脉动情况比接入电容前明显改善,且平均直流成分也有所提高。

显然,$R_L C$ 越大,V_{03} 波形的脉动将越小,而直流 V_{03} 将越大。当 $R_L C\to\infty$ 或 R_L 开路时,$V_{03}=\sqrt{2}V_2$;而 $R_L C\to 0$ 或 C 开路时,$V_{03}=\overline{V}_{02}=0.9V_2$。工程上,一般按公式选择 $R_L C=(3\sim 5)T/2$(市电 $T=20\text{ms}$),工程上常按 $V_{03}\approx 1.2V_2$ 的关系估算电容滤波器输出直流电压的大小。

3. 集成稳压器

组成集成稳压电路的基本环节,与串联型稳压电路的基本环节相似,如图 13-5 所示。

最简便的集成稳压组件只有 3 个引线端:①不稳定电压输入端(接 V_i);②公共接地端;③稳定电压输出端(接负载)。这样的组件常称为"三端集成稳压器"。例如,集成稳压 W78×× 系列可提供 1.5A 额定输出电流,额定输出 5V、6V、9V、12V、15V、18V 或 24V 等各挡正电压。图 13-6(a)所示为它的代表符号,其具体型号,如 UTC7805,表示输出电压为 5V、额定电流为 1.5A,其引脚图如图 13-6(c)所示。输出负电压的集成稳压器有 W79×× 系列,其代表符号如图 13-6（b）所示，图 13-6（d）所示为 LM317 的引脚图，其中 V_x 为调整端。

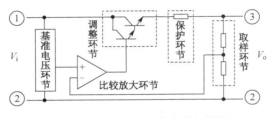

图 13-5 集成稳压电路的内部框图

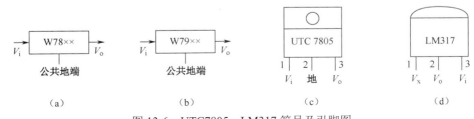

图 13-6 UTC7805、LM317 符号及引脚图

此外，还有 W78L××系列和 W79L××系列，它们只能提供 500mA 的额定输出电流。前者输出的各挡为正电压，后者输出的各挡为负电压。

4．三端集成稳压器的使用

根据产品手册，查到其有关的参数，在配上适当尺寸的散热片，就可以按需要接成各种稳压电路。

（1）输出正电压。例如，要求输出电压正 12V，额定电流 0.5A，可选择 W78M12 的稳压器。按图 13-7 连接电路，输入不稳定直流电压 $V_i \geqslant 15V$，C_1 和 C_2 用来减少输入、输出电压的脉动和改善负载的瞬态响应。跨接输入端 1 和输出端 2 之间的保护二极管 VD 的作用如下。

当稳压电源正常工作时，$V_i > V_o$，二极管 VD 反偏，不影响电路工作。当输入短路时，输出端 C_2 上的电压 V_o 尚未释放，将通过稳压器内部放电，通常当 $V_o > 6V$ 时，内部调整管的发射结将有被击穿的可能，接上二极管 VD 后，可通过 VD 放电。此外，还需注意防止稳压器公共接地端开路。当接地端断开时，其输出电位接近于输入电位，可能使负载过压受损。

（2）输出负电压。若要求输出负电压，可选用 W79××组件，同时电容 C_1、C_2 和二极管 VD 的极性都要反接。其他注意事项和正电压输出相同。

（3）同时输出正、负电压。如果需要同时输出 $V_o = +15V$、$V_o' = -15V$，可选用 W7815 和 W7915，电路接法如图 13-8 所示，注意事项同上。

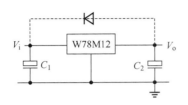

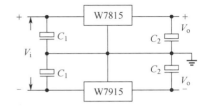

图 13-7 正电压输出集成稳压电源原理　　图 13-8 正、负电压输出集成稳压电源的原理

（4）可调整的集成稳压电源。因为系列输出电压固定，为了使输出电压可调，可采用 LM317 稳压器，其 1 脚为可调端，2 脚为输出端，3 脚为正电压输入端，如图 13-9 所示。脚之间输出正电压恒定为 1.25V，当接上电阻 $R_1 = 130\Omega$ 时，R_1 中电流 I_1 约恒等于 10mA，1 脚电流 $I_Q \approx 0.05mA$，

可略去不计。当改变电阻 R_2 时，流过的电流 $I_2=I_1=10mA$，则输出电压 $V_o=1.25+I_2R_2$，因此调节 R_2 即可改变输出电压 $V_o=1.25\sim37V$。

四、实验记录与数据处理

（一）实验仪器

（1）直流稳压电源　　　　　　　　　　1 台
（2）任意波信号发生器　　　　　　　　1 台
（3）数字万用表　　　　　　　　　　　1 台
（4）电子技术综合实验箱　　　　　　　1 台
（5）数字示波器　　　　　　　　　　　1 台

（二）模块设计与测量

1．桥式整流电路

（1）按图 13-2（c）在实验箱上搭接实验电路。取 $R_{L1}=10\Omega/5W$。**注意**：此时实验箱上的地端不能和电路中的公共端相连接。

（2）用示波器观察 V_{02} 波形，画出波形图。测出变压器次级电压有效值 V_2 和 V_{02} 中包含的基波与谐波电压的有效值 $\tilde{V}_{02}$，而基波电压的幅值 $V_d = \sqrt{2}\tilde{V}_{02}$，用数字万用表 DVC 挡测量整流输出平均直流电压 $\overline{V}_{02}$，并计算出脉动系数 S_1，填入表 13-1，与理论值作比较。

表 13-1　整流电路参数测量

V_2	$\tilde{V}_{02}$	V_d	$\overline{V}_{02}$	S_1	V_{02} 波形

2．电容滤波电路

按图 13-4 搭接电路，用示波器观察输出波形，将测量值填入表 13-2 中，并画出波形图。
（1）当 $R_L \to \infty$，$C = 1000\mu F$，分别测量 V_{03} 的直流成份 $\overline{V}_{03}$ 和交流成份的有效值。
（2）当 $R_L=10\Omega/5W$，$C=1000\mu F$，重复上述测量。

表 13-2　滤波电路参数测量

负载、滤波电容选择	$\overline{V}_{03}$	$\tilde{V}_{03}$	V_{03} 波形
$R_L \to \infty$，$C = 1000\mu F$			
$R_L=10\Omega$，$C = 1000\mu F$			

3．三端稳压器

（1）按图 13-9 搭接电路，即在上述电路基础上接入三端稳压器。
（2）用直流电压表测量空载（$R_L \to \infty$）输出电压 V_o 和带载（$R_L=10\Omega/5W$），输出电压 V_{oL} 计算输出的变化量 $\Delta V_o=V_o-V_{oL}$；则计算电压调整率为 $S_i=\Delta V_o/V_o$；空载电流为 0，输出电流的变化量 $\Delta I_o=V_{oL}/R_L$，计算出稳压器的输出电阻为 $R_o=\Delta V_o/\Delta I_o$；将上述数据填入表 13-3 中。

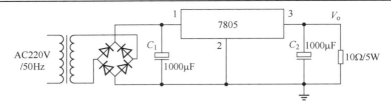

图 13-9　三端稳压器实验电路

表 13-3　三端稳压器参数测量

测量					计算		
V_o	V_{oL}	$\tilde{V}_o$	P_i	P_o	S_i	R_o	η

（3）用示波器观察带载（$R_L=10\Omega/5W$）输出纹波电压，记录波形并测量其幅度，填入表 13-3。

（4）在上述电路基础上，测量稳压电源的输出功率 P_o，同时测量稳压器的输入功率 P_i，记录并计算稳压器的转换效率 η，填入表 13-3。

（5）拆除整流电路，改用直流电源作集成稳压器的输入，$V_i=15V$，输出接 $R_L=10\Omega/5W$ 电阻作负载。测量输出电压，当输入电压改变±10%，测量相应的输出电压，填入表 13-4，计算稳压系数 $S=(\Delta V_o/V_o)/(\Delta V_i/V_i)$。

表 13-4　稳压系数测量

输入电压	$V_i=15\ V$	$V_{i1}=13.5\ V$	$V_{i2}=16.5\ V$
输出电压 V_{oL}			
$S=(\Delta V_o/V_o)/(\Delta V_i/V_i)$			

4．输出电压可调的三端稳压电路

（1）按图 13-10 搭接电路，即在图 13-9 基础上，将 7805 三端稳压器改为 LM317 三端稳压器。

（2）调节 R_2 测量输出电压 V_o 的可变范围。

（3）调节 R_2，使空载输出电压 $V_o=5V$。

（4）按实验步骤（3）方法测量稳压器的输出电阻和纹波电压。

（5）测量稳压电路的稳压系数，按上述方法测量该电路的稳压系数。

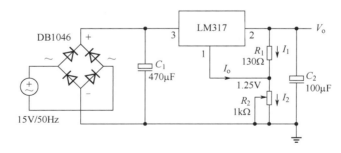

图 13-10　输出电压可调的三端稳压实验电路

将上述数据填入表 13-5 中。

表 13-5　三端可调稳压电路参数测量

$V_{o\infty}$	V_{oL}	$\tilde{V}_o$	R_o	S

五、预习要求

（1）认真阅读本实验的原理及复习理论课的相关内容。
（2）采用 Multisim 12 仿真软件，对实验电路进行仿真。
（3）按照实验内容和测量方法，画好记录数据的表格。

六、知识结构梳理与报告撰写

（1）画出实验电路及其测量波形。
（2）列表整理数据，计算测量结果，与理论值相比较，分析误差原因。
（3）简述实验过程中出现的故障现象及解决方法。

实验十四 直流稳压电源设计、安装与调试

一、实验目的

（1）了解整流、滤波电路的工作原理。
（2）了解晶体管串联型稳压电源的工作原理。
（3）掌握仿真软件 Multisim12 设计直流稳压电源方法。
（4）掌握晶体管稳压电源的焊接、调整和测试方法.

二、基础依据

如实验十三所述，电子线路所需要用的直流电源，需将市电先经过变压、整流，然后再经过滤波和稳压，才能获得稳定的直流电。实验十三采用集成稳压器实现稳压功能，本实验则采用串联型晶体管稳压电路实现稳压功能。

三、实验内容

1．变压、整流和滤波电路

该部分与实验十三所述变压、整流和滤波电路原理一致，不再赘述。

2．串联型晶体管稳压电源原理框图

串联型晶体管稳压电源的原理框图如图 14-1 所示。220V 交流市电经变压、整流、滤波后得到的脉动直流电压 V_i，它随市电的变化或直流负载的变化而变化，所以，V_i 是不稳定的直流电压。为此，必须增加稳压电路。稳压电路由取样电路、比较电路、基准电压和调整元件等部分组成。

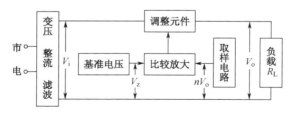

图 14-1 串联型晶体管稳压电源原理框图

3．稳压电路的工作原理

当输出电压 V_o 发生变化时，取样电路取出部分电压 nV_o，加到比较放大器上与基准电压进行比较放大，通过控制调整元件，调节调整元件上的压降 V_{CE1}，使 V_o 做相反的变化，从而达到使输出电压 V_o 基本稳定。

4. 稳压电源的主要技术指标

（1）输出电压 V_o。$V_o \approx \dfrac{V_z}{n}$，式中，$V_z$ 为基准电压，n 为取样电路分压比，一旦稳压管的 V_z 选定后，只要改变 n 就可调节输出电压 V_o。

（2）输出最大电流 I_{omax}。稳压器最大允许输出电流的大小，主要取决于调整管的最大允许电流 I_{CM} 和功耗 P_{CM}。

要保证稳压器正常工作，必须满足 $I_{omax} \leqslant I_{CM}$ 和 $I_{omax}(V_i - V_o) \leqslant P_{CM}$。

（3）输出电阻 R_o。在输出电阻表示负载变化时，输出电压维持稳定输出电压的能力。R_o 定义为输入电压不变时，输出电压变化量 ΔV_o 和输出电流变化量 ΔI_o 之比，即

$$R_o = \frac{\Delta V_o}{\Delta I_o}$$

（4）稳压系数 S。稳压系数 S 表示输入电压 V_i 变化时，输出电压 V_o 维持稳定的能力。S 定义为负载 R_L 保持不变时，输出电压 V_o 的相对变化量与输入电压 V_i 相对变化量之比，即

$$S = \frac{\Delta V_o / V_o}{\Delta V_i / V_i}\bigg|_{R_L\text{不变}} = \frac{\Delta V_o}{\Delta V_i} \cdot \frac{V_i}{V_o}\bigg|_{R_L\text{不变}}$$

显然，S 值越小，稳定性越好。

（5）输出纹波电压 $\tilde{V}_o$：输出纹波电压是指在输出直流电压 V_o 上所叠加的交流分量。$\tilde{V}_o$ 的大小除了与滤波电容有关，还与稳压系数 S 有关。$\tilde{V}_o$ 的最大值一般出现在 I_o 最大的时候，$\tilde{V}_o$ 值可用下式估算。

$$\tilde{V}_o = S\tilde{V}_E \frac{V_o}{V}$$

式中，$\tilde{V}_E$ 为图 14-2 中 E 点的纹波电压。

为了提高稳压性能，主要措施是提高放大器的增益。一般可选用 β 较大的晶体管。

5. 本实验稳压电源的技术指标要求

（1）输出电压 $V_o = 6 \sim 12\text{V}$。
（2）最大允许输出电流 $I_{omax} = 2\text{A}$。
（3）输出电阻 $R_o \leqslant 0.4\Omega$。
（4）稳压系数 $S \leqslant 5 \times 10^{-2}$。
（5）输出纹波电压 $\tilde{V}_o \leqslant 10\text{mV}$（当 $I_o = 2\text{A}$）。
（6）具有限流保护功能，输出短路电流 $< 2.5\text{A}$。

6. 晶体管稳压电源实验电路

稳压电源实验电路如图 14-2 所示。

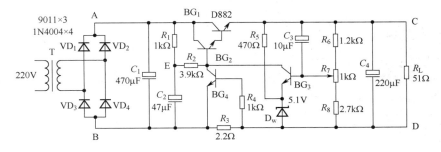

图 14-2　稳压电源实验电路

四、实验记录与数据处理

（一）实验仪器

（1）函数信号发生器　　　　　　　　　1台
（2）直流稳压电源　　　　　　　　　　1台
（3）数字万用表　　　　　　　　　　　1台
（4）数字示波器　　　　　　　　　　　1台

（二）模块设计与测量

1．稳压电源的安装与焊接

按图 14-2 连接电路，对照印制电路板版图安装、焊接晶体管稳压电源。焊接前应检查各元、器件的质量及有源器件的引脚、极性，并做好元、器件焊接前的清洁、处理工作。安装时，要求元、器件排列整齐，焊点牢固美观。

2．稳压电源的调整

（1）仔细检查有无错焊、漏焊、虚焊和短路等现象，如果有应排除。

（2）接通交流 220V 电源，测量稳压电源输出电压（空载）V_o，调节 R_7，使 $V_o=9V$，并测量各晶体管的静态工作点，填入表 14-1。

表 14-1　稳压电源各晶体管的静态工作点

晶体管各极电压	BG1	BG2	BG3	BG4
基极电压 V_B/V				
发射极电压 V_E/V				
集电极电压 V_C/V				
计算 V_{BE}/V				

若调节 R_7 时，V_o 不随之变化，则应通过测试各晶体管的工作状态（BG1、BG2、BG3 应处于放大状态，BG4 应处于截止状态），找出故障原因，并排除。

（3）作在稳压电源输出端接上 51Ω（2W）电阻作为负载，测量带载输出电压 V_{oL}，并与空载输出电压 V_o 作比较，一般情况下，变化应不大于 0.2V 即可；否则，电路存在故障，应找出故障原因，并排除。

（4）检查保护电路是否正常工作：将"三位半"数字表置直流电流 20mA 挡，直接与电源输出端 C、D 并联，测量其短路电流。由于电流表内阻很小，电流很大，只要将电流表笔与 C、D 端短时间接触，能读出短路电流数值即可。同时，输出电压应从 9V 下降到接近于 0V，否则应检查保护电路。

3．稳压电源性能指标的测量

（1）输出电压和输出电阻测量。

按表 14-2 测量稳压电源空载（$R_L \to \infty$）和带载（$R_L=51Ω$）时的输出电压，计算输出电压的变化量 ΔV_o、输出电流的变化量 ΔI_o 和输出电阻 R_o。

表 14-2 输出电压与输出电阻测量

R_L	V_o	$I_o=V_o/R_L$	ΔV_o	ΔI_o	$R_o=\Delta V_o/\Delta I_o$
∞					
51Ω					

（2）纹波电压的测量。

在带载（$R_L=51Ω/2W$）情况下，用晶体管毫伏表分别测量电路中 A 点、E 点和 C 点的纹波电压，填入表 14-3。

表 14-3 纹波电压测量

$\tilde{v}_C$	$\tilde{v}_E$	$\tilde{v}_o$

（3）稳压系数测量。

切断交流 220V 电源，断开变压器及电路中 J1、J2 短路线。然后用可调的直流稳压电源作为实验稳压电路的输入电压 V_i，A 点接电源正极，B 点接负极，在带载（$R_L=51Ω/2W$）情况下，按表 14-4 要求调节 V_i，分别测量 V_i 和 V_o 值，填入表 14-4。

① 令 $V_i = 15V$，调节 R_7 使 $V_o = 9V$；
② 将 V_i 增加 10%，即 $V_{i1}= V_i$（1+10%），测量相应的 V_{o1} 值；
③ 将 V_i 减小 10%，即 $V_{i1}= V_i$（1-10%），测量相应的 V_{o1} 值；

根据下式求出稳压系数：$S = \dfrac{\Delta V_o / V_o}{\Delta V_i / V_i} = \dfrac{V_{o1} - V_{o2}}{V_o} / \dfrac{V_{i1} - V_{i2}}{V_i}$

表 14-4 稳压系数测量

输入电压	$V_i =$	$V_{i1}=$	$V_{i2}=$
输出电压	$V_o =$	$V_{o1}=$	$V_{o2}=$

五、预习要求

（1）复习串联型稳压电源的工作原理及其性能指标的意义。
（2）按照要求设计在 Multisim 12 软件上仿真稳压电源。
（3）熟悉稳压电源的调整和测试方法。

六、知识结构梳理与报告撰写

（1）画出稳压电源实验电路图，标明各元器件参数。
（2）列表整理实验数据，计算测量结果。
（3）简述实验过程中出现的故障现象及解决方法。

实验十五　开关式直流稳压电源

一、实验目的

（1）熟悉降压式开关稳压器的工作原理及性能特点。
（2）掌握单片集成稳压器 LM2576 系列的使用方法及设计原则。
（3）掌握 LM2576XILIE 构成开关式稳压电源的测试方法及相关波形分析。

二、基础依据

线性稳压电源具有稳定性好，纹波小、瞬态响应快、线路简单可靠等优点；其缺点是调整管的功率损耗大、效率低。随着高频开关器件的快速发展，开关电源目前得到了广泛的普及。开关式稳压器中的调整管处于开关工作状态，使效率比线性稳压器大大提高。图 15-1 所示为降压式开关稳压器原理。图 15-1 中开关管 VT、续流二极管 VD、储能电感 L、滤波电容 C 构成开关式稳压电路的主回路，虚线框部分是其控制回路部分。其工作原理如下。

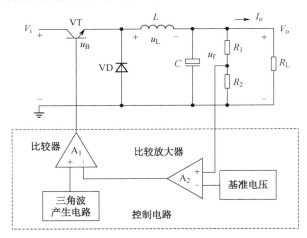

图 15-1　降压式开关稳压器原理

开关管 VT 的基极施加的是控制电路产生的高频脉宽调制信号（PWM），当 u_B 为正脉冲电压时，VT 导通，此时电感 L 两端的电压为 V_i-V_o，电压极性是左正右负，VD 处于反偏截止，L 上流过一个线性增长的电流，该电流从最小值 I_{LV} 开始增长，使电感上逐步积累磁能；当 u_B 为低电平时，开关管 VT 截止，L 上的电压极性发生翻转，即变为左负右正，VD 导通，加在 L 两端的电压为-V_o，流过电感的电流从最大值 I_{LP} 开始减小，储能在电感中的能量转换成电流释放，其电感 L 及电容 C 上的电流、电压对应 PWM 信号的波形如图 15-2 所示。

第三部分　功能电路分析与设计

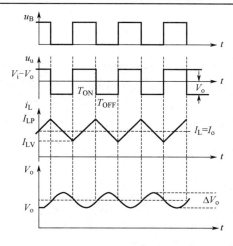

图 15-2　PWM 信号的波形图

在该电路中，假设开关管的导通时间为 T_{ON}，关断时间为 T_{OFF}，则电感 L 在开关管 VT 导通时间内电感电流的变化为

$$\Delta I_L = \frac{V_i - V_o}{L} \cdot T_{ON}$$

在开关管 VT 截止时间内电感电流的变化为

$$\Delta I_L = \frac{V_o}{L} \cdot T_{OFF}$$

在电感电流连续的情况下，在电路稳态时，两电流的变化量应该相等，即

$$\frac{V_i - V_o}{L} \cdot T_{ON} = \frac{V_o}{L} \cdot T_{OFF}$$

故输出电压 V_o 为

$$V_o = \frac{T_{ON}}{T_{ON} + T_{OFF}} \cdot V_i = q \cdot V_i$$

式中，q 为占空比，改变 q 就可改变输出直流电压。

在保证电感电流连续的条件下，储能电感一般应满足如下关系式。

$$L \geq \frac{V_o}{2f \cdot I_{omin}} \cdot (1 - \frac{V_o}{V_i})$$

滤波电容 C 的容量可由下式决定：

$$C \geq \frac{V_o}{8Lf^2 \cdot \Delta V_o} \cdot (1 - \frac{V_o}{V_i})$$

式中，ΔV_o 为输出电压的纹波电压值。

在图 15-1 中，虚线框部分是开关式稳压器的控制电路部分，其作用是要求开关的导通时间受输出电压变化控制。控制电路对输出电压的控制过程是：正常工作时，三角波信号与误差比较器的输出相比较，比较器 A_2 输出一定占空比的脉冲信号，当由于某种因素使输出电压 V_o 升高时，经 R_1、R_2 取样网络使加到误差放大器 A_1 同相端的电压增大，因此误差放大器 A_1 的输出电压升高，比较反相输入端电位升高，则比较器输出脉冲的占空比 q 减小，通过主回路调整将保持输出电压 V_o 稳定，这显然是一典型的负反馈控制过程；反之，当 V_i 减小造成 V_o 下降时，通过控制回路调整也将使输出电压 V_o 保持稳定。

三、实验内容

1. 单片集成开关式稳压器 LM2576 系列简介

单片开关式集成稳压器把开关稳压器需要的基准电压源、锯齿波发生器、脉宽调制器、保护电路和开关功率管全部集成在同一芯片中,外部仅需要加上少量的元器件,即可实现一高效率直流稳压电源。目前单片集成开关式稳压器已有多种系列规格,有固定输出和可调输出型;从变换方式上,有降压式、升压式和反极性式。LM2576 系列是目前应用比较广泛的单片集成开关式稳压器之一。

LM2576 系列开关稳压器具有非常小的电压调整率和电流调整率,具有 3A 的负载驱动能力,LM2576 系列能够输出 3.3V、5V、12V、15V 的固定电压和电压可调节的可调电压输出方式。LM2576 系列应用比较简单且外围元件较少,内置频率补偿电路和固定频率振荡器。LM2576 系列产品的开关频率为 52kHz,所以应用时可以使用小尺寸的滤波元件。LM2576 可以高效地取代一般的三端线性稳压器,它能够充分地减小散热片的面积,在一些应用条件下甚至可以不使用散热片,另外还具有过流保护及关闭电源控制功能。典型的待机电流为 50μA。

LM2576 系列产品型号根据封装有 TO-220 和 TO-263 两种形式,引脚排列如图 15-3 所示。

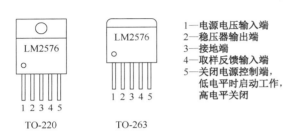

图 15-3 LM2576 引脚排列

LM2576 系列的主要性能参数如下:
(1)连续可调输出电压范围:1.23~37V(HV 系列为 1.23~57V)。
(2)输出电流:3A。
(3)输入电压:7~40V(HV 系列为 7~60V)。
(4)关闭电源控制的输入电压范围:−0.3V~V_{IN}(输入电压)。
(5)内部振荡器振荡频率:52kHz。
(6)基准电压:1.235V。
(7)最高结温:150℃。
(8)转换效率:77%。
(9)工作温度范围:−40~+125℃。

LM2576 系列的内部框图如图 15-4 所示。

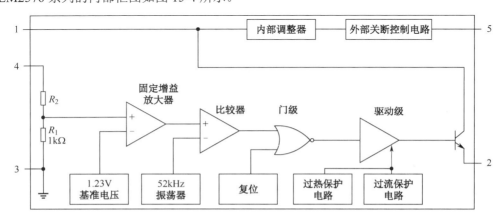

图 15-4 LM2576 系列的内部框图

(1)基准电源:提供 1.23V 基准电压。

（2）固定增益放大器：固定增益放大器是对输出电压的反馈量与设定量之间的误差进行放大。误差放大器将反馈电压 V_F 与 1.23V 基准电压进行比较后，输出误差电流 I_f，在 R_E 上形成误差电压 V_R。

（3）振荡器：内部含有频率补偿器和一个 52kHz 固定频率振荡器，以产生脉宽调制所需要的锯齿波（SAW），与此同时产生最大占空比信号和时钟信号（CLOCK），减小了电磁干扰，提高了电源效率，简化了外围电路。

（4）脉宽调制器（PWM）比较器：脉宽调制器是一个电压反馈式控制电路，误差电压 V_R 经低通滤波器后，滤掉开关噪声电压，加至 PWM 比较器的同相输入端，再与锯齿波电压进行比较，产生脉宽调制信号。

（5）门级和驱动级：采用一个或非门，在故障关断后，可以实现自动复位。驱动级用于驱动功率开关管，使其按一定速率导通，从而将共模电磁干扰减至最小。

（6）过流保护电路：过流保护电路实际是由过流比较器组成，其反相输入端接阈值电压，同相输入端接开关管漏极，输出端接控制级可以将输出电流限制在 3A。

（7）过热保护电路：该电路包有 D 触发器，当芯片结温 T_J>125℃时，过热保护电路就输出高电平，将触发器置位，Q=1，Q′=0，关断驱动级，将控制端电压降至 0.6V 以下。然后利用上电复位电路将触发器置零，使开关管恢复正常工作。

（8）外部关断控制电路：低电平有效，高电平关断，适合 TTL 电平。因此，可以通过单片机等外部控制器件来控制开关电源的功率输出。

由图 15-4 可知，输出电压满足关系式：$V_o = V_{REF}(1 + \frac{R_2}{R_1})$，其中，$V_{REF}$=1.23V，$R_1$=1kΩ，则当 R_2=3.1kΩ 时，V_o=5V；当 R_2=8.84kΩ 时，V_o=12V；当 R_2=11.3kΩ 时，V_o=15V。

2. LM2576 组成直流稳压电源设计

LM2576 组成的直流稳压电源电路如图 15-5 所示。图 15-5 中通过工频变压器将电网电压 220V/50Hz 降压，在经过整流、滤波后得到不稳定的直流电压 V_i，作为开关式稳压器电路的输入电压。该稳压电路由 LM2576 组成。

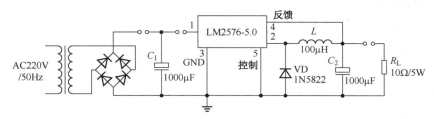

图 15-5　LM2576 组成的直流稳压电源电路

（1）直流稳压电源的输出值 V_o。

LM2576 固定输出 5V 电压，但由图 15-4 可知，输出电压满足关系式：$V_o = V_{REF}(1 + \frac{R_2}{R_1})$，其中，$V_{REF}$=1.23V，$R_1$=1kΩ，为达到改变输出电压，可在输出端接电位器到地，将可变端接 LM2576 反馈端 4，则在空载情况下：

$$V_o = V_{REF}(1 + \frac{R_2}{R_1}) \cdot \frac{R_{P1} + R_{P2}}{R_{P1}} = 1.23 \times (1 + \frac{3.1}{1}) \cdot \frac{R_{P1} + R_{P2}}{R_{P1}} = 5V \cdot \frac{R_{P1} + R_{P2}}{R_{P1}}$$

因此通过调整电位器，即可达到连续该表输出电压。当然，也可选择专用可调输出型号的开关型稳压器，原理同上所述，只是内部电阻 R_1 开路，R_2=0。

（2）滤波电容 C1 的选取。

C_1 的作用是滤除整流电路输出电压的交流成分，使输入到开关稳压器的电压具有较小的纹波，C_1 容量的选取可按经验值估算：$I_o \times 1000\mu F/A$，其中 I_o 是电源的输出电流。

（3）开关频率。

LM2576 开关频率由内部振荡器决定。

（4）储能电感 L 的确定。

储能电感的电感量与所设计的稳压电源其他参数的关系为

$$L = \frac{(V_i - V_o)V_o}{V_i f^2 \Delta I_L}$$

式中，ΔI_L 为流过电感电流的纹波值。

一般 L 的范围为 50~300μH，典型取值为 100μH。因为该电感工作在高频大电流状态，要求避免电感发生磁饱和，且采用高频电感。

（5）滤波电路 C_2 选择。

开关式稳压器输出滤波丹蓉可由下式决定：

$$C = \frac{(V_i - V_o)V_o}{8Lf^2 \Delta V_o}$$

式中，ΔV_o 为输出电压的纹波值。

一般 C 的范围为 220~2200μF，典型取值为 1000μF。

（6）续流二极管的选择。

续流二极管是构成开关式降压型稳压电源的关键器件，要求该器件具有快速、大电流、耐压高等特点，一般选用快速恢复二极管、超快速恢复二极管或肖特基二极管，本电路选用典型二极管 IN5822。

四、实验记录与数据处理

（一）实验仪器

(1) 直流稳压电源　　　　　　　　　　　　1 台
(2) 任意波信号发生器　　　　　　　　　　1 台
(3) 数字万用表　　　　　　　　　　　　　1 台
(4) 电子技术综合实验箱　　　　　　　　　1 台
(5) 数字示波器　　　　　　　　　　　　　1 台

（二）模块设计与测量

1. 观察开关式稳压电路的各点波形

按图 15-5 搭接电路，在未接 C_2 及 R_L 的情况下，用示波器观察并画出 LM2576 的 2 脚波形，并测量其频率值。

2. 测量开关式电源的电流调整率和输出阻抗

用直流电压表测量空载（$R_L \to \infty$）输出电压 V_o 和带载（$R_L=10\Omega/5W$），输出电压 V_{oL} 计算输出的变化量 $\Delta V_o = V_o - V_{oL}$，则计算电压调整率为 $S_i = \Delta V_o/V_o$；空载电流为 0，输出电流的变化量 $\Delta I_o = V_{oL}/R_L$，计算出稳压器的输出电阻为 $R_o = \Delta V_o/\Delta I_o$。将上述数据填入表 15-1。

表 15-1　开关式稳压器参数测量：

测量					计算		
V_o	V_{oL}	$\tilde{V}_o$	P_i	P_o	S_i	R_o	η

3．测量开关式稳压器的输出纹波波形及测量

用示波器观察测量带载（$R_L=10\Omega/5W$）输出纹波电压波形，记录波形并测量其幅度。

4．测量开关式稳压器的效率

在上述电路基础上，测量稳压电源的输出功率 P_o，同时测量开关式稳压器的输入功率 P_i，记录并计算开关式稳压器的转换效率 η。

5．测量开关式稳压器的稳压系数

拆除整流电路，改用直流电源作为集成稳压器的输入，$V_i=15V$，输出接 $R_L=10\Omega/5W$ 电阻作为负载。测量输出电压，当输入电压改变±10%，测量相应的输出电压，填入表 15-2，计算稳压系数 $S=(\Delta V_o/V_o)/(\Delta V_i/V_i)$。

表 15-2　稳压系数测量

输入电压	$V_i=15$ V	$V_{i1}=13.5$ V	$V_{i2}=16.5$ V
输出电压 V_{oL}			
$S=(\Delta V_o/V_o)/(\Delta V_i/V_i)$			

五、预习要求

（1）认真阅读本实验的原理及复习理论课的相关内容。
（2）画出实验电路图及元器件参数，写出实验方法、步骤。

六、知识结构梳理与报告撰写

（1）记录实验数据及其测量波形，分析实验结果产生误差原因。
（2）简述实验过程中出现的故障现象及解决方法。

实验十六 开关稳压电源设计

一、实验目的

（1）掌握 TL494 的工作原理。
（2）掌握升压式开关稳压电源的电路设计及调试方法。
（3）掌握降压式开关稳压电源的电路设计及调试方法。

二、基础依据

1. Boost 升压电路的结构及其主要波形

Boost 升压电路如图 16-1 所示。在图 16-1 中，当 MOS 管截止时，L 极性反相，VT 导通时，L 储存的能量经 VD 以更高的电压输出。

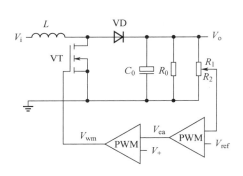 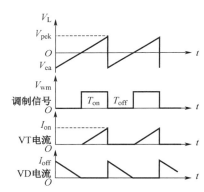

图 16-1 Boost 升压电路

在图 16-1 中，当 VT 在 T_{on} 时段导通时，VD 反偏，L 的电流线性上升到 $I_p = V_{dc}T_{dc}/L$，电感储存了能量。

由于 VT 导通时段输出电流完全由 C_0 提供，因此 C_0 应选择比较大，以便在 T_{on} 时间段向负载提供时，其电压降低能满足要求。

当 VT 截止时，由于电感电流不能突变，L 电压极性颠倒，L 异名端电压相对同名端为正。L 同名端为 V_{dc} 且 L 经 VD 向 C_0 充电，使 C_0 两端电压（泵升电压）高于 C_0。此时，电感储能给负载提供电流并补充 C_0 单独向负载供电时损失的电荷。V_{dc} 在 VT 截止时段也向负载提供能量。

输出电压的调整是通过负反馈环控制 VT 导通时间实现的。若直流负载电流上升，则通过时间会自动增加为负载提供更多能量。若 V_{dc} 下降而 T_{on} 不变，则峰值电流即 L 的储能会下降，导致输出电压下降，但负反馈环会检测到电压的下降，并通过增大 T_{on} 来维持输出电压恒定。升压变换器工作原理是：设电感 L 两端电压为 V_L，则当开关导通时，$V_L = V_i$，电容向负载充电；当开关断开时，电感电流不会突变，产生反生电动势，且 $V_L' = V_i - V_o$；若电感储能全部放掉，则 $V_i T_{on} + (V_i - V_o)$

$T_{off}=0$,两边同除 T(周期),则 $V_i q+(V_i-V_o)(1-q)=0$,即 $\dfrac{V_o}{V_i}=\dfrac{1}{1-q}$。

显然,输出电压不但与占空比 q 有关,而且与 PWM 的频率、电感值、二极管的性能有关。

2. 降压式开关稳压器的工作原理

图 16-2 所示为降压式开关稳压器原理。图 16-2 中开关管 VT、续流二极管 VD、储能电感 L、滤波电容 C 构成开关式稳压电路的主回路,虚线框部分是其控制回路部分。其工作原理是:开关管 VT 的基极施加的是控制电路产生的高频脉宽调制信号(PWM),当 u_B 为正脉冲电压时,VT 导通,此时电感 L 两端的电压为 V_i-V_o,电压极性时左正右负,VD 处于反偏截止,L 上流过一个线性增长的电流,该电流从最小值 I_{LV} 开始增长,使电感上逐步积累磁能;当 u_B 为低电平时,开关管 VT 截止,L 上的电压极性发生翻转,即变为左负右正,VD 导通,加在 L 两端的电压为 $-V_o$,流过电感的电流从最大值 I_{LP} 开始减小,储能在电感中的能量转换成电流释放,其电感 L 及电容 C 上的电流、电压对应 PWM 信号波形如图 16-3 所示。

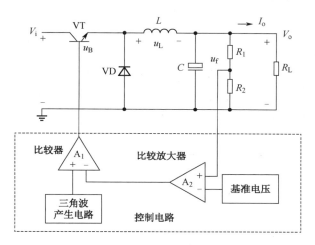

图 16-2 降压式开关稳压器原理

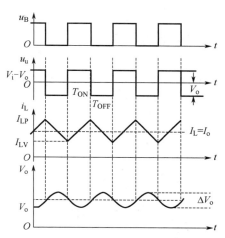

图 16-3 开关式降压稳压器工作波形

在该电路中,假设开关管的导通时间为 T_{ON},关断时间为 T_{OFF},则电感 L 在开关管 VT 导通时间内电感电流的变化为

$$\Delta I_L = \dfrac{V_i - V_o}{L} \cdot T_{ON}$$

在开关管 VT 截止时间内电感电流的变化为

$$\Delta I_L = \dfrac{V_o}{L} \cdot T_{OFF}$$

在电感电流连续的情况下,在电路稳态时,两电流的变化量应该相等,即

$$\dfrac{V_i - V_o}{L} \cdot T_{ON} = \dfrac{V_o}{L} \cdot T_{OFF}$$

故输出电压 V_o 为

$$V_o = \dfrac{T_{ON}}{T_{ON}+T_{OFF}} \cdot V_i = q \cdot V_i$$

式中,q 为占空比,改变 q 就可以改变输出直流电压。

在保证电感电流连续的条件下,储能电感一般应满足如下关系式。

$$L \geqslant \frac{V_o}{2f \cdot I_{omin}} \cdot (1 - \frac{V_o}{V_i})$$

滤波电容 C 的容量可由下式决定

$$C \geqslant \frac{V_o}{8Lf^2 \cdot \Delta V_o} \cdot (1 - \frac{V_o}{V_i})$$

式中，ΔV_o 为输出电压的纹波电压值。

在图 16-2 所示电路中，虚线框部分是开关式稳压器的控制电路部分，其作用是要求开关的导通时间受输出电压变化控制。控制电路对输出电压的控制过程如下：正常工作时，三角波信号与误差比较器的输出相比较，比较器 A2 输出一定占空比的脉冲信号，当由于某种因素使输出电压 V_o 升高时，经 R_1、R_2、取样网络使加到误差放大器 A1 同相端的电压增大，因此误差放大器 A1 的输出电压升高。比较器反相输入端电位升高，则比较器输出脉冲的占空比 q 减小，通过主回路调整将保持输出电压 V_o 稳定，这显然是一典型的负反馈控制过程；反之，当 V_i 减小造成 V_o 下降时，通过控制回路调整也将使输出电压 V_o 保持稳定。

三、实验内容

TL494 是一种固定频率脉宽调制电路，它包含了开关电源控制所需的全部功能，广泛应用于单端正激双管式、半桥式、全桥式开关电源。TL494 的主要特征是集成了全部的脉宽调制电路。片内置线性锯齿波振荡器，外置振荡元件仅两个（一个电阻和一个电容）；内置误差放大器、内置 5V 参考基准电压源、可调整死区时间、内置功率晶体管可提供 500mA 的驱动能力、推或拉两种输出方式。TL494 引脚图如图 16-4 所示。

TL494 内置线性锯齿波振荡器，振荡频率可通过外部的一个电阻和一个电容进行调节，其振荡频率为

$$f = \frac{1.1}{R_T C_T}$$

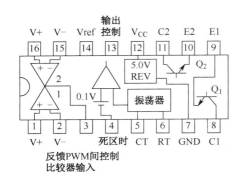

图 16-4 TL494 引脚图

输出脉冲的宽度是通过电容 C_T 上的正极性锯齿波电压与另外两个控制信号进行比较来实现的。功率输出晶体管 Q_1 和 Q_2 受控于或非门。当双稳态触发器的时钟信号为低电平时才会被选通，即只有在锯齿波电压大于控制信号期间才会被选通。当控制信号增大时，输出脉冲的宽度将减小，波形如图 16-5 所示。

控制信号由集成电路外部输入，一路送至死区时间比较器，一路送往误差放大器的输入端。死区时间比较器具有 120mV 的输入补偿电压，它限制类最小输出死区时间约等于锯齿波周期的 4%，当输出端接地，最大输出占空比为 96%，而输出端接参考电平时，占空比为 48%，当把死区时间控制在输入端连接上固定的电压（范围为 0~3.3V）时，即能在输出脉冲上产生附加的死区时间。

脉冲宽度调制比较器为误差放大器调节输出脉宽提供了一个手段：当反馈电压从 0.5V 变化到 3.5V 时，输出的脉冲宽度从被死区确定的最大导通百分比时间中下降到零。两个误差放大器具有从 $-0.3V$ 到（$V_{CC} \sim 2.0V$）的共模输入范围，这可以从电源的输出电压和电流观测得到。误差放大器的输出端常处于高电平，它与脉冲宽度调制器的反相输入端进行"或"运算，正是因为这种电路结构，放大器只需最小的输出即可支配控制回路。

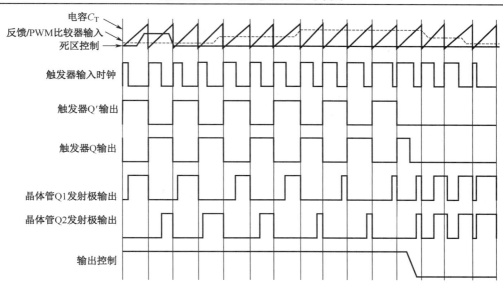

图 16-5 内部工作波形

当比较器 C_T 放电，一个正脉冲出现在死区比较器的输出端，受脉冲约束的双稳态触发器进行计时，同时停止输出晶体管 Q1 和 Q2 工作。若输出控制端链接到参考电压源，则调制脉冲交替输出至两个输出晶体管，输出频率等于脉冲振荡器的一半。如果工作于单端状态，且最大占空比小于 50% 时，输出驱动信号分别从晶体管 Q1 或 Q2 取得。输出变压器的一个反馈绕组和二极管提供反馈电压。在单端工作模式下，当需要更高的驱动电流输出时，也可将 Q1 和 Q2 并联使用，这时需将输出模式控制引脚接地以关闭双稳态触发器。这种状态下，输出的脉冲频率将等于振荡器的频率。

TL494 内置一个 5.0V 的基准电压源，使用外置偏置电路时，可提供高达 10mA 的负载电流，在典型的 0~70℃ 温度范围 50mV 温漂条件下，该基准电压源能提供 ±5% 的精确度。

TL494 内部电路框图如图 16-6 所示。

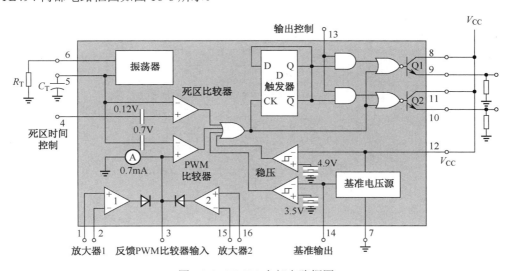

图 16-6 TL494 内部电路框图

TL494 参数极限值如表 16-1 所示。

表 16-1 TL494 参数极限值

名称	代号	极限值	单位
工作电压	V_{CC}	42	V
集电极输出电压	V_{c1}、V_{c2}	42	V
集电极输出电流	I_{c1}、I_{c2}	500	mA
放大器输入电压范围	V_{IR}	0.3～42	V
功耗	P_D	1000	mW
热阻	$R_{\theta JA}$	80	℃/W
工作结温	T_J	125	℃
工作环境温度	T_A	−40～+125	℃

四、实验记录与数据处理

（一）实验仪器

（1）直流稳压电源　　　　　　　　　1台
（2）数字函数信号发生器　　　　　　1台
（3）数字万用表　　　　　　　　　　1台
（4）电子技术综合实验箱　　　　　　1台
（5）数字示波器　　　　　　　　　　1台

（二）模块设计与测量

1．升压式开关稳压电源

（1）测试 TL494 的工作性能

① 按图 16-7 搭接电路。

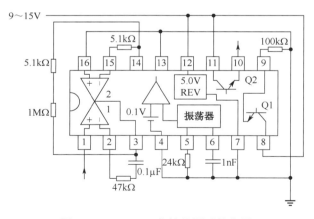

图 16-7 TL494 工作性能测试接线图

② 测试 2 脚的输入电压（误差放大器反相端 2 脚采用基准电压输入）。
③ 改变 1 脚的输入电压。
④ 观察 9 脚的输出波形，若 9 脚输出无占空比变化，则调整 1 脚输入电压。

- 当 12 脚两端的电压差值在哪个范围内时，9 脚输出波形占空比会发生变化。
- 9 脚输出波形占空比变化范围。
- 9 脚输出波形的幅值，改变输入电压，观察该幅值是否发生改变。

⑤ 若 9 脚幅值小于 8V，则抬高电源电压。

⑥ 给 4 脚加直流电压，并记录，使输出波形的占空比为 49%。

（2）测试开关管 MOSFET TRF640 的开关特性的工作性能

① 按图 16-8 搭接线路。

② V_i 输入方波信号。

③ 改变其幅值，用示波器观察 V_o 的输出波形变化。

④ 记录开关管完全饱和时，V_i 输入电平的幅值。

（3）测试升压变换器的工作性能

① 按图 16-9 搭接电路（注意：需要带负载）。

② V_i 输入方波信号，所给的幅值必须使开关管达到饱和。

③ 调节占空比（50%以下）使电压升至 20V。

④ 若步骤（3）无法实现，则可通过改变方波信号的频率、电感值进行调整。

⑤ 在占空比不变的前提下，改变电感与电容，使输出电压升到最大，则此时的电感、电压值较佳。步骤（4）采用该组数据。

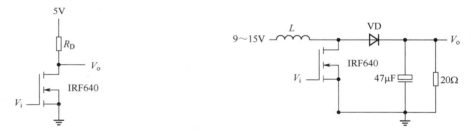

图 16-8　测试开关管 MOSFET IRF640 的开关特性测试接线图　　图 16-9　升压变换器的工作性能测试接线图

（4）联调

① 按图 16-10 搭接电路。

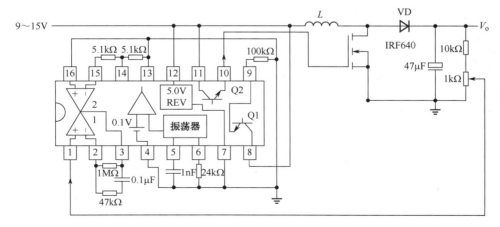

图 16-10　开关稳压电源电路

② TL494 反相端 2 脚用于给定信号输入。
③ 反馈信号给 TL494 同相端 1 脚。
④ 改变 TL494 的 2 脚信号，观察 TL494 的 9 脚（或 IRF640 的 1 脚）和输出端电压变化。
⑤ 改变反馈电压的滑动变阻器阻值，观察 TL494 的 9 脚和输出端电压是否发生变化。
⑥ 空载电压升至 20V，带载测量，完成表 16-2。

表 16-2　测量结果

负载 R_L	40Ω	30Ω	25Ω	20Ω
输出 V_o				
效率 η				

综合以上 4 个步骤，文字表述出本实验电路的工作原理。

2．降压式开关稳压电源的设计

① 按图 16-11 完成搭建 IRF9540 的测试电路。

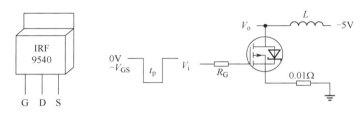

图 16-11　IRF9540 测试电路

② 按图 16-12 搭接实验电路，测试当输入确定时，2 脚电压变化时，电源输出电压是否会发生变化。

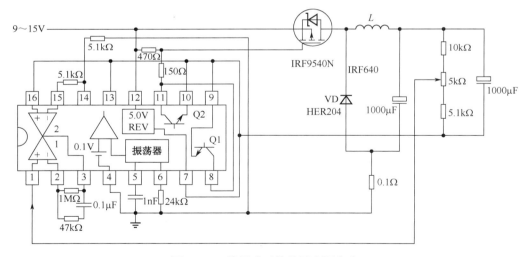

图 16-12　降压式开关稳压电源电路

③ 整理上面数据，完成表 16-3。

表 16-3　测试数据

输入 10V	空载输出 7V	空载输出 6V
	2 脚电压=	2 脚电压=
	带载 10Ω	带载 10Ω
	输出电压=	输出电压=

④ 文字描述降压工作原理。

五、预习要求

（1）仔细阅读实验讲义内容，说明升压型和降压型开关稳压电源的原理。
（2）掌握固定频率脉宽调制电路 TL494 的工作原理。
（3）掌握升压开关稳压电路的设计方法。
（4）掌握降压开关稳压电源的设计方法。

六、知识结构梳理与报告撰写

（1）按实验报告格式，填写实验目的和简要原理。
（2）简单说明升压型和降压型开关稳压电源的原理和应用方法（上课内容）。
（3）设计升压型开关稳压电源及测试方法，按要求列表测量。
（4）设计降压型开关稳压电源及测试方法，按要求列表测量。
（5）记录实验波形和数据。
（6）总结实验过程的体会和收获，对实验进行小结。

实验十七　LC调谐放大器和LC振荡器的分析与设计

一、实验目的

（1）了解LC调谐放大器的特点，掌握选频放大器的调整与测试。
（2）了解LC正弦振荡器的基本工作原理。
（3）学习频率特性测试仪的使用方法。

二、基础依据

以LC并联谐振回路作为晶体管集电极负载的放大器，称为LC调谐放大器。由于并联谐振回路的阻抗是随频率而变化的，在谐振频率f_0处，其阻抗呈纯电阻，且达到最大值，因此调谐放大器在频率f_0上具有最大的增益，稍偏离频率f_0，其增益就迅速减小。所以，LC调谐放大器只放大以频率f_0为中心的很窄范围内的信号，而抑制f_0以外的其他信号。因此，LC调谐放大器在无线电通信等方面被广泛地作为高频或中频选频放大器。

LC调谐放大器的电路形式很多，但基本的单元电路只有单调谐放大器和双调谐放大器两种。本实验只讨论单级单调谐放大器。

单调谐放大器实验电路如图17-1所示。LC并联谐振回路为晶体管集电极负载，并采用部分接入方式，接入系数为$p_1 = \dfrac{n_{12}}{n_{13}}$，$p_2 = \dfrac{n_{45}}{n_{13}}$。

若忽略晶体管的内反馈，并将各元件都折算到谐振回路的两端，则可用y参数等效电路（见图17-2）来表示。

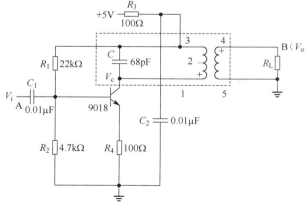

图17-1　单调谐放大器实验电路

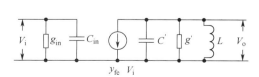

图17-2　LC调谐放大器y参数等效电路

在图 17-2 中，$C' = C + p_1^2 C_{oe} + p_2^2 C_L$，$g' = g_0 + p_1^2 g_{oe} + p_2^2 g_L$

式中，$g_0 = \dfrac{1}{Q_0}\sqrt{\dfrac{C_2}{L}}$ 为回路空载并联损耗电导，C_{oe} 和 g_{oe} 分别为晶体管输出电容和输出电导，C_L 和 g_L 分别为负载电容和负载电导。

由等效电路可求得下列基本关系式。

谐振频率：
$$f_0 = \dfrac{1}{2\pi\sqrt{LC'}}$$

有载等效品质因数：
$$Q_L = \dfrac{1}{g'}\sqrt{\dfrac{C'}{L}}$$

有载等效谐振阻抗：
$$R_L' = \dfrac{1}{g'} = Q_L\sqrt{\dfrac{L}{C'}}$$

谐振时电压增益：
$$A_0 = \dfrac{p_1 p_2 g_m}{g'}$$

式中，$g_m = \dfrac{a_0}{r_e} \approx y_{fe}$ 为晶体管的跨导。

谐振曲线方程：
$$\left|\dfrac{A}{A_0}\right| = \dfrac{1}{\sqrt{1+k^2}} \quad \text{或} \quad d = 10\lg\dfrac{1}{1+k^2}\text{(dB)}$$

式中，$k = \dfrac{\Delta f_0}{f_0} Q_L$ 为相对失谐量。

调谐放大器的通频带（$\Delta f_{0.707}$）定义为相对放大倍数 $\dfrac{A}{A_0} = \dfrac{1}{\sqrt{2}}$ 的两个频率之间的频率范围，即要求 $k = \dfrac{\Delta f_{0.707}}{f_0} Q_L = 1$，得 $\Delta f_{0.707} = \dfrac{f_0}{Q_L}$。

调谐放大器的选择性可用偏调某一数值的衰减量表示，也可用矩形参数 K 表示。

K 定义为
$$K = \dfrac{\Delta f_{0.1}}{\Delta f_{0.707}}$$

式中，$\Delta f_{0.1}$ 为 $d = -20\text{dB}$ 的带宽。

由 $d = 10\lg\dfrac{1}{1+k^2} = -20\text{dB}$ 得 $1+k^2 = 100, k = \dfrac{\Delta f_{0.1}}{f_0} Q_L = \sqrt{99} \approx 9.95$

则
$$\Delta f_{0.1} = 9.95\dfrac{f_0}{Q_L} = 9.95 \times \Delta f_{0.707}$$

所以单调谐回路的矩形系数 $K_r = 9.95 \approx 10$，它与回路无关，且远远大于 1。换言之，要使单调谐放大器既有足够的通频带，又有良好的选择性是不可能的，这是单调谐放大器的缺点。

三、实验内容

1. LC 正弦波振荡器

LC 调谐放大器如果引入适当大小的正反馈，就可变成 LC 正弦波振荡器。在图 17-1 所示的调谐放大器中，把 A、B 两点短接，就把输出信号反馈到输入端，只要 V_o 与 V_i 的极性相同便构成正反馈，则可产生正弦振荡。其振荡频率可表示为

$$f_0 = \frac{1}{2\pi\sqrt{LC'}}\sqrt{1+\frac{g_m p_1^2}{g'}}$$

一般放大器的内阻 $\frac{1}{g_{oe}p_1^2}$ 远远大于回路的等效损耗电阻 $\frac{1}{g'}$，所以振荡频率可近似地表示为

$$f_0 \approx \frac{1}{2\pi\sqrt{LC'}}$$

实际上，振荡器的起振并不需要外加信号，当接通电源后，电路中的微小电骚动，经过选频、放大、正反馈，使频率 f_0 的信号振幅逐步增大，此时应满足相位平衡条件 $\varphi=2n\pi$ 和振幅平衡条件 $AF \geqslant 1$。当振幅增大到一定程度时，导致晶体管工作进入非线形区，引起晶体管 β 减小，增益 A 下降，当 $AF=1$ 时，达到振幅平衡，便得到稳定的振荡幅度。在图17-1中，改变反馈绕组的极性，即可以改变反馈为正反馈或负反馈。在射极电阻 R_e 两端可观察到振荡时集电极电流的形式，其波形不是正弦波，表明晶体管工作于非线性区。

振荡器频率稳定性是一项十分重要的指标，由振荡频率的表达式可知，晶体管参数、接入系数和负载的变化，都会改变振荡器的振荡频率。要提高振荡器的频率稳定性，最基本的是必须提高谐振回路的有载品质因素 Q_l 值。采用石英谐振器的振荡器，其频率稳定度可达到 10^{-6} 量级以上。为了减少测试仪器对振荡频率的影响，可经隔离电阻在 E 点进行观测。

2．检波电路

从已调波中把调制信号还原出来的过程，称为检波。检波电路有许多种，本实验讨论二极管大信号检波，其原理电路如图17-3所示。

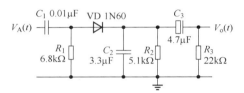

图 17-3　检波原理电路

在图17-3中，VD 为检波二极管，C_1 为高频滤波电容，R_1 为直流负载电阻，C_2 为耦合电容，R_2 为外接负载，$R'_L = R_1/R_2$ 为交流负载。利用二极管单向导电特性，把输入已调波的正向部分检出来，由 C_1 滤去高频成分，经 C_2 隔掉直流分量，输出便得到低频调制信号电压。

检波电路的电压传输系数 K 定义为：检波器输出低频调制信号的振幅 V_o 与检波器输入已调波中包络的振幅 V_m 之比，即 $K=V_o/V_m$。

K 值越大，检波效率越高，由于二极管内阻的影响，K 总是小于1，因此二极管正向电阻越小，反向电阻越大，则检波效率越高。

检波电路的参数对输出信号失真的影响，通常表现在检波器的非线性失真有两种：对角线切割失真和负峰切割失真。

当检波器直流负载的时间常数 R_1C_1 太大时，由于 C_1 通过 R_1 放电太慢，在输入电压幅值下降的过程中，使输出端电压仍高于输入端电压，造成二极管截止，输出电压仍按电容 C_1 的放电曲线变化。产生的这种失真称为"对角线切割失真"，又称为"惰性失真"。

为了不产生对角线切割失真，R_1C_1 不能取太大，经计算应满足下列关系：

$$R_1C_1 \leqslant \frac{\sqrt{1-m^2}}{m\Omega_{max}}$$

式中，Ω_{max} 为低频调制信号的最高角频率，如果 Ω_{max} 越高，且调幅系数 m 越大，那么 R_1C_1 应取越小。

负峰切割失真是由于交流负载太小而引起的失真。当检波电路未接负载 R_2 时，检波输出信号可能没有失真。当接上负载 R_2 时，检波后的输出直流电压 U_1 降落在耦合电容 C_2 上，此时 C_2 的直流电压可以看作一个直流电源（左正右负），V_{C2} 通过 R_1 和 R_2 分压，在 R_1 上降为

$$V_{R1} = \frac{R_1}{R_1+R_2} V_{C2}$$

V_{R1} 的极性上正下负，当二极管正极电压低于 V_{R1} 时，将使二极管反偏截止。由上式可知，在 V_1 和 R_1 一定时，负载 R_2 越小，V_{R1} 越大，负峰切割失真越大。尤其是 m 值越大，这种失真也越严重。为了防止负峰切割失真，要求交流负载不能太小，必须满足以下关系：在 m 和 R_1 一定时，要求 R_2 阻值相应大一些，就不会造成负峰切割失真。

$$(R_L' / R_1) \geqslant m$$

四、实验记录与数据处理

（一）实验仪器

（1）数字存储示波器　　　　　　　1台
（2）频率特性测试仪　　　　　　　1台
（3）信号发生器　　　　　　　　　1台
（4）数字万用表　　　　　　　　　1台
（5）直流稳压电源　　　　　　　　1台

（二）模块设计与测量

1．搭接电路

按图 17-1 搭接单调谐放大器电路，由于电路工作频率较高，在电路搭接中应尽量减少连接线，同时，输入、输出应尽量隔离，以免引起自激振荡。注意，该电路中为了容易在面包板搭接，采用全部接入，将电感初级的中心抽头撇开不用。

2．测量三极管直流工作电压

测量三极管直流工作电压，将所测结果填入表 17-1。

表 17-1　三极管工作状态与各极直流电压关系

晶体管工作状态	V_B/V	V_E/V	I_C/mA	集电极电流波形
放大状态				
振荡状态				

3．LC 调谐放大器的测量

信号发生器输出（V_{ip-p}=40mV、f= 4.5MHz）接入 LC 调谐放大器的输入端，用示波器观察调谐放大器的输入和输出，调整中周变压器磁帽，使输出的电压读数最大（输入、输出均不能出现失真），测量输出信号幅度和频率。

调谐放大器的主要指标为电压放大倍数和通频带，其测量方法在实验五已介绍，按照表 17-2

改变负载电阻 R_L，测出相应的电压增益和通频带，记入表 17-2。

表 17-2　负载对放大器增益、通频带影响

负载 R_L	谐振频率 f_0	通频带 $\Delta f_{0.707}$	电压增益 A_V
∞			
51Ω			

4．LC 振荡器的测量

将图 17-1 中 A、B 两点对接，LC 调谐放大器引入正反馈成为 LC 振荡器。用示波器在 E 点观察振荡波形，若电路不振荡，只要改变反馈绕组的极性（将 4、5 两端互换）即可，请说明变化反馈绕组极性的原因；在振荡器振荡时，用示波器观察 E 点波形调整振荡线圈 L 的磁帽，使振荡频率为 4.5MHz。

在振荡状态下，用数字电压表测量振荡状态下的晶体管直流工作电压，把测量结果记入表 17-1，说明直流工作电压不同的原因。

观察负载变化对振荡频率的影响，用示波器测量 E 点在不同负载时的振荡频率及电压值，记入表 17-3。

表 17-3　负载对振荡频率的影响

负载状态	$R_L=\infty$	$R_L=470Ω$
振荡频率/MHz		
输出电压		

5．检波电路测试

按图 17-3 搭接检波电路，将其输入接调谐放大器输出 V_c 点。调谐放大器输入改接调幅信号（载波频率为 4.5MHz、幅度为 100mV），调制信号为正弦波（频率 1kHz），调制度为 30%，用示波器观察检波输入、输出波形，记录其参数并画出波形。

五、预习要求

（1）明确实验方法和步骤，画好数据记录表格。
（2）认真阅读频率特性测试仪的使用说明，了解频率特性测试仪和示波器的测量方法和手段。
（3）按照设计要求用 Multisim 12 软件仿真实验电路。

六、知识结构梳理与报告撰写

（1）画出实验电路，列表整理实验数据。
（2）用所学理论，分析讨论各项实验结果。
（3）讨论不同仪器所测结果的精度与误差，分析产生误差的原因。
（4）简述实验过程中出现的故障现象及解决方法。

实验十八　混频、调幅与检波

一、实验目的

（1）了解由集成模拟乘法器构成的混频电路、调幅电路、二极管检波电路及工作原理。
（2）掌握调幅系数的测量方法。
（3）了解检波电路参数对输出信号失真的影响。

二、基础依据

模拟乘法器是混频电路、低电平调幅电路的常用器件，它不仅可以实现普通调幅，还可以实现双边带调幅和单边带调幅。模拟乘法器可实现输出电压为两个输入电压的线性积。单片集成模拟乘法器种类较多，由于内部电路结构不同，各项参数指标也不同。在选择时，应注意以下主要参数：工作频率范围、电源电压、输入电压动态范围、线性度等。

常用的 Motorla 公司的 MC1496（国内同型号有 XFC-1496）单片集成模拟乘法器是根据压控吉尔伯特电路原理制成的双平衡模拟乘法器，电路如图 18-1 所示，虚线方框内是 MC1496 的基本电路，方框外是外接电路。偏置电阻 R_b 用来调节恒流源 I_1、I_2 的电流值（一般调在 1mA 左右），VT_3 和 VT_4 发射极接有反馈电阻 R_y，调节其阻值可以调整增益和输入信号的线性范围，R_y 值越大，负反馈越强，增益随之减小，但线性动态范围加大（输入电压可加大到几百毫伏）。载波信号由 $VT_5 \sim VT_8$ 基极输入，输出信号由 $VT_5 \sim VT_8$ 集电极引出，外接负载电阻 R_L。

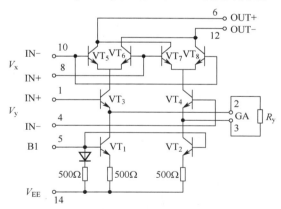

图 18-1　模拟乘法器 MC1496 电路

MC1496 的参数指标如表 18-1 所示。

表 18-1　MC1496 的参数（$T=25℃$）

电源电压/V	输入电压动态范围/V	输出电压动态范围/V	3dB 带宽/MHz
$V_+=12$ $V_-=-8$	$-0.026 \leqslant u_x \leqslant 0.026$ $-4 \leqslant u_y \leqslant 4$	± 4	300

三、实验内容

1. 混频电路

现代的接收机（如电视机、收音机）大多采用超外差接收方式。例如，要接收电台所发送的某一频道某一信号时，若其调制信号的载波频率为 f_C，则接收机要产生一个本振信号，其频率为 f_L，且 $f_L=f_C-f_I$；经过接收机的混频电路产生中频信号，其频率为 f_I。接收机在将该中频信号经自动增益调节放大（AGC 电路），控制信号幅度稳定，解调（还原原有调制信号），经音频放大器放大，从扬声器发送出电台信号声音。接收机框图如图 18-2 所示。

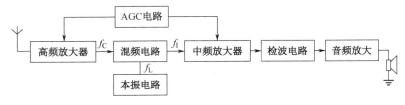

图 18-2 接收机框图

在模拟调谐方式中，本振信号一般是由 LC 振荡回路产生的。当调谐（调台）时，一般是用改变 LC 振荡回路中电容的容量（如改变变容二极管的反向偏压），来改变本振信号的频率，从而达到选台的目的，但由于采用 LC 振荡电路，频率的稳定性较差，导致选台效果较差。

在数字调谐方式中，本振信号则是用锁相环的方法来产生的，即由晶振电路产生频率稳定性高的标准信号，再用频率合成电路（锁相环倍频）的方法产生本振信号。为精确选出所需收听的信号频率 f_C，通过设置该频率数字（通过单脉冲控制计数器设置数字，数码显示该频率），根据本振信号频率 f_L 为电台信号频率 f_C 与中频信号频率 f_I 之差，利用加法器实现电台信号频率 f_C 与中频信号频率 f_I 之差；将该差值送频率合成电路中分频电路的数据输入端，通过改变锁相环反馈回路分频比的方法改变本振信号频率，其频率稳定性高；达到选台精确、稳定。本振电路框图如图 18-3 所示。

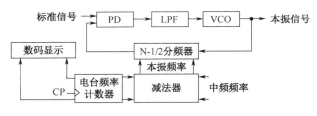

图 18-3 本振电路框图

若载波频率为 8MHz，中频频率为 4.5MHz，可采用 N-1/2 频率合成电路，在该电路中，增加一片 74191 作为电台频率设置数，将该数字送四位加法器 74283 的 A3～A0，而 B3～B0 则按中频值+1/2 取补码，并将运算结果作为 N-1/2 分频器的预置数。这样就可做到：若要接收某一载波信号（如 f_C=8MHz），则只要通过电台频率计数器设置数字 9，就可得到 $f_L=f_C-f_I$=8-4.5=3.5 MHz 的本振信号（这里中频 f_I 为 4.5MHz）。最后信号发生器输出的载波信号和本振信号（4046 的 4 脚输出的方波）经混频滤波后应得到 4.5 kHz 的中频信号（用示波器观察）。

由 MC 1496 组成的混频电路如图 18-4 所示。

输入信号 V_C 的幅度为 15mV 混频电路（MC1496）调试步骤。

（1）4.5MHz 谐振回路调整。

V_C 开路,示波器探头(×10 挡)测 1496(12)脚,V_L 输入峰-峰值约 200mVp-p、频率 4.5MHz 附近的正弦信号,微调 V_L 的频率,观察 LC 回路的选频作用。

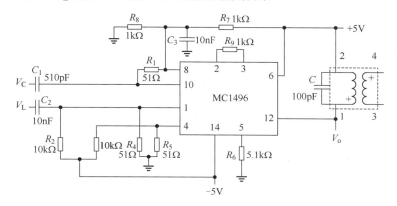

图 18-4　由 MC1496 组成的混频电路

其中心频率应为 6.5MHz。若不是 6.5MHz,则固定 U_L 的频率为 6.5MHz,调节线圈的磁芯,使 12 引脚输出信号的幅度最大即可。

(2)平衡电位器的调整。

在步骤(1)的基础上,调电位器 R_w,使 12 引脚输出信号的幅度为零。

根据上述工作原理、方框图,自己设计、搭接具体电路,所有电源都用+5V 和-5V。

2. 调幅电路

用低频调制信号去控制高频正弦波(载波)的振幅,使其随调制信号的变化而呈线性变化的方法,称为调幅。调幅电路分为高电平调制和低电平调制两种类型。高电平调制是指先将调制信号和载波分别经过若干级放大,在功放级进行调制后直接输出的一种调制方式。目前这种调制方式主要应用在大功率的广播发射机中,器件是电子管。低电平调制是指调制信号和载波在低电平进行调制,然后进行若干级放大的调制方式。目前这种调制方式比较普遍,甚至一些先进的大功率广播设备也采用这类调制方式,所得到的低功率已调波可利用功率合成技术得到足够大的功率输出。

由模拟乘法器 MC1496 构成的普通调幅电路原理图如图 18-5 所示。Y 通道输入含有直流电压的调制信号 $[V_A + V_\Omega(t)] = V_A + V_\Omega \cos\Omega t$,其中,调制信号为 $V_\Omega(t) = V_\Omega \cos\Omega t$,X 通道输入高频载波信号 $V_C(t) = V_c \cos\omega_c t$,相乘后输出为

$$u_a(t) = K_m[V_A + V_\Omega(t)]V_C(t) = K_m(V_A + V_\Omega \cos\Omega t)V_c \cos\omega_c t$$
$$= U_m(1 + m_a \cos\Omega t)\cos\omega_c t$$

式中,$V_m = K_m V_c V_A$,$m_a = V_\Omega / V_A$ 为调幅系数。为了避免出现过调幅失真,要求 $m_a \leq 1$,即直流电压 V_A 不能小于调制信号的幅度最大值 V_Ω。在图 18-5 中,由 $R_5 = R_6 = 750\Omega$ 和电位器 $R_w = 51k\Omega$ 组成调零电路,调节电位器 R_w,改变直流电压 V_A,就可改变调幅系 m_a。

调幅系数 m_a 的测量方法通常采用峰谷显示法,即在示波器上显示出已调波,如图 18-6 所示,按定义

$$m_a = \frac{A - B}{A + B} \times 100\%$$

如果 X 通道输入的高频载波信号是大信号,输出信号应是 Y 通道输入信号与双向开关函数 $K_2(\omega_c t)$ 的乘积,输出信号 V_a 的频谱应为 ω_c 和 $(2n-1)\omega_c \pm \Omega$,其中 $n=1, 2, \cdots$,用带通滤波器就可取出其中的普通调幅波信号频谱而滤除 f_c 的 3 次及其以上谐波的无用频谱,从而实现普通调幅。

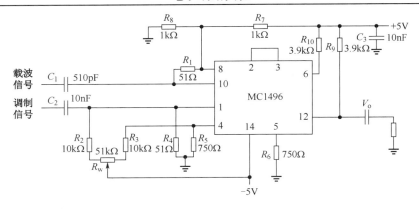

图 18-5　模拟乘法器 MC1496 构成的普通调幅电路

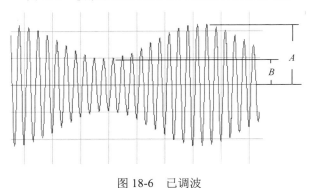

图 18-6　已调波

3．检波电路

该部分与实验十七所述检波电路一致，不再赘述。

四、实验记录与数据处理

（一）实验仪器

（1）直流稳压电源　　　　　　　　　1 台
（2）任意波信号发生器　　　　　　　　1 台
（3）数字万用表　　　　　　　　　　　1 台
（4）电子技术综合实验箱　　　　　　　1 台
（5）数字示波器　　　　　　　　　　　1 台

（二）模块设计与测量

1．设计 N-1/2 分频器

（1）设计 N-1/2 分频器（74191 采用减法计数编程）。

（2）设计编程预置数：编程预置数由另一片 74191 产生，按照混频电路要求，输入数应为载波信号频率值，故应将预置数计数器输出接减法电路，减法电路由四位加法器 74283 实现，即将预置数计数输出接 74283 的 A4~A1，B4~B1 接 5 的补码，同时将 CI 接 0，则四位加法器的输出即为所需的本振信号频率初值。当经过 N-1/2 分频电路时，即可得到本振信号频率值。

2．频率合成电路

（1）搭接锁相环频率合成电路。
（2）搭接晶体振荡电路（振荡频率 1MHz）。
（3）按实验三十二中锁相环频率合成电路连接。

3．混频电路

（1）按图 18-4 搭接混频电路。
（2）将载波信号 f=8MHz（$V_{\text{ip-p}}$=400mV）输入图 18-4 中的 V_C 端，本振信号输入图 18-4 中的 V_L 端，则中周输出应为 4.5MHz 的中频信号。

4．搭接调幅实验电路

根据图 18-5 搭接实验电路，然后接通直流电源，正电源接+12V，负电源接-8V。

5．测量调幅系数 m_a

在图 18-5 中，MC1496 的 8 端输入载波信号，其频率为 8MHz、电压幅值为 300mV，1 端输入调制信号，其频率为 1kHz、电压幅值为 100mV。用示波器观察输出的已调波 U_a 的波形，改变电位器 R_w 的大小，调出普通调幅波的波形。分别调整 R_w 阻值，测量对应调幅系数 m_a 为 0.8、0.6、0.3，并画出测量波形。

6．观察过调幅失真波形

调整 R_w 阻值，使 m_a>1，观察过调幅失真波形。

7．二极管检波特性的测量

调整调幅电路，使 m_a≈0.3，搭接图 18-4 二极管检波电路，取 R_1=4.7 kΩ，R_2=22kΩ，C_1=0.01μF，C_2=10μF，用示波器观察检波输出 U_o 波形。

从已调波中读取包络的振幅 U_m=——————————。

从检波输出波形中读取检波振幅 U_o=——————————。

由此计算检波器的电压传输系数 K 值。

8．改变检波负载电阻，观察检波输出失真波形

按表 18-2 进行观察，并记录波形。

表 18-2　检波失真记录

负载情况	R_1= 4.7kΩ R_2= 22kΩ	R_1=100kΩ R_2=22kΩ	R_1= 4.7kΩ R_2=2kΩ
失真情况			
输出波形			

9．改变调制信号的大小

改变调制信号的大小，即改变 m_a，观察 m_a 的变化对检波失真的影响。

10．设计双 T 型带通滤波器

设计双 T 型带通滤波器如图 18-7 所示。

当 C_1=C_2=C_3/2，R_1=R_2=2R_3 时，带通滤波器的中心频率为

$$f_0 = \frac{1}{2\pi R_1 C_1}$$

本实验中选择 f_0=465kHz，选取 $C_1=C_2$=200pF，C_3=100pF，$R_1=R_2$=1.7kΩ，R_3=3.3kΩ，电路中 R_w=510Ω 是用来调节滤波器的 Q 值和带宽 BW，调节 R_w 使带宽 BW=1 kHz。

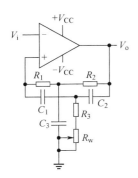

图 18-7　双 T 型带通滤波器

五、预习要求

（1）复习有关模拟乘法器的内容。
（2）明确实验方法和步骤，画好数据记录表格。

六、知识结构梳理与报告撰写

（1）画出实验电路，列表整理实验数据。
（2）用所学理论，分析讨论各项实验结果。
（3）简述实验过程中出现的故障现象及解决方法。

数字部分

数字电路在设计原理上是由模拟电路组成的。在数字电路中，一般只有高电平、低电平、高阻 3 种状态，这也决定了数字电路技术实验自身固有的特点。

数字电子技术实验的特点如下。

（1）数字电路具有严格的逻辑性。数字电路实际上是一种利用动态"逻辑"函数描述的逻辑运算电路，逻辑设计在数字电子技术实验中尤为重要。

（2）数字电路具有严格的时序性。虽然数字电路的输出与输入关系比较简单，但各测试点电平之间的逻辑关系或时序关系应非常清楚。为实现数字系统逻辑函数的动态特性，数字电路各部分之间的信号必须保持严格的时序关系。时序设计也是数字电子技术实验的一项基本技术。

（3）数字电路基本信号只有高、低两种逻辑电平或脉冲。脉冲信号的特征是只有高电平和低电平两种状态，两种电平状态各有一定的持续时间。

（4）在数字电子技术实验中，如果实际数字电路是用的电源不一样或选用的元器件不一样，那么逻辑值（0 或 1）对应的电平也有所不同。具有不同逻辑高电平、逻辑低电平的数字电路之间互联时需要进行电平转换。

（5）不同逻辑电平标准的逻辑高或逻辑低电平对应的电压范围不同，不同设计工艺的数字电路的驱动能力也不相同，为保证输出状态的可靠性，数字电路互联时要考虑输出逻辑电平的驱动能力。

（6）数字电路是现代化电子系统的核心和基本电路。模拟电子技术实验只能实现连续函数的运算功能，数字电子技术实验可以实现各种复杂运算。

（7）由于数字电子技术实验处理的都是逻辑电平信号，因此从信号处理的角度来看，数字电路系统比模拟电路系统具有更好的抗干扰能力。

（8）数字电路可以用来实现各种处理数字信号好的逻辑电路系统。根据电路结构和逻辑功能的不同，通常分为组合逻辑电路和时序逻辑电路两大类。组合逻辑电路任何一时刻的输出仅由该时刻的输入决定。时序逻辑电路某一时刻的输出不仅由该时刻的输入决定，而且与过去的输出有关。

实验十九　三态门和 OC 门的研究

一、实验目的

（1）熟悉两种特殊门电路：三态门和 OC 门。
（2）了解总线结构的工作原理。

二、基础依据

1. 集电极开路门（OC 门）简介

集电极开路门，简称 OC 门，是为了解决普通 TTL 门存在输出端不能并接、输出电平固定，不能驱动大电流、大电压负载而产生的一类特殊门电路。

74LS01 是具有集电极开路的双输入端与非门，其逻辑符号内部电路原理及引脚排列，如图 19-1 所示。

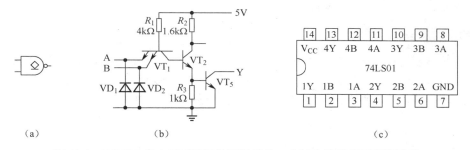

图 19-1　74LS01 集电极开路门的逻辑符号、内部电路原理及引脚排列

2. 三态门简介

三态门，简称 TSL 门，是在普通门电路基础上，附加使能（EN 或 EN′）控制端和控制电路构成，其除通常输出的高、低电平之外，还具有第三种输出状态——高阻态。以实现多路信号公用一个传输通道（总线）传输，节省硬件资源。

74LS244 是四位三态缓冲门，其逻辑符号、内部电路原理及引脚排列如图 19-2 所示。

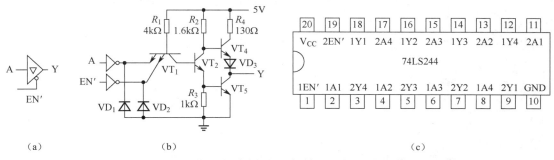

图 19-2　74LS244 四位三态缓冲门的逻辑符号、内部电路原理及引脚排列

三、实验内容

1. 集电极开路门外接电阻的选择

由于 OC 门输出端集电极开路,在使用 OC 门时应外接上拉电阻 R,以确保输出高电平。

上拉电阻的选择,必须满足负载电路所需的高、低电平要求及 OC 门的参数限制。当 OC 门带多个 TTL 门时,如图 19-3 所示。上拉电阻可按下式选择:

$$\frac{V_{CC}-V_{OLmax}}{I_{OLmax}-mI_{IL}} \leqslant R \leqslant \frac{V_{CC}-V_{OHmin}}{nI_{CEO}+m'I_{IH}}$$

式中,V_{CC} 为外接电源电压值;I_{CEO} 为 OC 门输出三极管截止时的漏电流;n 为输出并接的 OC 门个数;m 为 TTL 负载门输入短路电流个数;m' 为各负载门接 OC 门输出端的输入端总和。

R 值的大小将影响输出波形的转换时间,当工作频率较高时,R 应选最小值。

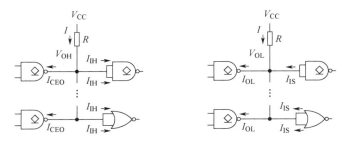

图 19-3 OC 门上拉电阻的选择示意图

2. 集电极开路门的应用

(1) 实现电平转换:通过选择外加电源和上拉电阻,满足负载需求,如图 19-4 所示。

(2) 实现多路信号采集,使两路以上的信息公用一个传输通道(总线),少用。

(3) 利用电路的线与特性方便地实现某些特定的逻辑功能,如图 19-5 所示。

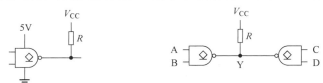

图 19-4 OC 门实现电平转换　　图 19-5 OC 门实现线与特性

3. 三态缓冲器的应用

三态缓冲器主要用途是实现总线传输。总线传输的方式如下。

(1) 单向总线传输:利用相互排斥信号控制三态门的使能端,实现信号分时向总线传送,如图 19-6 所示。

(2) 双向总线传输:利用相互排斥有效的使能端接收控制信号,实现和总线双向信号传送,如图 19-7 所示。

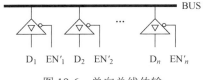 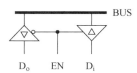

图 19-6 单向总线传输　　图 19-7 双向总线传输

四、实验记录与数据处理

（一）实验仪器

（1）多功能电路实验箱　　　　　　　　　1 台
（2）数字万用表　　　　　　　　　　　　1 台
（3）双踪示波器　　　　　　　　　　　　1 台

（二）模块设计与测量

1. 集电极开路门逻辑功能的测试

按图 19-8 搭接电路，当两输入端分别输入高、低电平时，用电压表测出在不同条件下的输出电平（不接指示灯），并用逻辑电平指示灯（L_{16}）观察其输出电平的高、低，并记于表 19-1 中。

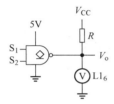

图 19-8　集电极开路门逻辑功能测试电路

表 19-1　集电极开路门逻辑功能测试结果

输入		输出	
S2	S1	V_o	L_{16}
0	0		
0	1		
1	0		
1	1		

2. 三态缓冲器芯片逻辑功能的测试

按图 19-9 搭接电路，在使能端输入不同的控制逻辑电平，在输出端分别测量输入逻辑高、低电平时的输出电平，并测出高阻时三态门的内阻，记于表 19-2 中。

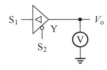

图 19-9　三态缓冲器芯片逻辑功能的测试电路

表 19-2　三态门逻辑功能的测试结果

EN'使能	数据输入	输出
S_2	S_1	V_o
0	0	
0	1	
1	0	
1	1	

3. 数据传输

（1）单向总线传输。实验电路如图 19-10 所示，在用 74244 三态门的两个 EN' 端分别接逻辑开关 S_9、S_9'；当 S_9 处于不同状态时，令两组数据输入为：S1S2S3S4=1010，S5S6S7S8=0101，则输出端可分时传送这两组输入数据（4 位），实验结果记于表 19-3 中。

（2）双向总线传输。实验电路如图 19-11 所示。当 $S_9=1$ 时，D_o 数据传送给总线，经 RC 延时保存；当 $S_9=0$ 时，总线上的数据传送给 D_i；在传送数据 D_i 时，应在 RC 延时时间范围内；否则，数据将丢失，实验结果记于表 19-4 中。

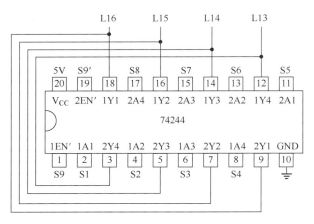

图 19-10 单向总线传输实验电路

表 19-3 单向总线传输测试

EN'使能端	输 出			
	L_1	L_2	L_3	L_4
$S_9=$ "1"				
$S_9=$ "0"				

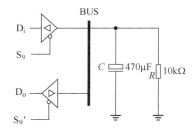

图 19-11 双向总线传输实验电路

表 19-4 双向总线传输测试

EN'使能端	输 入	输 出
	D_i	D_o
$S_9=1$	0	
$S_9=0$		
$S_9=0$	1	
$S_9=1$		

五、预习要求

（1）复习有关集电极开路门和三态门的原理及应用。
（2）画出实验电路并拟定记录表格。

六、知识结构梳理与报告撰写

（1）画出实验电路及测量线路图。
（2）实验数据及波形记录。
（3）分析实验结果。

实验二十　编码、译码及显示器件

一、实验目的

（1）了解编码、译码及显示器的工作原理。
（2）掌握 MSI 组合逻辑器件的应用。

二、基础依据

编码、译码电路是数字系统中常用的逻辑器件，将文字、数字、符号、状态、指令等编制为对应的二进制代码称为编码。用来完成编码工作的数字电路称为编码器。对于 2^n 个状态，可用 n 位二进制码来表示，故编码器常称为 2^n 线-n 线编码器。

译码是编码的逆过程，将多位二进制代码的原意"翻译"出来的过程称为译码。用来完成译码工作的数字电路称为译码器。对于 n 位二进制代码，可翻译出 2^n 个状态，故译码器常称为 n 线-2^n 线译码器。

三、实验内容

1. 编码器

对于特殊需要的编码器可用 SSI 器件设计，也可用标准的 MSI 器件设计实现。常见的标准 MSI 器件有二进制编码器、二-十进制（BCD）编码器、普通相互排斥编码器和优先编码器。对于不同的需要，编码器还具有入 0、入 1 有效和出 0、出 1 有效选择。

编码器除了用于编码，还可根据需要，作为一些特殊逻辑关系的实现。

74LS148（八线-三线优先编码器）的惯用符号及引脚图如图 20-1 所示，表 20-1 所示为 74LS148 的功能表。

表 20-1　74LS148 的功能表

S'	I7'	I6'	I5'	I4'	I3'	I2'	I1'	I0'	Y2'	Y1'	Y0'	Ys'	YEX'
1	×	×	×	×	×	×	×	×	1	1	1	1	1
0	1	1	1	1	1	1	1	1	1	1	1	0	1
0	0	×	×	×	×	×	×	×	0	0	0	1	0
0	1	0	×	×	×	×	×	×	0	0	1	1	0
0	1	1	0	×	×	×	×	×	0	1	0	1	0
0	1	1	1	0	×	×	×	×	0	1	1	1	0
0	1	1	1	1	0	×	×	×	1	0	0	1	0
0	1	1	1	1	1	0	×	×	1	0	1	1	0
0	1	1	1	1	1	1	0	×	1	1	0	1	0
0	1	1	1	1	1	1	1	0	1	1	1	1	0

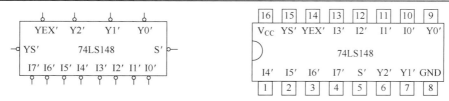

图 20-1　74LS148 的惯用符号及引脚图

2. 译码器

对于简单需要的译码器可用 SSI 器件设计，如计数器编程等；也可选用标准 MSI 器件设计实现。常用的标准 MSI 器件有：变量译码器（三线-八线、四线-十六线译码器等）；二-十进制译码器（四线-十线译码器或称为 BCD 译码器）；七段字型译码器；地址译码器。对于不同的需要，译码器还具有出 0、出 1 有效选择。

译码器除了用于译码，还可根据需要，配合 SSI 器件实现任何逻辑函数。

（1）74LS138（三线-八线译码器）的惯用符号及引脚图如图 20-2 所示，表 20-2 所示为 74LS138 的功能表。

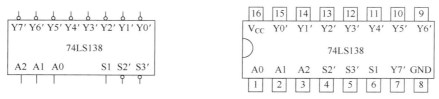

图 20-2　74LS138 的惯用符号及引脚图

表 20-2　74LS138 的功能表

输入					输出							
S1	S2′+S3′	A2	A1	A0	Y0′	Y1′	Y2′	Y3′	Y4′	Y5′	Y6′	Y7′
0	×	×	×	×	1	1	1	1	1	1	1	1
×	1	×	×	×	1	1	1	1	1	1	1	1
1	0	0	0	0	0	1	1	1	1	1	1	1
1	0	0	0	1	1	0	1	1	1	1	1	1
1	0	0	1	0	1	1	0	1	1	1	1	1
1	0	0	1	1	1	1	1	0	1	1	1	1
1	0	1	0	0	1	1	1	1	0	1	1	1
1	0	1	0	1	1	1	1	1	1	0	1	1
1	0	1	1	0	1	1	1	1	1	1	0	1
1	0	1	1	1	1	1	1	1	1	1	1	0

（2）74248 为共阴七段数码译码器，其惯用符号及引脚图如图 20-3 所示，表 20-3 所示为 74248 的功能表。

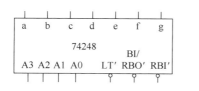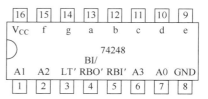

图 20-3　74248 的惯用符号及引脚图

表 20-3　74248 的功能表

数字	LT′	RBI′	A3	A2	A1	A0	BI/RBO′	a	b	c	d	e	f	g	字形
灭灯	×	×	×	×	×	×	0（输入）	0	0	0	0	0	0	0	
试灯	0	×	×	×	×	×	1	1	1	1	1	1	1	1	
灭零	1	0	×	×	×	×	1	0	0	0	0	0	0	0	
0	1	1	0	0	0	0	1	1	1	1	1	1	1	0	
1	1	1	0	0	0	1	1	0	1	1	0	0	0	0	
2	1	1	0	0	1	0	1	1	1	0	1	1	0	1	
3	1	1	0	0	1	1	1	1	1	1	1	0	0	1	
4	1	1	0	1	0	0	1	0	1	1	0	0	1	1	
5	1	1	0	1	0	1	1	1	0	1	1	0	1	1	
6	1	1	0	1	1	0	1	0	0	1	1	1	1	1	
7	1	1	0	1	1	1	1	1	1	1	0	0	0	0	
8	1	1	1	0	0	0	1	1	1	1	1	1	1	1	
9	1	1	1	0	0	1	1	1	1	1	0	0	1	1	
10	1	1	1	0	1	0	1	0	0	0	1	1	0	1	
11	1	1	1	0	1	1	1	0	0	1	1	0	0	1	
12	1	1	1	1	0	0	1	0	1	0	0	0	1	1	
13	1	1	1	1	0	1	1	1	0	0	1	0	1	1	
14	1	1	1	1	1	0	1	0	0	0	1	1	1	1	
15	1	1	1	1	1	1	1	0	0	0	0	0	0	0	

3. 显示器件

（1）发光二极管（LED）。

发光二极管为小型的固体显示器件，其利用注入式场致发光现象，把电能转换为可见光（光能）的特殊半导体器件，其结构和半导体二极管相同；其最大特点为工作电压低、使用寿命长、体积小、质量轻、响应快等，还可由 TTL、CMOS 电路直接驱动，应用广泛。

不同的半导体材料构成的发光二极管，其颜色不同，常见的有红、黄、绿、橙等颜色。

发光二极管的符号如图 20-4 所示，其导通电压为 1.6～3V，反向电压比一般二极管低，为 4～5V，发光二极管导通后，电流急剧增加，故需用限流电阻以防止损坏。

（2）LED 数字显示器。

一个发光管只是一个发光单元，用其构成数字显示器件时，需用若干个 LED 按照数字显示要求集合组成图案，形成 LED 数字显示器。对于显示 0～9 十个数字，常见的为 8 型显示器件，其分为共阴和共阳两种类型，共阴 LED 数字显示器如图 20-5 所示。

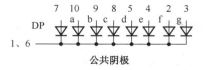

图 20-4　发光二极管符号　　　　图 20-5　共阴 LED 数字显示器

四、实验记录与数据处理

（一）实验仪器

（1）多功能电路实验箱　　　　　　　　　　　1台
（2）数字万用表　　　　　　　　　　　　　　1台

（二）模块设计与测量

1. 集成电路功能检验

根据功能表及集成电路引脚图，利用实验箱的逻辑电平输入 S_i' 及逻辑电平显示 L_i，自拟实验步骤进行检验。

2. 编码-译码显示系统

按图 20-6 搭接电路，用 S_i' 作为编码输入，用 L16、L15、L14 观测编码器输出 $Y2'$、$Y1'$、$Y0'$，研究编码输入与输出的相应关系。当几个输入同时有效时，观察编码器的优先级别关系。

3. 扩展使用

在不同输入组合情况下，观测编码输出在直接译码器（$Y2' \to A2$、$Y1' \to A1$、$Y0' \to A0$）和通过与非门接译码器两种情况下数码管的显示情况。

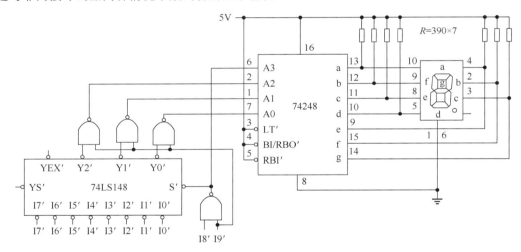

图 20-6　编码-译码显示系统

4. 译码器实现函数功能

（1）试用 74LS138 和双输入端与非门设计一位全加器，自拟实验步骤进行检验。
（2）试用 74LS138 和双输入端与非门设计一位全减器，自拟实验步骤进行检验。

五、预习要求

（1）复习有关编码器、译码器的原理。
（2）按实验内容要求进行设计。

六、知识结构梳理与报告撰写

（1）列表给出实验结果。
（2）讨论并说明编码输入与输出的关系及优先级别关系。
（3）讨论并说明在两种译码输入方式下，显示数字和编码输入的关系。
（4）讨论并总结译码器实现逻辑函数的方法。

七、分析与思考

（1）显示系统中 R 的作用？如何调整其阻值大小，显示会有什么变化？
（2）如何利用附加功能端进行扩展使用？

实验二十一 数据选择器和数据分配器

一、实验目的

（1）了解数据选择器和数据分配器的工作原理。
（2）掌握数据选择器和数据分配器的应用。
（3）熟悉应用数据选择器和数据分配器在数据传输中的作用。

二、基础依据

在数字系统中，经常需要数字信号的传输；在信号传输过程中，常用的有并行传输和串行传输。所谓并行传输，是指利用多路信号通道传输多路信息，其传输速度快，但硬件设备复杂。

串行传输是指利用一个通道分时传输多路信息，传输速度较慢，但硬件设备简单。为了兼顾速度和资源的最佳配备，在数字系统中，常常采用并行处理数字信息，而将并行信息转换为串行信息进行传输，传输后的信息再转换为并行信息进行处理。数据选择器和数据分配器在此情况下应运而生。

三、实验内容

1. 数据选择器

数据选择器又称为多路选择器或多路开关，是一种多输入、单输出的组合逻辑电路。它的作用是将来自不同地址的多路数字信息，根据需要选出任意一路作为输出，相当于一个单刀多掷开关。

数据选择器由三部分组成：数据选择控制（或称为地址输入、地址译码器）；数据输入电路和数据输出电路。目前，标准的集成电路都有系列化产品，如"二选一"、"四选一"、"八选一"和"十六选一"等，根据需要，还可选择以原码形式输出或反码形式输出。

74153（双四选一数据选择器）的惯用符号及引脚图如图 21-1 所示，表 21-1 所示为 74153 的功能表。

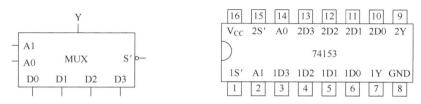

图 21-1 74153 的惯用符号及引脚图

数据选择器除了在数据传输应用，根据不同需要，还常常作为其他应用。

（1）扩展应用。

当现有的数据选择器不能满足使用者要求时，可以将数据选择器互相连接，利用其片选端或采用多重选择进行扩展,以扩大数据组数和位数,增加数据选择器规模,数据选择器级联与功能扩展方法很多,应根据芯片功能灵活选择级联方式。下面以 74153 扩展为例进行说明。

表 21-1 74153 的功能表

S'	A1	A0	D3	D2	D1	D0	Y
0	0	0	×	×	×	D0	D0
0	0	1	×	×	D1	1	D1
0	1	0	×	D2	×	×	D2
0	1	1	D3	×	×	×	D3
1	×	×	×	×	×	×	0

利用 74153 双四选一扩展为八选一的级联扩展图,如图 21-2 所示。

由图 21-2 可知,该八选一数据选择器是将 74153 的 1S' 经反相接 2S' 作为输入地址的高位 A2,输入地址的低两位分别为 74153 的地址 A1、A0,将 74153 的两个输出用或门输出。当 A2="0" 时,第一组数据选择器工作,输出端选择 D0～D3 路信息,第二组信息被封锁;当 A2="1" 时,第二组数据选择器工作,输出端选择 D4～D7 路信息,第一组信息被封锁。

(2) 实现函数功能。

由数据选择器表达式:

$$Y = \sum_{i=0}^{2n-1} m i \cdot D i$$

可见,对于一个 n 选一数据选择器,其输出 Y 为地址输入最小项与数据输入端 Di 的与或关系,当 Di=1 时,地址输入最小项在输出与或式中出现;当 Di=0 时,则不出现。由于任何一个逻辑函数均可有最小项之和的形式,因此可用数据选择器实现函数。也就是说,在不需要增加任何门电路的基础上,通过选择数据输入端的数据输入值,可以很方便地将 n 选一数据选择器实现 $n+1$ 个变量的逻辑函数。

(3) 并-串行数据转换。

并-串行数据转换电路如图 21-3 所示。加 1 计数器作为转换数据位选择,CP 为转换速率时钟输入,数据选择器数据输入为并行数据输入端;当 CP 为 1Hz TTL 信号时,加 1 计数器按每秒加 1 计数,则串行数据输出端按每秒将 D0～D3 的并行数据转换为串行数据。

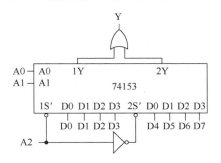

图 21-2 数据选择器的扩展应用

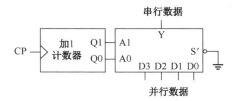

图 21-3 并-串行数据转换电路

2. 数据分配器

数据分配器是一种单输入、多输出的组合逻辑电路。其作用是将数字信息根据需要,从多路通道中选择一路作为输出,相当于一个单刀多掷开关。

图 21-4 所示为将 74LS138 作为数据分配器使用示意图。图 21-4 中将 S2' 作为数据输入端,S1、S3 置 1、0,则通过对地址输入端 A2、A1、A0 的选择,将输入信号选择从 Y0'～Y7' 中的任何

一端输出。

当用三位加一计数器输出作为数据分配器的地址输入时，则在时钟信号与串行数据传输速率相同的情况下，在 CP 作用下，可将串行数据转换为并行数据。

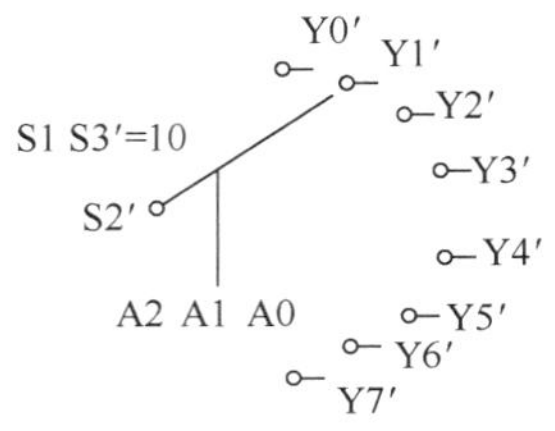

四、实验记录与数据处理

图 21-4　将 74LS138 作为数据分配器使用示意图

（一）实验仪器

（1）多功能电路实验箱　　　　　　　　　1 台
（2）数字万用表　　　　　　　　　　　　1 台

（二）模块设计与测量

1．集成电路功能检验

根据功能表及集成电路引脚图，利用实验箱的逻辑电平输入 Si′ 及逻辑电平显示 Li，自拟实验步骤进行检验。

2．数据选择器级联应用

根据图 21-1 所示的引脚图，按图 21-2 搭接电路，利用实验箱的逻辑电平输入 Si′ 及逻辑电平显示 Li，自拟实验步骤检验级联结果。

3．实现函数功能

设计用 3 个开关（S1、S2、S3）控制一盏电灯 L16 的逻辑电路，要求改变任何一个开关的状态都能控制电灯由亮变灭或由灭变亮，要求用数据选择器实现。

4．并-串行数据转换

按图 21-3 所示原理，设计一个 8 位并行数据转换为串行数据转换电路，其中，加 1 计数器由 74160 完成。用 Ki 作为并行数据输入，CP 由单脉冲 P1（-）输入，串行数据用 Li，检验并-串行数据转换，当 CP 由 10kHz TTL 信号输入时，用示波器观察 CP、Y 波形。

5．串-并行数据转换

根据 74LS138 引脚图，按图 21-4 搭接电路，将上述串行数据送入数据输入端，用 Li 观察数据输出，检验串-并行数据转换；当 A2、A1、A0 并接计数器输出时，若 CP 改为 1Hz TTL 信号输入时，观察数据并-串-并传输转换结果。

五、预习要求

（1）复习有关数据选择器、数据分配器的原理。
（2）按实验内容要求进行理论设计，并画出实验电路图。
（3）拟定实验步骤。

六、知识结构梳理与报告撰写

（1）画出实验电路原理图。
（2）列表说明实验结果。

实验二十二 加法器和数值比较器

一、实验目的

（1）了解加法器和数值比较器的工作原理。
（2）掌握加法器和数值比较器的应用。

二、基础依据

在数字系统中用于对数据或信息进行运算和处理的电路称为运算器。

三、实验内容

（一）加法器

1. 全加器

全加器是数字系统中最基本的运算单元电路。根据二进制数算术运算原理，算术运算中的加、减、乘、除四则运算，在数字电路中往往将其转化为加法运算实现。例如，减法采用将减数转化为补码后即可由加法完成；乘法可转化为左移加；除法转化为右移减。因此，加法器是运算电路的核心。

全加器可由门电路实现，也可由 2 个半加器和 1 个或门组成。半加器作为两个 1 位二进制数的加法运算，只有进位输出，无低位进位输入。全加器则是实现两个二进制数及来自低位进位三者相加的全加运算。

多位加法器由全加器组成，其组成方式分为串联进位加法和先行进位加法。

图 22-1 所示为 4 位串联进位加法器逻辑框图。从图 22-1 中可以看出，各位之间的联结是由进位信号串接构成的，即每位运算需等低位的进位信号产生后才能进行运算，即操作是逐位进行的。因此，串联进位加法器需经多级传输延迟之后才形成稳定输出。

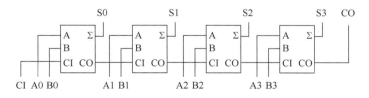

图 22-1 4 位串联进位加法器逻辑框图

2. 先行进位四位全加器

先行进位全加器也称为超前进位全加器，其通过先行进位发生器产生先行进位信号，因而各级的进位信号是同时获得的，可实现各位同时相加，提高了加法器的操作速度。图 22-2 所示为先行进位 4 位全加器原理。

图 22-3 所示为 4 位全加器 74LS283 的惯用符号及引脚图。4 位全加器除了作为运算电路，根据需要，还可作为其他应用。

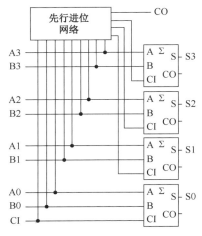

图 22-2 先行进位 4 位全加器原理

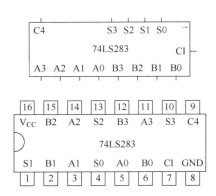

图 22-3 74LS283 的惯用符号及引脚图

（1）级联扩展。

将 n 片 4 位全加器适当连接，可以构成 $4n$ 位全加器。图 22-4 所示为两片 4 位全加器串联构成的 8 位全加器。其中，片与片之间采用串行方式进位，而片内则采用先行进位方式，采用此方式，硬件资源较简，为提高速度，可采用先行进位网络发生器，使片与片之间也实现先行进位方式。

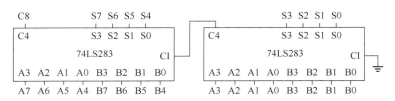

图 22-4 两片 4 位全加器串联构成的 8 位全加器

（2）二进制并行加/减法器。

由于二进制数减法可以转换为被减数与减数的补码加，因此利用 4 位全加器及适当门电路可以很方便地实现 4 位二进制加/减法器。图 22-5 所示为利用 74LS283 实现的电路。

当异或门中的一个输入端为 0 时，则输出与另一个输入相同；当该输入端为 1 时，则输出与另一个输入相反。因此，利用 4 个异或门的其中一个输入端并接，并与 CI 相连，而另一个输入端则输入 4 位减数。若 M=0，则 CI=0，4 位加数直接送入 74LS283 完成加法运算；若 M=1，则 CI=1，四位减数取反送入 74LS283，并将 CI=1 相加完成减法运算，变为补码。

（3）实现特殊功能的组合电路。

由于 4 位全加器完成 2 个 4 位二进制数的加法运算，因此可利用其功能，实现一些特殊组合电路。例如，实现 8421BCD 转换为余 3BCD，或者余 3BCD 转换为 8421。图 22-6 所示为利用 74LS283 实现 8421BCD 转换为余 3BCD 电路。由于余 3BCD 比 8421BCD 码多 3，因此 A3A2A1A0 输入 8421BCD，而 B3B2B1B0 固定加 3，则 S3S2S1S0 输出即为余 3BCD。同理，用图 22-5 可实现逆转换。

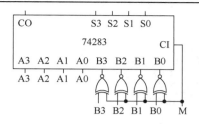
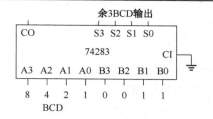

图 22-5　74LS283 构成加/减法器电路　　　　图 22-6　8421BCD 转换为余 3BCD

（二）数值比较器

在数字系统中，常常需要对两组数据进行比较，根据比较结果决定系统流程的转向执行某种操作，用于实现两组数据进行比较的数字电路称为数值比较器。

图 22-7 所示为 74LS283（4 位并行比较器）的惯用符号及引脚图，表 22-1 所示为 74LS85 的功能表。

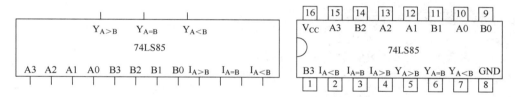

图 22-7　74LS85 的惯用符号及引脚图

表 22-1　74LS85 的功能表

A3 B3	A2 B2	A1 B1	A0 B0	$I_{A>B}$	$I_{A<B}$	$I_{A=B}$	$Y_{A>B}$	$Y_{A<B}$	$Y_{A=B}$
A3>B3	× ×	× ×	× ×	×	×	×	1	0	0
A3<B3	× ×	× ×	× ×	×	×	×	0	1	0
A3=B3	A2>B2	× ×	× ×	×	×	×	1	0	0
	A2<B2	× ×	× ×	×	×	×	0	1	0
	A2=B2	A1>B1	× ×	×	×	×	1	0	0
		A1<B1	× ×	×	×	×	0	1	0
		A1=B1	A0>B0	×	×	×	1	0	0
			A0<B0	×	×	×	0	1	0
			A0=B0	$I_{A>B}$	$I_{A<B}$	$I_{A=B}$	$I_{A>B}$	$I_{A=B}$	$I_{A=B}$

四、实验记录与数据处理

（一）实验仪器

（1）多功能电路实验箱　　　　　　　　　1 台
（2）数字万用表　　　　　　　　　　　　1 台

（二）模块设计与测量

1. 集成电路功能检验

根据功能表及集成电路引脚图，利用实验箱的逻辑电平输入 Si′ 及逻辑电平显示 Li，自拟实验步骤进行检验。

2．8421BCD-余 3BCD 码转换

按图 22-6 搭接电路，用 S8～S5 作为 8421BCD 输入，用 L8～L5 作为余 3BCD 输出显示，自拟实验步骤进行检验。

3．加/减法器

按图 22-5 搭接电路，用 S8～S5 作为被减数，用 S4～S1 作为减数，用 L8～L5 作为和/差进行显示，L9 接 S4 作为进/借位显示，自拟实验步骤进行检验。

4．减法器溢出控制显示

在图 22-5 的基础上，同时将 S8～S5 接 74LS85 的 A3～A0，S4～S1 接 74LS85 的 B3～B0，用 L8～L5 作为和/差进行显示，L9 接 S4 作为进/借位显示，用 L10 接 74LS85 的 $Y_{A<B}$ 作为溢出显示。在实际使用中，可用其控制数码显示译码器，使数码管不显示，自拟实验步骤进行检验。

五、预习要求

（1）复习有关加法器、数值比较器的原理。
（2）按实验内容要求进行理论设计，并画出实验电路图。
（3）拟定实验步骤。

六、知识结构梳理与报告撰写

（1）画出实验电路原理图。
（2）列表说明实验结果。

实验二十三 组合逻辑电路及开关电路的设计

一、实验目的

（1）掌握用基本逻辑门电路进行组合逻辑电路的分析、设计方法。
（2）通过实验，论证设计的正确性。
（3）掌握三极管开关电路的设计。
（4）掌握组合逻辑电路的故障排除方法。

二、基础依据

所谓组合逻辑电路分析，即通过分析电路，说明电路的逻辑功能，通常采用的分析方法是从电路的输入到输出，根据逻辑符号的功能逐级写出逻辑函数表达式，最后得到表示输出与输入之间关系的逻辑函数式。然后利用公式化简法或卡诺图化简法将得到的函数化简或变换，以使逻辑关系简单明了。为了使电路的逻辑功能更加直观，有时还可以把逻辑函数式转换为真值表的形式。

三、实验内容

1. 组合逻辑电路的设计

根据给出的实际逻辑问题，求出实现这一逻辑功能的最简单逻辑电路，称为组合逻辑电路的设计。组合逻辑电路的设计通常分为 SSI 设计和 MSI 设计。

（1）SSI 设计：SSI 设计通常采用如下步骤。

① 逻辑抽象：分析事件的因果关系，确定输入变量和输出变量。一般把引起事件的原因定为输入变量，而把事件的结果作为输出变量。

② 定义逻辑状态的含义：以二值逻辑的 0、1 两种状态分别代表输入变量和输出变量的两种不同状态。

③ 根据给定的因果关系列出逻辑真值表。
④ 写出逻辑表达式，利用化简方法进行化简，并根据选定器件进行适当转换。
⑤ 根据化简、变换后的逻辑表达式，画出逻辑电路的连接图。
⑥ 实验仿真，结果验证。

（2）MSI 设计：MSI 设计通常采用如下步骤。

①、②、③步骤同 SSI 设计步骤。
④ 写出逻辑表达式。
⑤ 根据表达式查找合适的 MSI 器件。

⑥ 通过比较表达式或真值表，利用适当的设计实现所需功能。
⑦ 画出逻辑电路的连接图。
⑧ 实验仿真，结果验证。

2．三极管开关电路的设计

在电子电路中，三极管除了可以用作交流信号放大，还可以作为开关使用。双极型三极管构成的开关电路如图 23-1（a）所示。

由图 23-1（a）可知，负载采用上拉方式连接，即负载电阻接于电源与集电极之间，输入电压 V_i 用于控制三极管的导通与截止。显然，当 $V_i < V_{BE(ON)}$ 时，三极管截止，负载没有电流通过，避免负载不工作时产生功耗；而当 $V_i > V_{BE(ON)}$ 时，三极管导通，为确保三极管更接近理想开关，三极管应饱和导通。在三极管开关电路的设计中，根据三极管的特性可知，对于硅管而言，其 $V_{BE(ON)}$ 为 0.5～0.7V，即 $V_i < 0.5V$（考虑到电路的抗干扰能力，要求 V_i 越小越好，一般 $V_i = V_{IL} < 0.3V$），三极管即截止，负载电阻上没有电流，相当开关断开；若要求开关闭合，则 $V_i > V_{BE(ON)}$，但若要求三极管饱和，一般取 $V_{BE(ON)} = V_{BES} = 0.7V$，此时，三极管 $V_{CES} = 0.2V$。那么，如何设计三极管开关电路参数呢？

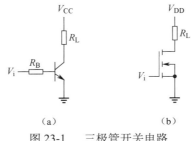

图 23-1 三极管开关电路

由三极管开关电路可知，当三极管处于饱和时，$I_{CS} = \dfrac{V_{CC} - V_{CES}}{R_L}$，则三极管的基极临界饱和电流 $I_{BS} = \dfrac{I_{CS}}{\beta} = \dfrac{V_{CC} - V_{CES}}{\beta \cdot R_L}$；当 $V_i = V_{IH}$ 时，$I_B = \dfrac{V_{IH} - V_{BES}}{R_B}$，因此要确保电路可靠饱和，$I_B > I_{BS}$，即 $\dfrac{V_{IH} - V_{BES}}{R_B} > \dfrac{V_{CC} - V_{CES}}{\beta \cdot R_L}$，则 $R_B < \beta \dfrac{V_{IH} - V_{BES}}{V_{CC} - V_{CES}} \cdot R_L$，若该开关电路的输入为门输出时，则三极管的 I_B 应满足 $I_B < |I_{OH}|$，避免超出门电路输出高电平电流 I_{OH}，导致门电路损坏。

由上述分析可知，三极管虽然可以用作开关使用，且成本较低，但由于三极管为电流控制器件，在电路中存在较大的功率损耗，负载电流较小，且对信号电流有一定的要求，因此，在需要大负载电流，对信号电流要求较高且工作速度较快的情况下，一般采用 MOS 管开关电路。MOS 管开关电路如图 23-1（b）所示。

在 MOS 管开关电路中，当 $V_i < V_{GS(TH)}$ 时，MOS 管截止；当 $V_i > V_{GS(TH)}$ 时，MOS 管导通。但 MOS 管的 $V_{GS(TH)}$ 一般为 $V_{DD}/2$，为确保 MOS 管更接近理想开关，应使 MOS 管处于低阻导通，应使 $V_{DG} < V_{GS(TH)}$，在开关电路中，一般取 $V_i = V_{IH} = V_{DD}$。

四、实验记录与数据处理

（一）实验仪器

（1）直流稳压电源　　　　　　　　　　1 台

（2）任意波信号发生器　　　　　　　　　　1台
（3）数字万用表　　　　　　　　　　　　　1台
（4）电子技术综合实验箱　　　　　　　　　1台
（5）数字示波器　　　　　　　　　　　　　1台

（二）模块设计与测量

1．码制转换器分析

图 23-2 所示为一个 BCD 码转换组合逻辑电路。其中 d、c、b、a 为 BCD 码输入（d 为高位、a 为低位），D、C、B、A 为 BCD 码输出（D 为高位、A 为低位），按图 23-2 搭接电路，求出真值表及逻辑表达式，并说明电路功能。

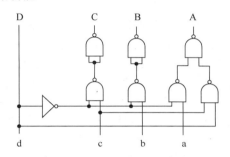

图 23-2　BCD 码转换组合逻辑电路

2．联锁器电路[用基本逻辑门电路（SSI 用双输入端 TTL 与非门 7400）设计]

所谓联锁器，即为密码锁，其输入为 K1、K2、K3 开关，报警和解锁输出分别为 F1、F2。其中，K1、K2、K3 为单刀双掷开关，根据拨动可分别置"1"或"0"。当 F1="1"时，表示不报警；否则报警。当 F2="1"时，表示解锁；否则安锁。现要求如下。

（1）当联锁器处于始态（K1=K2=K3="1"）时，则 F1="1"、F2="0"，即安锁且不报警。

（2）试利用所学知识设计密码锁电路，使其只有按 K1→K2→K3 顺序拨动开关时，才能解锁且不报警；否则不能开锁且报警。

根据上述要求，设计联锁器电路，并通过实验验证设计正确性（写出真值表）。

（3）若报警信号 F1 要求频率为 1kHz 声音（8Ω 扬声器）、光（高亮 LED 特性曲线如图 23-3 所示）方式报警，如何设计驱动电路？采用 N 沟道 MOS 管 IRF640 设计（$V_{GS(TH)} = V_{DD}/2$、$I_{DMAX}=16A$），电路模型如图 23-4 所示。设计 MOS 管开关电路，并通过实验验证设计正确性。

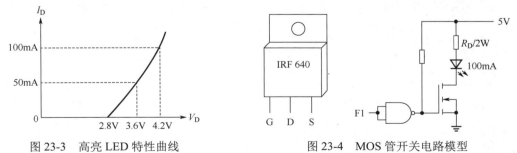

图 23-3　高亮 LED 特性曲线　　　　图 23-4　MOS 管开关电路模型

（4）若解锁采用继电器（12V、直流电阻 390Ω）驱动，如何设计驱动电路（双极型三极管 9011 设计）？三极管开关电路模型如图 23-5 所示。设计三极管开关电路，并通过实验验证设计正确性。

（5）将开关电路与联锁器连接，验证设计正确性。

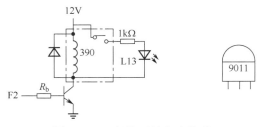

图 23-5　三极管开关电路模型

五、预习要求

（1）复习相关理论知识，归纳组合逻辑电路分析、设计方法。
（2）利用 Multisim12 仿真软件，仿真实验各电路。
（3）根据相关内容，分析二-十进制转换器的逻辑图，求出真值表及表达式，并说明电路功能，并在逻辑图上标出 7400 的引脚号。
（4）根据相关内容，设计密码锁电路，画出逻辑图，并在逻辑图上标出 7400 的引脚号。
（5）查 IRF640 MOS 参数及 TTL 参数，设计驱动报警（声、光）电路。
（6）查找 9011 参数及 TTL 参数，设计驱动解锁电路。
（7）掌握排除开关电路、组合逻辑电路故障的方法。

六、知识结构梳理与报告撰写

（1）写出二-十进制码转换器的真值表、表达式，以及检验结果，说明是何 BCD 转换器。
（2）写出密码锁设计过程及检验结果。
（3）写出报警和解锁设计过程并画出电路。
（4）总结实验过程的体会和收获，对实验进行小结。

七、分析与思考

（1）在图 23-1 所示组合逻辑电路中，当输入 dcba=0000 时，若输出 DCBA=0001，试判断电路中哪部分电路出现问题，以及可能产生的原因？
（2）在开关（单、双极型）电路中，若将三极管设计为放大电路，电路将会产生何种问题？

实验二十四 Moore 型同步时序逻辑电路的分析与设计

一、实验目的

（1）掌握 RS 触发器和集成 D、JK 触发器的特性及其检测方法。
（2）掌握同步时序逻辑电路的分析、设计方法。
（3）掌握时序逻辑电路的测试方法。

二、基础依据

1. 基本 RS 触发器

与非型直接 RS 触发器是最简单的触发器，其由两个与非门交叉耦合而成，电路如图 24-1 所示，其特性方程（状态方程）如下式所示，其特性表如表 24-1 所示。

$$\begin{cases} Q^{n+1} = Sd' + R \cdot Q^n \\ Rd' \cdot Sd' = 1 \quad (约束条件) \end{cases}$$

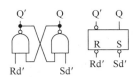

图 24-1 RS 触发器电路

表 24-1 RS 触发器的特性表

Rd′	Sd′	Q^{n+1}
1	1	Q^n
1	0	1
1	1	0
1	1	未定义

2. 维持阻塞 D 触发器

维持阻塞 D 触发器的电路、逻辑符号与 7474（集成 D 触发器）引脚图如图 24-2 所示，其特性方程（状态方程）如下式所示，其逻辑功能表如表 24-2 所示。

$$Q^{n+1} = D^n$$

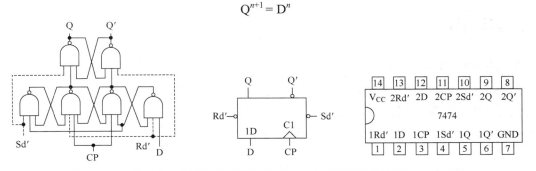

图 24-2 维持阻塞 D 触发器的电路、逻辑符号与 7474 集成 D 触发器引脚图

表 24-2　D 触发器的逻辑功能表

Rd′	Sd′	CP	D	Q^{n+1}
0	1	×	×	0
1	0	×	×	1
1	1	↑	0	0
1	1	↑	1	1

3．主从 JK 触发器

主从 JK 触发器的电路、逻辑符号与 7476（集成主从 JK 触发器）引脚图如图 24-3 所示，其特性方程（状态方程）如下式所示，其逻辑功能表如表 24-3 所示。

$$Q^{n+1} = J \cdot Q^{n\prime} + K' \cdot Q^n$$

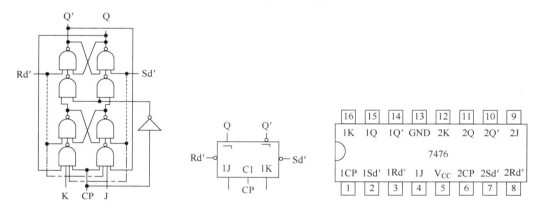

图 24-3　主从 JK 触发器的电路、逻辑符号与 7476 引脚图

表 24-3　主从 JK 触发器的逻辑功能表

Rd′	Sd′	CP	J	K	Q^{n+1}
0	1	×	×	×	0
1	0	×	×	×	1
1	1	↓	0	0	Q^n
1	1	↓	0	1	0
1	1	↓	1	0	1
1	1	↓	1	1	$\overline{Q}^n$

三、实验内容

1．Moore 型时序逻辑电路的分析方法

时序逻辑电路的分析方法是：根据电路图（逻辑图）选择芯片，再根据芯片引脚，在逻辑图上标明引脚号；搭接电路后，根据电路要求输入时钟信号（单脉冲信号或连续脉冲信号），求出电路的状态转换图或时序图（工作波形），从中分析出电路的功能。

2. Moore 型同步时序逻辑电路的设计方法

（1）分析题意，求出状态转换图。
（2）状态化简，确定等价状态，电路中的等价状态可合并为一个状态。
（3）重新确定电路状态数 N，求出触发器数 n，触发器数按下列公式求：$2^{n-1}<N<2^n$（N 为状态数，n 为触发器数）。
（4）触发器选型（D、JK）。
（5）状态编码，列出状态转换表，求状态方程、驱动方程。
（6）画时序电路图。
（7）时序状态检验，当 $N<2n$ 时，应进行空转检验，以免电路进入无效状态而不能自启动。
（8）功能仿真、时序仿真。

3. 同步时序逻辑电路的设计举例

试用 D 触发器设计模 5（421 码）加法计数器。
（1）分析题意：由于是模 5（421 码）加法计数器，其状态转换图如图 24-4 所示。

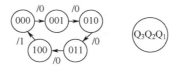

图 24-4 模 5（421 码）加法计数器状态转换图

（2）状态化简：由题意得，该电路无等价状态。
（3）确定触发器数：根据 $2^{n-1}<N<2^n$，$n=3$。
（4）触发器选型：选择 D 触发器；
（5）状态编码：Q_3、Q_2、Q_1 按 421 码规律变化。
（6）列出状态转换表：如表 24-4 所示。

表 24-4 模 5（421 码）加法计数器的状态转换表

Q_3^n	Q_2^n	Q_1^n	Q_3^{n+1}	Q_2^{n+1}	Q_1^{n+1}	D_3	D_2	D_1	Y
0	0	0	0	0	1	0	0	1	0
0	0	1	0	1	0	0	1	0	0
0	1	0	0	1	1	0	1	1	0
0	1	1	1	0	0	1	0	0	0
1	0	0	0	0	0	0	0	0	1
其他			×	×	×	×	×	×	×

（7）利用卡诺图化简如图 24-5 所示，求状态方程、驱动方程。

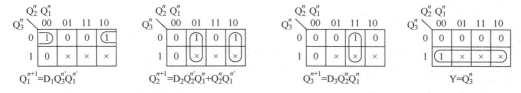

图 24-5 模 5（421 码）加法计数器卡诺图

（8）自启动检验：将各无效状态代入状态方程，分析状态的转换情况，画出完整状态转换图如图 24-6 所示，检查能否自启动，如表 24-5 所示。

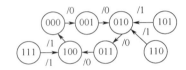

图 24-6 完整状态转换图

表 24-5 模 5（421 码）加法计数器自启动检验

Q_3^n	Q_2^n	Q_1^n	Q_3^{n+1}	Q_2^{n+1}	Q_1^{n+1}	Y
1	0	1	0	1	0	1
1	1	0	0	1	0	1
1	1	1	1	0	0	1

（9）画出逻辑图：如图 24-7 所示。

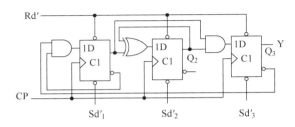

图 24-7 模 5（421 码）加法计数器逻辑图

四、实验记录与数据处理

（一）实验仪器

（1）直流稳压电源　　　　　　　　　1 台
（2）任意波信号发生器　　　　　　　1 台
（3）数字万用表　　　　　　　　　　1 台
（4）电子技术综合实验箱　　　　　　1 台
（5）数字示波器　　　　　　　　　　1 台

（二）模块设计与测量

（1）自拟实验步骤，验证与非型直接 RS 触发器、D 触发器、JK 触发器的逻辑功能。
（2）验证同步模 5（421 码）加法计数器（采用 D 触发器设计）。
① 画出逻辑图，标出所用芯片的引脚，在实验箱上完成电路搭接。
② 自拟实验步骤，采用单脉冲验证设计正确性，求出电路时序表，并画出完整状态转换图。
（3）设计同步模 5（421 码）加法计数器逻辑电路（采用 JK 触发器设计）。
① 画出设计逻辑图，标出所用芯片的引脚，在实验箱上完成电路搭接。
② 自拟实验步骤，采用单脉冲验证设计正确性，求出电路时序表，并画出完整状态转换图。
③ 将 CP 改接 TTL 信号（$f=10\text{kHz}$），用双踪示波器观察并记录 CP、Q_1、Q_2、Q_3 波形。

*（4）设计同步模 10（5421 码）加法计数器逻辑电路。

① 在上述同步模 5（421 码）加法计数器的基础上，设计同步模 10 加法计数器，画出设计逻辑图，利用仿真软件进行功能验证，标出所用芯片的引脚，在实验箱上完成电路搭接。

② 自拟实验步骤，采用单脉冲验证设计正确性，求出电路时序表，并画出完整状态转换图。

③ 将 CP 改接 TTL 信号（f=10kHz），用双踪示波器观察并记录 CP、Q_0、Q_1、Q_2、Q_3 波形。

五、预习要求

（1）复习相关理论知识，归纳时序逻辑电路分析、设计方法。
（2）利用 Multisim12 仿真软件，仿真实验各电路。
（3）掌握 RS、D、JK 触发器的逻辑功能及测试方法。
（4）掌握同步时序逻辑电路的分析、设计方法。
（5）通过实验手段熟悉时序逻辑电路的检测方法。
（6）掌握双踪示波器观察多个波形方法。
（7）掌握排除时序逻辑电路的故障方法。

六、知识结构梳理与报告撰写

（1）归纳 RS、D、JK 触发器的功能。
（2）归纳同步时序逻辑电路的设计方法。
（3）说明实验手段检验同步时序逻辑电路。
（4）按照实验要求列时序表并画出时序图。
（5）简述实验过程中出现的故障现象及解决方法。
*（6）设计并通过 Multisim12 仿真 5421 码加法计数器。

七、分析与思考

（1）在触发器中，若 Rd′、Sd′同时有效，Q、Q′状态如何？
（2）在同步时序逻辑电路中，若 Rd′、Sd′悬空，电路状态将出现何种问题？
（3）在同步时序逻辑电路中，若加入时钟信号，电路并不按设计时序变动，该如何检查电路？

实验二十五 N 分频器分析与设计

一、实验目的

（1）掌握 74190/74191 同步四位二进制可逆计数器的逻辑功能。
（2）掌握 74190/74191 设计可编程计数器和 N 分频器。
（3）掌握 74190/74191 设计（$N-1/2$）计数器、（$N-1/2$）分频器。

二、基础依据

分频器是指对输入信号频率分频。例如，时钟的秒信号，为确保该信号的精确，常用振荡器振荡出高频信号，如利用 32768Hz 晶体振荡，通过 2^{15} 分频器得到秒信号，即使晶体振荡信号产生误差，但经过 2^{15} 分频，该信号的精度得到了极大的提高。早期，由于电路简单，人们常用单稳态触发器来实现，但分频系数难以调整，目前，大多数采用计数器来实现。

三、实验内容

1. CD 4017 的逻辑功能

CD 4017 是 10 路 10 节拍顺序脉冲发生器/脉冲分频器，其功能表如表 25-1 所示，其惯用符号和引脚图如图 25-1 所示。

表 25-1 CD4017 的功能表

CP_0	CP_1'	Rd	$Q_9 \sim Q_0$	Co
×	×	1	$Q_0=1$，其余为 0	0
↑	0	0	每时钟分别从 $Q_0 \sim Q_9$ 输出一个周期高电平信号	1（$Q_0 \sim Q_4=1$）时
1	↓	0	每时钟分别从 $Q_0 \sim Q_9$ 输出一个周期高电平信号	0（$Q_5 \sim Q_9=1$）时
0	×	0	保持	
×	1	0	保持	

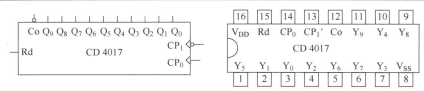

图 25-1 CD 4017 的惯用符号和引脚图

若要改变分频数，只需利用输出反馈复位端（异步复位）方式，可实现 2～9 分频。

2. 74190/74191 逻辑功能

74190/74191 是同步四位二进制可逆计数器，其功能如表 25-2 所示，其惯用符号和引脚图如图 25-2 所示。

表 25-2　74190/74191 的功能表

器件	CP1	S'	LD'	U'/D	D_3	D_2	D_1	D_0	Q_3^{n+1}	Q_2^{n+1}	Q_1^{n+1}	Q_0^{n+1}
74190（1）	×	×	0	×	D_3	D_2	D_1	D_0	D3	D2	D1	D0
74190（1）	↑	1	1	x	×	×	×	×	Q_3^n	Q_2^n	Q_1^n	Q_0^n
74190	↑	0	1	0	×	×	×	×	8421BCD 加计数			
74190	↑	0	1	1	×	×	×	×	8421BCD 减计数			
74191	↑	0	1	0	×	×	×	×	四位二进制加计数			
74191	↑	0	1	1	×	×	×	×	四位二进制减计数			

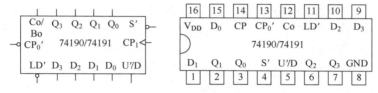

图 25-2　74190/74191 的惯用符号和引脚图

其中，74190 进位、借位信号和输出信号如下。

（1）$Co/Bo = U'/D \cdot Q_3^n \cdot Q_0^n + U'/D \cdot Q_3^{n'} Q_2^{n'} Q_1^{n'} Q_0^{n'}$，即当计数器作加法时，进位信号在计数最大值 1001 时为 1，而作减法时；借位信号在计数最小值 0000 时为 1。

（2）$CP_0' = (Co/Bo \cdot CP_1' \cdot S')'$ 即当计数器作加法时，进位信号在计数最大值时为 0，而作减法时，借位信号在计数最小值时为 "0"。

而 74191 进位、借位信号和输出信号如下。

（1）$Co/Bo = U'/D \cdot Q_3^n \cdot Q_2^n \cdot Q_1^n \cdot Q_0^n + U'/D \cdot Q_3^{n'} Q_2^{n'} Q_1^{n'} Q_0^{n'}$，即当计数器作加法时，进位信号在计数最大值 1111 时为 0；而作减法时，借位信号在计数最小值 0000 时为 0。

（2）$CP_0' = (Co/Bo \cdot CP_1' \cdot S')'$，即当计数器作加法时，进位信号在计数最大值时为 0；而作减法时，借位信号在计数最小值时为 0。

3. 集成计数器级联

由于现有集成计数器一般设计为 8421BCD 和四位二进制计数器，当所需计数器模数（分频数）超过所选计数器最大计数状态数时，则需采用多片集成计数器级联，构成所需的 M 进制计数器。

集成计数器级联方法分为异步级联（串行进位级联）和同步级联（并行级连）。异步级联即利用集成计数器的进/借位输出信号，控制高位片集成计数器的时钟端。同步级联即利用集成计数器的进/借位输出信号，控制高位片集成计数器的计数/保持控制端（片选端）。

4. 集成计数器的编程

所谓集成计数器的编程，即在集成计数器时序基础上，利用外加译码电路（逻辑门电路）反馈集成计数器的附加功能端，达到改变集成计数器时序的目的。根据集成计数器的附加功能，集成计数器编程一般可采用复位编程和置数编程两种方法。复位编程是根据所需计数时序，采用译码电路反馈复位端，使计数器改变计数时序（0000～N）。置数编程是根据所需计数时序，采用译码电路反馈置数端，使计数器改变计数时序（$D_3 D_2 D_1 D_0$～N）。

5. 多片 74190/74191 计数器级联

从 74190/74191 的功能表可以看出，当需要计数状态在 10 内时，可采用 74190 计数器，若计数状态超过 9 而小于 15 时，则可选用 74191；若计数状态需按 10 进制计数时，则选用多片 74190 进行级联。由于 74190 为可逆计数器，因此可根据计数增减需求，采用加计数或减计数。从 74190/74191 的进位信号可以看出，该芯片既可采用异步级联，也可采用同步级联；若采用异步级联，则可利用 CP_0' 作为低位片的进/借位输出接高位片的时钟输入端。从 CP_0' 表达式可以看出，当计数器为加法计数时，CP_0' 在计数达到最大值时，即计数最大和最小转换时产生一个上升沿，达到提供进位边沿的要求；同理，当计数器为减法计数时，CP_0' 在计数达到最小值时，即计数最小值和最大值转换时产生一个上升沿，达到提供进位边沿的要求。异步级联虽然电路简单，但由于采用串联进位，多片计数器之间为异步计数，片与片之间的输出不是同时变化的，在计数器编程时，可能产生竞争冒险现象。若采用同步级联，由于多片计数器时钟端并接，同时接受外时钟源驱动，因此在低位片计数时应控制高位片保持（不计数），只有当低位片计数到需要进/借位时，才使高位片工作，故可采用 Co/Bo 输出端经反相器控制高位片的片选端 S'。从 Co/Bo 表达式可以看出，当计数器在加法计数时，计数到最大值时为 1，而作减法计数时，计数到最小值是为 1，因此低位片计数器在计数时，Co/Bo 为 0，经反相器控制高位片保持，只有在加计数最大值和减计数最小值时，Co/Bo 为 1，经反相器使高位片片选端 S' 有效，才允许高位片计数器计数。但从 Co/Bo 表达式可以看出，Co/Bo 为 1 是在计数时钟之后才产生的，且在下一个时钟有效边沿之后才转换为 0，因此只有在该时钟边沿时，高位片才满足计数条件。之后，由于片选端 S'=1，高位片保持。

6. 74190/74191 计数器编程

从 74190/74191 的功能表可以看出，该计数器没有复位端，故只能采用置数编程。由于其置数端为低电平异步置数，即只要置数端为"0"，计数器即可置数，因此编程计数器计数状态为预置数至编程数-1。

图 25-3 所示为单片 74191 组成可编程加法计数器示意图。当 $U'/D=0$ 时，从 CP 输入时钟脉冲，用与非门对计数器输出 Q_3^n、Q_2^n、Q_1^n、Q_0^n 进行编程译码，并将译码输出反馈给 LD' 端；当 $D_3D_2D_1D_0=0000$ 时，计数器即为 8421 码可编程 N 进制（$N=2\sim16$）加法计数器。改变译码逻辑，便改变了进制数 N，N 与化简了的译码逻辑关系如表 25-3 所示。

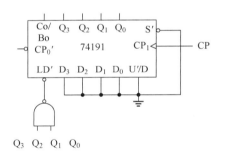

图 25-3 单片 74191 组成可编程加法计数器示意图

表 25-3 计数器 N 进制与化简译码逻辑关系

N	2	3	4	5	6
LD'	$(Q_1^n)'$	$(Q_1^n \cdot Q_0^n)'$	$(Q_2^n)'$	$(Q_2^n \cdot Q_0^n)'$	$(Q_2^n \cdot Q_1^n)'$
N	7	8	9	10	11
LD'	$(Q_2^n \cdot Q_1^n \cdot Q_0^n)'$	$(Q_3^n)'$	$(Q_3^n \cdot Q_0^n)'$	$(Q_3^n \cdot Q_1^n)'$	$(Q_3^n \cdot Q_1^n \cdot Q_0^n)'$
N	12	13	14	15	16
LD'	$(Q_3^n \cdot Q_2^n)'$	$(Q_3^n \cdot Q_2^n \cdot Q_0^n)'$	$(Q_3^n \cdot Q_2^n \cdot Q_1^n)'$	$(Q_3^n \cdot Q_2^n \cdot Q_1^n \cdot Q_0^n)'$	1

（1）当 U'/D = "1" 时，从 CP 输入时钟脉冲，用与非门对计数器输出 Q_3^n、Q_2^n、Q_1^n、Q_0^n 进行译码（译码逻辑与表 25-3 相同），并将译码输出反馈给 LD' 端；当 $D_3D_2D_1D_0$= "1111" 时，计数器即为 8421 编码可编程减法计数器。改变译码逻辑，便改变了进制数 N。请设计一个十进制减法计数器，译码逻辑不必化简。

（2）当 U'/D = "0" 时，从 CP 输入时钟脉冲，把进位信号 CP_0' 反馈到 LD' 端，改变 $D_3D_2D_1D_0$ 便可组成 8421 编码可编程加法计数器；电路的有效状态为预置态 $D_3D_2D_1D_0$（半个时钟周期）~ "1111" 态（半个时钟周期），请设计一个十进制加法计数器。

（3）当 U'/D = "1" 时，从 CP 输入时钟脉冲，把进位信号 CP_0' 反馈到 LD' 端，改变 $D_3D_2D_1D_0$ 便可组成 8421 编码可编程加法计数器。电路的有效状态为预置态 $D_3D_2D_1D_0$（半个时钟周期）~ "0000" 态（半个时钟周期），请设计一个十进制减法计数器。

7. 74191 组成（N-1/2）分频器

74191 组成（N-1/2）分频器电路如图 25-4 所示。

（1）74191 可编程计数器每循环一次，译码器输出一个负脉冲给 LD' 端，同时该负脉冲触发 T' 触发器，使 Q_T' 翻转一次。

（2）Q_T' 和 CP 异或输出作为可编程计数器时钟 CPu，即 CPu= Q_T' ⊕ CP，则

① 当 Q_T' = "0" 时，CPu=CP，可编程计数器在 CP 的上升沿触发翻转。

② 当 Q_T' = "1" 时，CPu=CP'，可编程计数器在 CP 的下降沿触发翻转。

显然，在计数器的两个相邻循环中，一个循环是在 CP 的上升沿翻转；另一个循环是在 CP 的下降沿翻转。从而使可编程计数器的进制数 N 比原来减 1/2，达到（N-1/2）分频。

（3）当 $D_3D_2D_1D_0$= "0000" 时，分频系数（N-1/2）中 N 与译码逻辑关系如表 25-3 所示。

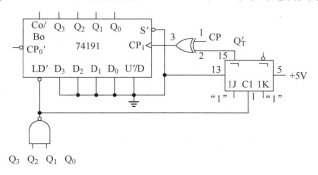

图 25-4　74191 组成（N-1/2）分频器电路

四、实验记录与数据处理

（一）实验仪器

(1) 直流稳压电源　　　　　　　1 台
(2) 任意波信号发生器　　　　　1 台
(3) 数字万用表　　　　　　　　1 台
(4) 电子技术综合实验箱　　　　1 台
(5) 数字示波器　　　　　　　　1 台

（二）模块设计与测量

1. CD4017、74190/74191 功能测试

自拟实验步骤，按照 CD4017、74191 的功能表验证其功能。

2. 74191 组成可编程计数器

（1）构成 8421 码十进制加法计数器：通过实验验证设计正确性，列出时序表。
（2）构成 8421 码十进制减法计数器：通过实验验证设计正确性，列出时序表。

3. 74190 级联及编程

（1）构成 100 进制（8421BCD）减法计数器：通过实验验证设计正确性，列出时序表。
（2）构成 24 进制（8421BCD）减法计数器：通过实验验证设计正确性，列出时序表。

4. (N-1/2) 分频器

（1）设计五进制（8421BCD）减法计数器：通过实验验证设计正确性，列出时序表。
（2）在上述五进制（8421BCD）减法计数器中，设计 $4\frac{1}{2}$ 分频器，用函数信号发生器的 TTL 信号（f=100kHz）作为时钟 CP，用双踪示波器观察并记录 CP、Q0、Q1、Q2、Q3、Q'_T、LD′ 的工作波形。
（3）改变 LD′ 译码逻辑，观察 CP 与 LD′ 的波形，验证分频系数与译码逻辑关系表。

五、预习要求

（1）复习有关计数器内容，重点为 CD4017、74190、74191 的编程、级联方法。
（2）表 25-3 是加法计数器的编程逻辑关系表，请写出减法预置数、编程逻辑与 N 关系表。
（3）按实验内容要求，设计对应的电路。
（4）在 74190/74191 计数器中，若采用 CP'_0 作为译码输出接 LD′，编程计数器 D3D2D1D0 与编程数的关系，请用 Multisim12 仿真。

六、知识结构梳理与报告撰写

（1）总结 74190/4191 的逻辑功能。
（2）写出预习要求的设计内容。
（3）画出实验内容中的相关工作波形，并说明电路是如何产生 (N-1/2) 分频器。
（4）简述实验过程中出现的故障现象及解决方法。

七、分析与思考

（1）如何设计同步计数器（计数模数超过计数器模数）？
（2）如何设计十字路口交通灯的倒计时电路（如倒计时 45 秒）？
（3）如何设计加法 N-1/2 进制计数器。

实验二十六 集成二-五-十进制计数器应用

一、实验目的

（1）掌握集成二-五-十进制计数器的逻辑功能。
（2）学会集成二-五-十进制计数器的应用。

二、基础依据

7490 集成二-五-十进制计数器的内部电路如图 26-1 所示，其由 4 个 JK 触发器及控制门电路组成。其中，FF0 为 T'触发器，在 CP_0 作用下，Q_0 完成一位二进制计数；FF1～FF3 组成异步五进制计数器，在 CP_1 作用下，$Q_3Q_2Q_1$ 按 421 码完成五进制计数。在计数基础上，集成计数器还附加 S_{91}、S_{92} 两个置 9 功能端和 R_{01}、R_{02} 两个置 0 功能端。当 $S_{91}S_{92}=1$ 时，计数器 $Q_3Q_2Q_1Q_0$ 完成置 9 功能；当 $S_{91}S_{92}=1$、$R_{01}R_{02}=1$ 时，计数器 $Q_3Q_2Q_1Q_0$ 完成置 0 功能。

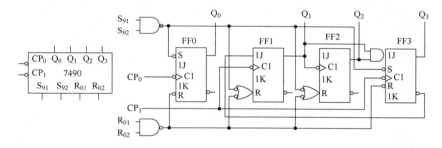

图 26-1 7490 的内部电路

三、实验内容

1. 集成二-五-十进制计数器 7490 功能表

7490 的功能表如表 26-1 所示。

表 26-1 7490 的功能表

$S_{91}S_{92}$	$R_{01}R_{02}$	CP_0	CP_1	Q_3^{n+1}	Q_2^{n+1}	Q_1^{n+1}	Q_0^{n+1}
0	1	×	×	0	0	0	0
1	×	×	×	1	0	0	1
0	0	↓	0	Q_3^n	Q_2^n	Q_1^n	0～1
0	0	0	↓	000～100			Q_0^n

2. 集成二-五-十进制计数器 7490 的应用

（1）构成 8421BCD 十进制加法异步计数器。

由于集成二-五-十进制计数器内的二-五进制计数器均为下降沿触发，因此在构成十进制计数器时，只需将 421 码五进制加法计数器的时钟 CP_1 接二进制计数器的输出 Q_0，则当 Q_0 从 1 返回 0 时，CP_1 得到下降沿，使 $Q_3Q_2Q_1$ 进行加 1 计数，故 CP_0 在时钟信号作用下，$Q_3Q_2Q_1Q_0$ 完成 8421BCD 十进制加法异步计数器功能。7490 构成 8421BCD 计数器的连接图如图 26-2 所示。

（2）构成 5421BCD 十进制加法异步计数器。

集成二-五-十进制计数器构成 5421BCD 十进制加法异步计数器连接图如图 26-3 所示。当 CP_1 在时钟信号作用下，$Q_3Q_2Q_1$ 按 421 码完成五进制计数。在 Q_3 从 1 返回 0 时，CP_0 得到下降沿 Q_0 按一位二进制计数，故 CP_1 在时钟信号作用下，$Q_0\ Q_3Q_2Q_1$ 完成 5421BCD 十进制加法异步计数器功能。

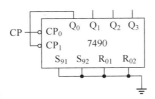 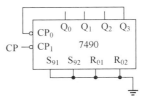

图 26-2 7490 构成 8421BCD 计数器的连接图   图 26-3 7490 构成 5421BCD 计数器的连接图

（3）构成模 10 以内任意进制计数器。

① 反馈置 0 法：由于集成二-五-十进制计数器具有附加异步"入 1"复位端 R_{01}、R_{02}，因此在将集成计数器构成模 10（8421BCD 十进制加法异步计数器、5421BCD 十进制加法异步计数器）计数器基础上，适当利用计数器输出反馈回 R_{01}、R_{02}，使计数器进入反馈端输出为"1"状态时，计数器复位，达到改变计数器计数时序，完成模 10 内任意进制计数功能。

② 反馈置 9 法：由于集成二-五-十进制计数器具有附加异步"入 1"置 9 端 S_{91}、S_{92}，因此在将集成计数器构成模 10（8421BCD 十进制加法异步计数器、5421BCD 十进制加法异步计数器）计数器基础上，适当利用计数器输出反馈回 S_{91}、S_{92}，使计数器进入反馈端输出为"1"状态时，计数器置 9，达到改变计数器计数时序，完成模 10 内任意进制计数功能。

四、实验记录与数据处理

（一）实验仪器

（1）直流稳压电源　　　　　　　　　　1 台
（2）任意波信号发生器　　　　　　　　1 台
（3）数字万用表　　　　　　　　　　　1 台
（4）电子技术综合实验箱　　　　　　　1 台
（5）数字示波器　　　　　　　　　　　1 台

（二）模块设计与测量

1. 二-五-十进制计数器功能验证

7490 引脚图如图 26-4 所示，根据功能表，画出验证集成二-五-十进制计数器的测试图，自拟实验步骤进行验证。

2. 构成 8421BCD 十进制加法异步计数器

按图 26-2 搭接电路，用单脉冲作为 CP_0 时钟，用数码管显示 8421BCD 十进制加法异步计数器，验证其计数功能，写出计数时序表。

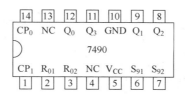

图 26-4　7490 引脚图

3. 设计模 6 计数器

在上述 8421BCD 十进制加法异步计数器中，利用"反馈置 0 法"设计模 6 计数器，并自拟实验步骤用单脉冲作为时钟进行验证；然后用频率为 10kHz 的 TTL 信号作为时钟，用双线示波器观察并记录 CP_0、Q_0、Q_1、Q_2、Q_3 波形。

4. 构成 5421BCD 十进制加法异步计数器

按图 26-3 搭接电路，用单脉冲 P1（-）作为 CP_0 时钟，用发光管显示 5421BCD 十进制加法异步计数器，验证其计数功能，写出计数时序表。

5. 设计模 7 计数器

在上述 5421BCD 十进制加法异步计数器中，利用"反馈置 9 法"设计模 7 计数器，并自拟实验步骤用单脉冲作为时钟进行验证；然后用频率为 10kHz 的 TTL 信号作为时钟，用双线示波器观察并记录 CP_0、Q_1、Q_2、Q_3、Q_0 波形。

6. 设计二十四进制计数器（8421BCD）

用两片 7490 设计二十四进制计数器（8421BCD），画出逻辑图，并用实验方法验证。

7. 设计六十进制计数器（8421BCD）

用两片 7490 设计六十进制计数器（8421BCD），画出逻辑图，并用实验方法验证。

8. 设计 7 路 7 节拍顺序脉冲信号发生器

用 7490 和三线-八线译码器 74138 设计 7 路 7 节拍顺序脉冲发生器，画出逻辑图，并用实验方法验证，画出 CP 及 7 路 7 节拍顺序脉冲发生器输出波形。

74LS138 的惯用逻辑符号及引脚图如图 26-5 所示。

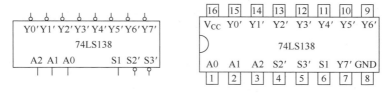

图 26-5　74LS138 的惯用逻辑符号及引脚图

五、预习要求

（1）根据图 26-1 所示电路，写出电路接成 8421BCD 异步加法计数器的时钟方程，并求出时序表。

（2）利用反馈"置0法"设计一个8421BCD六进制计数器。

（3）根据图26-1所示电路，写出电路接成5421BCD异步加法计数器的时钟方程，并求出时序表。

（4）利用反馈"置9法"设计一个5421BCD六进制计数器。

（5）设计二十四进制计数器（8421BCD）。

（6）设计六十进制计数器（8421BCD）。

（7）设计五路五节拍顺序脉冲信号发生器。

六、知识结构梳理与报告撰写

（1）画出验证二-五-十进制计数器功能的测试图，列表总结二-五-十进制计数器功能。

（2）写出8421BCD、5421BCD计数器时序表。

（3）画出所设计的六进制8421BCD、七进制5421BCD计数器的逻辑图。

（4）分别画出六进制8421BCD、七进制5421BCD计数器的工作波形。

（5）设计二十四进制计数器（8421BCD），画出逻辑图。

（6）设计六十进制计数器（8421BCD），画出逻辑图。

（7）设计七路七节拍顺序脉冲信号发生器，画出逻辑图。

（8）简述实验过程中出现的故障现象及解决方法。

七、分析与思考

（1）若电路连接正确，但出现计数时序不正确，可能出现什么问题？如何解决？

（2）在构成五路五节拍顺序脉冲发生器中，若输出波形出现竞争冒险现象，如何解决？

实验二十七　移位寄存器及其应用

一、实验目的

（1）掌握移位寄存器的结构及工作原理。
（2）掌握移位寄存器的应用。

二、基础依据

移位寄存器是由多级无空翻触发器组成的，其在统一的移位时钟脉冲控制下，每来一个时钟脉冲，原存于寄存器的信息就按规定的方向（左或右）同步移动一位。寄存器的类型，按移位方式，分为左移、右移和双向移位寄存器；按其输入、输出方式分为并行输入-并行输出、并行输入-串行输出、串行输入-并行输出和串行输入-串行输出等。

74194 除了双向移位（左移、右移）功能，还具有异步复位、同步保持和并行输入功能；其功能转换由工作方式控制端 S_1、S_0 控制。

图 27-1 所示为 74194（双向移位寄存器）的惯用符号及引脚图，表 27-1 为其功能表。

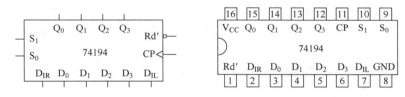

图 27-1　74194 的惯用符号及引脚图

表 27-1　74194 的功能表

Rd′	S_1	S_0	CP	D_{IR}	D_0	D_1	D_2	D_3	D_{IL}	Q_0^{n+1}	Q_1^{n+1}	Q_2^{n+1}	Q_3^{n+1}
0	×	×	×	×	×	×	×	×	×	0	0	0	0
1	×	×	0	×	×	×	×	×	×	Q_0^n	Q_1^n	Q_2^n	Q_3^n
1	0	0	↑	×	×	×	×	×	0	Q_0^n	Q_1^n	Q_2^n	Q_3^n
0	0	1	↑	D_{IR}	×	×	×	×	0	D_{IR}	Q_0^n	Q_1^n	Q_2^n
0	1	0	↑	×	×	×	×	×	D_{IL}	Q_0^n	Q_1^n	Q_2^n	D_{IL}
0	1	1	↑	×	D_0	D_1	D_2	D_3	0	D_0	D_1	D_2	D_3

三、实验内容

移位寄存器的具体应用如下。

1. 数字信号工作方式的转换

（1）并入-串出转换：利用工作方式控制端 S_1S_0=11，在时钟作用下，完成并入后，再将 S_1S_0 改为 01 或 10，则在时钟作用下，即可完成右移串出或左移串出。

（2）串入-并出转换：利用工作方式控制端 S_1S_0=01 或 10，在时钟作用下，即可完成右移或左移串入，在输出端得到并出信号。

2. 数字信号的传输

在数字系统中，常常将并行处理后的信号转换为串行信号进行传输，在发送端，利用移位寄存器将并行信号转换为串行信号，通过串行传输通道传送到接收端，简化了传输通道；在接收端，利用移位寄存器再将串行信号转换为并行信号。图 27-2 所示为信号传输过程示意图。图 27-2 中发送端和接收端的时钟需同步，以免发生信号错位，为保证信号传输的可靠，在发送端和接收端还应加入校验电路。

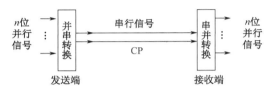

图 27-2　数字信号传输过程

3. 实现特殊计数器

移位寄存器型计数器是以移位寄存器为主体的同步计数器，其状态转移规律具有移位寄存器的特征，即除第一级触发器之外，其余各级触发器均按 $Q_i^{n+1}=Q_{i-1}^n$ 的逻辑规律转移，而第一级触发器的次态为：$Q_0^{n+1}=f(Q_0^n, Q_1^n, \cdots, Q_n^n)$。因此，移位寄存器型计数器的基本结构如图 27-3 所示。

（1）环行计数器。

由 74194 构成的右移环行计数器电路，如图 27-4 所示。

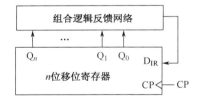

图 27-3　移位寄存器型计数器的基本结构

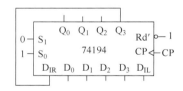

图 27-4　右移环行计数器电路

该电路可实现循环一个 1（当电路处于只有一个输出端为 1，其余为 0 状态）或循环一个 0（当电路处于只有一个输出端为 0，其余为 1 状态）两种计数方式，而当电路进入其他状态时计数器电路状态为无效状态。显然，该计数器不能自启动，为了实现自启动，可通过修改反馈逻辑达到自启动循环一个 0 的反馈逻辑为：$D_{IR}=(Q_0 \cdot Q_1 \cdot Q_2)'$，自启动循环一个 1 的反馈逻辑为：$D_{IR}=(Q_0)' \cdot (Q_1)' \cdot (Q_2)'$。

由于这种右移环行计数器 $N=n=4$，其状态利用率低，但这种计数器每个状态只有一位为 1 或 0，且依次右移，因此无须译码即可直接作为顺序脉冲发生器。

（2）扭环行计数器。

扭环行计数器也称为约翰逊计数器，其特点是计数有效状态 $N=2n$，且相邻两状态之间只有一位代码不同，因此扭环行计数器的输出所驱动的组合电路不会产生竞争冒险现象。

由 74194 构成的右移扭环行计数器电路,如图 27-5 所示。

显然,该计数器不能自启动,为了实现自启动,可通过修改反馈逻辑达到。右移扭环行计数器的反馈逻辑为: $D_{IR} = Q_1 \cdot (Q_2)' + (Q_3)'$。

(3) 最大长度移位寄存器式计数器。

最大长度移位寄存器式计数器也称为随机信号发生器,其特点是计数状态 $N=2^n-1$,由 74194 构成的右移最大长度移位寄存器式计数器电路如图 27-6 所示。

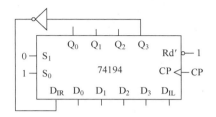

图 27-5　右移扭环行计数器电路

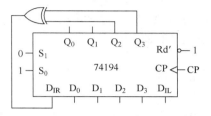

图 27-6　右移最大长度移位寄存器式计数器电路

四、实验记录与数据处理

(一) 实验仪器

(1) 直流稳压电源　　　　　　　　　　　1 台
(2) 任意波信号发生器　　　　　　　　　1 台
(3) 数字万用表　　　　　　　　　　　　1 台
(4) 电子技术综合实验箱　　　　　　　　1 台
(5) 数字示波器　　　　　　　　　　　　1 台

(二) 模块设计与测量

1. 集成电路功能检验

根据功能表及集成电路引脚图,利用实验箱的逻辑电平输入 Si 及逻辑电平显示 Li,自拟实验步骤进行检验。

2. 右移环行计数器

(1) 按图 27-4 搭接电路,CP 由单脉冲输入,观察右移循环一个 1 环行计数器的工作情况,画出该有效循环的状态转换图。

(2) 在图 27-4 的基础上,将 $D_3D_2D_1D_0$ 改为 0111,观察右移循环一个 0 环行计数器的工作情况,画出该有效循环的状态转换图。

(3) 在图 27-4 的基础上,将 $D_3D_2D_1D_0$ 改为其他无效态,求出各无效态的循环的状态转换图。

(4) 令反馈逻辑 $D_{IR} = (Q_0 \cdot Q_1 \cdot Q_2)'$,求出自启动循环一个 0 环行计数器的完整状态转换图。

(5) 将 CP 改为 10kHz 的 TTL 信号,用示波器观察 CP、Q_0、Q_1、Q_2、Q_3 波形,从工作波形说明环行计数器为节拍发生器。

3. 右移扭环行计数器

(1) 按图 27-5 搭接电路,CP 由单脉冲输入,观察右移扭环行计数器的工作情况,画出该计数器的有效状态转换图。

（2）在图 27-5 的基础上，将 $D_3D_2D_1D_0$ 改为其他无效态，求出各无效态的循环的状态转换图。

（3）令反馈逻辑 $D_{IR} = Q_1 \cdot (Q_2)' + (Q_3)'$，求出自启动右移扭环行计数器的完整状态转换图。

（4）将 CP 改为 10kHz 的 TTL 信号，用示波器观察 CP、Q_0、Q_1、Q_2、Q_3 波形，从工作波形说明扭环行计数器相邻两个状态之间只有一位发生变化的特点。

4．最大长度移位寄存器式计数器

按图 27-6 搭接电路，CP 由单脉冲输入，观察最大长度移位寄存器式计数器的工作情况，画出该计数器的有效状态转换图。

五、预习要求

（1）复习有关移位寄存器的原理及应用。
（2）根据自启动右移环行计数器的反馈逻辑，求出自启动左移环行计数器的反馈逻辑。
（3）根据自启动右移扭环行计数器的反馈逻辑，求出自启动左移扭环行计数器的反馈逻辑。

六、知识结构梳理与报告撰写

（1）总结 74194 的逻辑功能。
（2）画出实验所观察的各种状态转换图和工作波形。
（3）写出预习要求中所设计的结果。

实验二十八 m 脉冲发生器

一、实验目的

（1）掌握 74193 组成可编程计数器的方法。
（2）掌握 m 脉冲发生器的工作原理和检测方法。

二、基础依据

1. 74193 组成可编程计数器

可编程计数器的设计方法参见实验二十四。图 28-1 所示为 74193 组成可编程偏权码加法计数器。改变预置数 $D_3 D_2 D_1 D_0$，便改变了分频系数 N，计数的有效状态为：$D_3 D_2 D_1 D_0 \sim 1110$（实际上为预置态 $D_3 D_2 D_1 D_0$ 和 1111 态各占半个时钟周期），预置数 $D_3 D_2 D_1 D_0$ 与分频系数 N 之间的关系如表 28-1 所示。

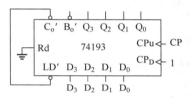

图 28-1 74193 组成可编程偏权码加法计数器

表 28-1 进制数 N 与预置数的关系表

$D_3 D_2 D_1 D_0$	0000	0001	0010	0011	0100	0101	0110
N	15	14	13	12	11	10	9
$D_3 D_2 D_1 D_0$	0111	1000	1001	1010	1011	1100	1101
N	8	7	6	5	4	3	2

2. 脉冲发生器

脉冲发生器是指可控脉冲输出器，当电路输入启动信号时，允许脉冲输出；当电路输入禁止信号（K_Z）时，不允许脉冲输出，其电路如图 28-2 所示。其工作原理如下。

（1）当启动信号 K_Q（↧）输入时，$Q_{T'}=1$，G2=CP。
① 若 CP=0，G3=G4=1，则 G5=0。
② 若 CP=↧，由于 CP 直接加给 G4，因此使 G4=↥，G5=↧；同时使 G3≡1，而 CP 经 G1、G2 延迟后加给 G3，这就避免了 G3、G4 组成的基本 RS 触发器出现不定状态。
③ 当 $Q_{T'}=1$ 时，Y 与 CP 输出同相脉冲。

（2）当禁止信号 K_z（↧）输入时，$Q_{T'}=↥$，即 $Q_{T'}=0$，则 G2≡1。
① 若 CP=0，G4=1，则 G3=0、G5=0。
② 若 CP=↧，由于 G3=0，因此 G4=1、G5=0。
③ 当 $Q_{T'}=0$，Y=0 时，无脉冲输出。

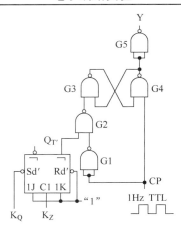

图 28-2 脉冲发生器电路

三、实验内容

所谓 m 脉冲发生器，是指电路启动一次，电路 Y 输出 m 个完整的脉冲，然后停止，等待下一次再启动。将图 28-1 和图 28-2 组合在一起，便组成 m 脉冲发生器，如图 28-3 所示。

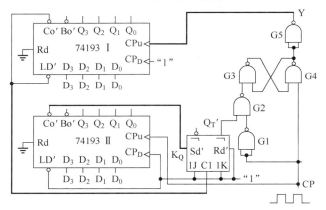

图 28-3 m 脉冲发生器

（1）启动信号的下降沿 ⌐ 使 $Q_{T'}=1$，此时 CP 端正脉冲经 G4、G5 从 Y 端输出。将 Y 端的脉冲送给编程计数器 74193 的 CP_u 作为计数脉冲。计数脉冲的个数 m 取决于可编程计数器的分频系数 N，当 $m=N$ 时，计数器的状态 $Q_3Q_2Q_1Q_0=1111$，直到最后一个 CP 的下降沿 ⌐ 到来时，编程计数器 74193 的进位端 C_0' 输出一个负脉冲 ⌐ 。

① 进位端 C_0' 输出的负脉冲 ⌐ 送 LD'，使编程计数器 74193 返回预置态。

② 进位端 C_0' 输出的负脉冲 ⌐ 送禁止端 K_Z，使 $Q_{T'}=0$，禁止 CP 从 Y 端输出，等待重新启动，重复上述过程。

（2）基本 RS 触发器（G3、G4）可保证 Y 端输出第一个正脉冲的完整性。

① 若在 CP=0 期间，启动信号使 $Q_{T'}=$ ⌐，解除了对 G2 的封锁，当 CP 正脉冲到来时，可以从 Y 端输出。

② 若在 CP=1 期间，启动信号使 $Q_{T'}=$ ⌐，但由于 CP=1，G1=0，仍封锁住 G2，因此基本 RS 触发器（G3、G4）并不马上翻转，Y=0，CP 的这个正脉冲不能传送到输出端，下一个 CP 正脉冲才能传送到输出端，从而保证了输出第一个正脉冲的完整性。

③ 进位端 Co′ 输出的负脉冲 ↧，保证了 Y 端输出最后一个正脉冲的完整性。

因为进位端 Co′ 输出的负脉冲 ↧ 是出现在最后一个 CP 的下降沿 ↧ 到来时，即当 Y 端输出最后一个正脉冲结束时，进位端 Co′ 输出的负脉冲 ↧，才使 $Q_{T'}=0$，从而封锁脉冲发生器。因此，Y 端输出最后一个正脉冲也是完整的。

四、实验记录与数据处理

（一）实验仪器

（1）示波器　　　　　　　　　　　　　1 台
（2）函数信号发生器　　　　　　　　　1 台
（3）数字万用表　　　　　　　　　　　1 台
（4）多功能电路实验箱　　　　　　　　1 台

（二）模块设计与测量

1. 74193 组成可编程计数器验证

按图 28-1 搭接电路，按表 28-1 验证可编程计数器的工作情况。

2. 脉冲发生器验证

按图 28-2 搭接电路，用 K12 作为启动信号 K_Q，用单脉冲 P+作为禁止信号 K_z，用函数信号发生器 TTL（f=1Hz）作为 CP，用逻辑显示器 L5 作为 Y，检验脉冲发生器工作情况是否正常。

3. m 脉冲发生器验证

（1）按图 28-3 搭接电路（将图 28-2 中的 Y 接图 28-1 的 CP_u，K_z 改接到图 28-1 中的进位端 Co′，74193 Ⅱ暂不接入）；检验 m 脉冲发生器的工作情况是否正常。

（2）为了用示波器观察工作波形，需要一个周期性的启动信号，因此用 74193 Ⅱ的进位端 $Co_Ⅱ'$ 输出产生启动信号代替手动的启动信号，即将启动端改接 74193Ⅱ 的进位端 $Co_Ⅱ'$。

① 当 $D_3D_2D_1D_0$ =0101 时，用双踪示波器观察 CP、$Co_Ⅱ'$、Y、$Co_Ⅰ'$、Q_0、Q_1、Q_2、Q_3 的工作波形（观察 17 个 CP 周期）。

② 用双踪示波器同时观察 $Co_Ⅱ'$ 和 Y 的工作波形，改变可编程计数器的预置数 $D_3D_2D_1D_0$，观察输出脉冲数 m 与 $D_3D_2D_1D_0$ 的关系。

五、预习要求

（1）复习 74193 组成可编程计数器的设计方法。
（2）分析本实验电路的原理，了解本实验电路的工作原理。

六、知识结构梳理与报告撰写

（1）总结 74193 组成可编程计数器、脉冲发生器电路检验结果。
（2）画出 m 脉冲发生器的工作波形，并说明电路是如何实现 m 脉冲输出的。

实验二十九 算术逻辑单元和累加、累减器

一、实验目的

（1）了解 74181 算术逻辑单元的逻辑功能。
（2）应用算术逻辑单元组成累加器的工作原理。

二、基础依据

算术逻辑单元（ALU）是在全加/全减电路的基础上加以扩展形成的，其是计算机 CPU 的核心。74181 为四位算术逻辑单元电路。其引脚图如图 29-1 所示，表 29-1 所示为 74181 的功能表。

图 29-1 74181 的引脚图

表 29-1 74181 的功能表

$S_3S_2S_1S_0$	逻辑运算：M=1	算术运算：M=0	
	C_n=×	C_n=1（加无进位、减有借位）	C_n=0（加带进位、减无借位）
0000	F = A′	F = A	F = A 加 1*
0001	F = (A+B)′	F = A+B	F = (A+B) 加 1
0010	F = A′·B	F = A+B′	F = (A+B′) 加 1
0011	F = 0	F = 减 1（2 的补码**）	F = 0
0100	F = (A·B)′	F = A 加 A·B′	F = A 加 A·B′ 加 1
0101	F = B′	F = A+B′ 加 A·B′	F = (A+B) + A·B′ 加 1
0110	F = A⊕B	F = A 减 B 减 1	F = A 减 B
0111	F = A·B′	F = A·B′ 减 1	F = A·B′
1000	F = A′+B	F = A 加 A·B	F = A 加 A·B 加 1
1001	F = (A⊕B)′	F = A 加 B	F = A 加 B 加 1
1010	F = B	F = (A+B′) 加 A·B	F = A+B′ 加 A·B 加 1
1011	F = A·B	F = A·B 减 1	F = A·B
1100	F = 1	F = A 加 A***	F = A 加 A 加 1
1101	F = A+B′	F = (A+B) 加 A	F = (A+B) 加 A 加 1
1110	F = A+B	F = (A+B′) 加 A	F = A+B′ 加 A 加 1
1111	F = A	F = A 减 1	F = A

注：*上述运算中，"+"表示逻辑或，加表示算术加；算术加、减运算均在最低位进行。
**减 1（2 的补码）：二进制数中 2 的补码形式，即 $F_3F_2F_1F_0$=1111。
***A 加 A：相当于向高移一位，即 $F_3=A_2$，$F_2=A_1$，$F_1=A_0$，F_0=0。

（1）$S_3S_2S_1S_0$：功能选择输入端。
（2）C_n：低位进位（加法）、借位（减法）输入端。
（3）M：模式选择输入端。
① 当 M =0 时，进行逻辑运算（禁止内部进位）。
② 当 M =1 时，进行算术运算（允许内部进位）。
（4）$A_3A_2A_1A_0$ 和 $B_3B_2B_1B_0$：两个四位二进制数输入端。
（5）$F_3F_2F_1F_0$：四位二进制数输出端。
（6）C_{n+4}：向高位进位（加法）、借位（减法）输出端。
（7）$F_{A=B}$：A、B 数码比较输出端（OC）。

此比较必须在减法运算情况下，即 ALU 处于带借位减法模式（$S_3S_2S_1S_0$= "0110"、M= "0"、C_n= "1"），则当 A= B 时，$F_{A=B}$= "1"；当 A≠B 时，$F_{A=B}$= "0"。

若配合 C_{n+4}，则可提供比较大小信息：当 A= B 时，$F_{A=B}$= "1"；当 A< B 时，$F_{A=B}$= "0"，C_{n+4}= "1"；当 A> B 时，$F_{A=B}$= "0"，C_{n+4}= "0"。

（8）P、G：先行进位输出端，配合先行进位发生器而设置。

三、实验内容

1．累加器

累加器是用于多个二进制数依次相加求和电路的，它的功能是将本身寄存器的数和输入数据相加，并存放在累加寄存器中，故它是具有"记忆"功能的加法器。其功能框图如图 29-2 所示。

2．累加器的工作过程

（1）寄存器清零，A_0=0。
（2）输入第一个数据 B_1，在第一个求和命令（CP）作用下，把 A 与 B 之和送累加寄存器，即 $A_1=A_0+B_1$。

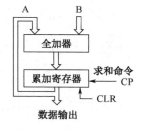

图 29-2　累加器功能框图

（3）依次输入 B_2、B_3、…、B_n，在 CP 作用下，则累加寄存器依次输出：

$A_1= A_0+B_1$
$A_2= A_1+B_2$
⋮
$A_n = A_{n-1}+B_n$。

四、实验记录与数据处理

（一）实验仪器

（1）示波器　　　　　　　　　　　　1 台
（2）函数信号发生器　　　　　　　　1 台
（3）数字万用表　　　　　　　　　　1 台
（4）多功能电路实验箱　　　　　　　1 台

（二）模块设计与测量

1. 74181 功能检验

根据集成电路引脚图，利用实验箱的逻辑电平输入 S_i 及逻辑电平显示 L_i，按照表 29-2 所示的 74181 功能检验，选取 $A_3 \sim A_0 = 1010$、$B_3 \sim B_0 = 1100$。

表 29-2 74181 功能检验

	功能选择			运算公式	$F_3 F_2 F_1 F_0$	C_{n+4}	$F_{A=B}$
	$S_3 S_2 S_1 S_0$	C_n	M				
逻辑运算	0 0 0 0	×	1	$F = A'$			
	0 0 0 1	×	1	$F = (A+B)'$			
	0 0 1 0	×	1	$F = A' \cdot B$			
	0 1 0 0	×	1	$F = (A \cdot B)'$			
	0 1 1 0	×	1	$F = A \oplus B$			
	0 1 1 1	×	1	$F = A \cdot B'$			
	1 0 0 0	×	1	$F = A' + B$			
	1 0 0 1	×	1	$F = (A \oplus B)'$			
	1 0 1 1	×	1	$F = A \cdot B$			
	1 1 0 0	×	1	$F = 1$			
	1 1 0 1	×	1	$F = A + B'$			
	1 1 1 1	×	1	$F = A$			
算术运算	0 0 0 1	1	0	$F = A + B$			
	0 0 1 1	1	0	$F = $ 减 1（2 的补码）			
	0 1 1 0	1	0	$F = A$ 减 B 减 1			
	0 1 1 1	1	0	$F = A \cdot B'$ 减 1			
	1 0 0 1	1	0	$F = A$ 加 B			
	1 1 0 0	1	0	$F = A$ 加 A			
	0 0 0 1	0	0	$F = (A+B)$ 加 1			
	0 0 1 0	0	0	$F = (A+B')$ 加 1			
	1 0 0 1	0	0	$F = A$ 加 $A \cdot B$ 加 1			
	1 0 1 0	0	0	$F = A + B'$ 加 $A \cdot B$ 加 1			
	1 1 0 1	0	0	$F = (A+B)$ 加 A 加 1			
	1 1 1 0	0	0	$F = A + B'$ 加 A 加 1			
比较	0 1 1 0	1	0	$F = A$ 减 B			
	0 1 1 0	1	0	$F = A$ 减 B			
	0 1 1 0	1	0	$F = A$ 减 B			

在比较中，分别令 $B_3 \sim B_0 = 1100$、1010、0101。

2. 四位二进制数累加、累减器

按图 29-3 搭接电路，在电路清零后，按表 29-3 依次输入数据 $B_3 \sim B_0$，在求和命令作用下，求出累加、累减输出，并验证电路功能。

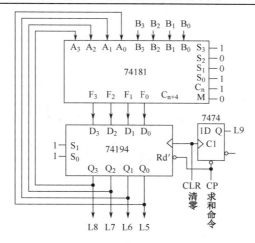

图 29-3 累加、累减器电路

表 29-3 累加、累减器的功能验证

$B_3 \sim B_0$	$Q_3 \sim Q_0$	C_{n+4}	$Q_3 \sim Q_0$	C_{n+4}
0000				
0001				
1000				
0110				
0011				
0101				
1101				
1001				
1010				
1110				
0010				
1010				
0100				
1001				

五、预习要求

（1）在图 29-3 中，74181 中的 $S_3S_2S_1S_0C_nM=100110$ 和 74194 中的 $S_1S_0=11$ 的功能是什么？

（2）若累加器输出 $Q_3Q_2Q_1Q_0=1001$，新输入数据 $B_3B_2B_1B_0=0110$，试问：

① 在求和命令输入前：$F_3F_2F_1F_0=$？

② 在求和命令输入后：$F_3F_2F_1F_0=$？

（3）如何更改图 29-3 使其具有累减器的功能？

六、知识结构梳理与报告撰写

（1）归纳 74181 的功能。

（2）列表整理实验数据。

（3）回答预习要求中的问题。

实验三十 时基 555 应用和可再触发的单稳态触发器

一、实验目的

（1）掌握时基 555 的功能和应用。
（2）掌握可再触发的单稳态触发器的功能和应用。

二、基础依据

时基 555 集成电路外接不同 RC 元件时，可以构成单稳态触发器、多谐振荡器、压控振荡器、调频（调宽）振荡器，不外接 RC 元件时，可以直接构成施密特触发器。

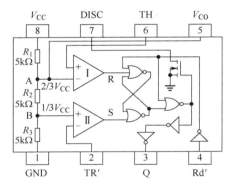

图 30-1 时基 555 的内部电路原理框图

（1）时基 555 的内部电路原理框图如图 30-1 所示。

① R_1、R_2、R_3 组成分压器：得到 1/3 V_{CC} 和 2/3 V_{CC} 两个基准电平（V_{CC}=+5～+18V）。

② 两个单限电压比较器。比较器 I 的反相端为基准电平 2/3 V_{CC}，同相端为 555 的上触发端 TH。比较器 II 的同相为基准电平 1/3 V_{CC}，反相端为 555 的下触发端 TR′。

③ 直接 RS 触发器。高电平作为触发信号；比较器 I 输出作为 R 端（置 0）信号，比较器 II 输出作为 S 端（置 1）信号。

当 V_{TH} >2/3 V_{CC} 时，R = 1，555 输出 Q = 0；当 $V_{TR'}$ <1/3 V_{CC} 时，S = 1，555 输出 Q = 1。

④ 放电管 T_D：为"放电"端（DISC）外接电容提供低阻抗放电回路。

⑤ 缓冲级：隔离、放大。Q 端常态为 0。

（2）555 的功能表如表 30-1 所示。

表 30-1 555 的功能表

Rd′	V_{TH}	$V_{TR'}$	Q^{n+1}	T_D	DISC
0	×	×	0	导通	接地
1	>2/3 V_{CC}	>1/3 V_{CC}	0	导通	接地
1	<2/3 V_{CC}	>1/3 V_{CC}	Q^n	保持	保持
1	<2/3 V_{CC}	<1/3 V_{CC}	1	截止	高阻
1	>2/3 V_{CC}	<1/3 V_{CC}	1	截止	高阻

三、实验内容

1. 时基 555 的应用

（1）构成施密特触发器。

当时基 555 直接作为施密特触发器时，只要将上下触发端相连作为输入端即可，其上限触发电平 $V_{T+}=2/3\ V_{CC}$，下限触发电平 $V_{T-}=1/3V_{CC}$，其回差电压 $\Delta V_T = V_{T+} - V_{T-}=1/3\ V_{CC}$。

如图 30-2 所示，若在 555 的压控端上拉或下拉一个电位器 R_w，则可同时调节 V_{T+}、V_{T-} 和 ΔV_T。

（2）构成单稳态触发器。

用 555 组成直接触发单稳态触发器电路，如图 30-3 所示。要求 $1k\Omega \leqslant R_w \leqslant 20k\Omega$。单稳脉宽 $t_u \approx 1.1RC$。由图 30-1 可知，为使 RS 触发器不出现竞态（R=S=1），要求触发信号 V_i 的负脉宽必须小于单稳脉宽 t_u，否则电路不能正常工作。

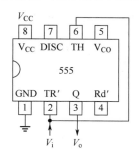
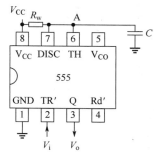

图 30-2　555 构成施密特触发器　　　　图 30-3　555 构成单稳态触发器电路

（3）构成多谐振荡器。

用 555 组成非对称多谐振荡器电路，如图 30-4 所示。其振荡脉宽为

$$t_{u+} \approx 0.7(R_1+R_2)C, \quad t_{u-} \approx 0.7R_2 C$$

（4）构成压控振荡器。

在图 30-4 中，从压控端（V_{CO}）端输入一个方波电压 V_M，则构成压控（间歇）振荡器。要求输入方波的周期 $T_M \geqslant (t_{u+} + t_{u-})$，方波的高电平 V_{MH} 满足：$V_{CC}/3 < V_{MH} < V_{CC}$；方波的低电平 $V_{ML} \leqslant 0$。在 V_{MH} 期间产生振荡，在 V_{ML} 期间停振。若将上述方波从 Rd′ 端输入，也同样构成压控（间歇）振荡器。

（5）构成调频（宽）振荡器。

在图 30-4 压控端 V_{CO} 接入一个周期性交变电压（正弦波或三角波），便构成调频（宽）振荡器。

2. 可再触发单稳态触发器 SN74123

（1）图 30-5 所示为可再触发单稳态触发器 SN74123 逻辑框图（SN74123 内部封装有两个这样的单稳电路）。

① 与非门 G1、G2 为触发信号形成电路。

② 微分器将 G2 的下降沿信号形成一个窄脉冲。

③ 放电器。当窄脉冲到来，放电器为 C_T 提供低阻抗放电回路，在窄脉冲期间放电完毕。

④ 施密特触发器。当窄脉冲使 C_T 放电到施密特下限触发电平时，施密特翻转为输出低电平，窄脉冲过去后，C_T 经 R_T 充电，当充至施密特上限触发电平时，施密特再次翻转为输出高电平。

⑤ 锁定触发器。触发器常态为 Q =0，Q′=1（因为常态时，施密特和微分器输出为 1）。

当 CLR =0 时，Q =0，Q′=1（清零）。触发信号经微分器产生的窄脉冲，触发锁定触发器，使其翻转为 Q =0、Q′=1，电路进入暂态，同时施密特触发器翻转为输出低电平。待 R_T、C_T 充电使施密特再次翻转为高电平时，触发锁定触发器，使其翻转为 Q =0、Q′=1（暂态结束）。

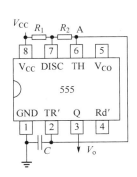

图 30-4 555 构成非对称多谐振荡器电路

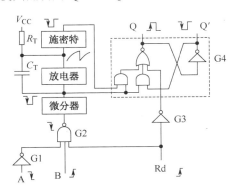

图 30-5 可再触发单稳态触发器 SN74123 逻辑框图

因此锁定触发器 Q 端输出的正脉宽即为单稳脉宽。单稳脉宽由 C_T 的放电时间和充电时间之和决定。由于放电时间很短，主要由充电时间决定，可用下面公式来估算单稳脉宽。

$$t_u = 0.28 R_T C_T [1+0.7/R_T（k\Omega）]$$

（2）可再触发特性。

由前述的工作原理可知，由于触发信号形成的每个窄脉冲都会使 C_T 迅速放电完毕，因此若在单稳的暂态期间，即在 C_T 充电尚未达到施密特的上限触发电平之前，再来一个触发信号，则 C_T 再次放电完毕，然后重新充电，直到施密特的上限触发电平时，暂态才会结束。电路的这种性质称为可再（可重）触发特性。其工作波形如图 30-6 所示。

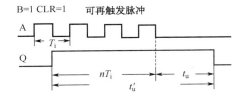

图 30-6 可再触发单稳态触发器的工作波形

(3) SN74123 的功能表。

SN74123 的功能表如表 30-2 所示。由表 30-2 可知，输入端 A、B 和 Rd 均可施加触发信号。但表 30-2 中只说明了从 A、B、Rd 三者之一施加触发信号时的情况。结合图 30-5 和表 30-2 可知，还可以从 A、B、Rd 三者之二施加触发信号，一个触发电路进入暂态，另一个触发电路提前结束暂态，从而灵活地控制单稳脉宽。

注意，当使用 Rd 作为触发端时，Rd 正脉宽应大于单稳脉宽；否则，单稳脉宽将等于 Rd 正脉宽，电路就不成为单稳了。

表 30-2 SN74123 的功能表

Rd	A	B	Q	Q′
0	×	×	0	1
×	×	0	0	1
×	1	×	0	1
1	↓	1	⊓	⊔
1	0	↑	⊓	⊔
↑	0	1	⊓	⊔

四、实验记录与数据处理

（一）实验仪器

（1）直流稳压电源　　　　　　　　　　1台
（2）任意波信号发生器　　　　　　　　1台
（3）数字万用表　　　　　　　　　　　1台
（4）电子技术综合实验箱　　　　　　　1台
（5）数字示波器　　　　　　　　　　　1台

（二）模块设计与测量

1．时基555的应用

（1）施密特触发器。

按图30-2搭接电路，$V_{CC}=5V$，从V_i端输入一个正弦波或锯齿波（$V_{p-p}=5V$、$V_{OL}=0V$）。用示波器 X-Y 方式同时接入V_i和V_o，观察并画出不接电阻时的电压传输特性，接10kΩ下拉电位器，调节电位器，观察并记录V_{T+}、V_{T-}和ΔV_T的变化情况。

（2）单稳态触发器。

按图30-3搭接电路，$V_{CC}=5V$，若要求单稳脉宽$t_u \approx 110\mu s$（$C=10nF$），设计R参数，正确选择触发信号的频率f_i（负脉宽<t_u，周期>t_u）；触发信号用TTL作为V_i输入，用示波器观察并定量记录V_i、V_o、V_{TH}的工作波形。改变R，观察单稳脉宽的变化情况。

（3）不对称多谐振荡器。

① 按图30-4搭接电路，$V_{CC}=5V$，若要求$t_{u+} \approx 110\mu s$、$t_{u-} \approx 70\mu s$（$C=10nF$），设计R_1、R_2参数；用示波器观察并定量记录V_o、V_{TH}波形；改变R，观察振荡周期的变化情况。

② 按预习要求（5）设计对称多谐振荡器并进行验证。

（4）压控振荡器。

在图30-4中，计算振荡周期T，用方波信号（$V_{p-p}=5V$、$V_{OL}=0V$、$T_i>10T_{振}$）从Rd′端或V_{CO}端输入，用示波器观察并记录V_i、V_o波形。

（5）调频（调宽）振荡器。

在（4）的基础上，将方波改为三角波或正弦波，用示波器观察并记录V_i、V_o波形。电路不要拆除，留待后面使用。

2．SN74123功能测试

（1）按图30-7搭接电路，用逻辑开关分别给1A、1B、1Rd三者之二加信号（注意，Rd正脉宽应大于单稳脉宽），余下的一个加TTL信号，用示波器观察并记录（$R_w=10k\Omega$）输入及1Q工作波形。

（2）按表30-2验证SN74123的逻辑功能。改变R_w，并观察单稳态触发器的波形变化情况。

（3）将图30-4所示的时基555构成的压控振荡器输出信号，作为SN74123的1A的触发信号，其余用逻辑开关输入相应的逻辑电平。观察并记录（$R_w=10k\Omega$）V_i、1A、1Q工作波形。改变R_w，并观察波形变化情况。

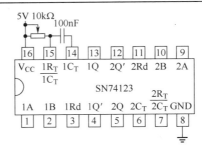

图 30-7 实验电路

五、预习要求

（1）在图 30-2 所示的施密特触发器中，为什么在 V_{CO} 端上拉或下拉电位器 R_w，即可调节 V_{T+}、V_{T-} 和 ΔV_T？写出此时的 V_{T+}、V_{T-} 和 ΔV_T 与 V_M 的关系。

（2）在图 30-3 所示的单稳态触发器中，请计算单稳脉宽 t_u，预选触发信号 V_i 的周期和占空比。你能从图 30-1 和图 30-3 所示电路中用三要素法求出单稳脉宽的表达式吗？（ln3=1.1）

（3）计算图 30-4 多谐振荡的 t_{u+} 和 t_{u-}。你能用三要素法求出两个暂态宽度的表达式吗？

（4）为什么 SN74123 具有可再触发特性？

（5）在图 30-4 所示多谐振荡器的正、负脉宽公式中，由于两个暂态时间常数不等，因此称为非对称多谐，现给你一个二极管，能否把它改变成对称多谐？

六、知识结构梳理与报告撰写

（1）画出各实验电路及波形。

（2）说明时基 555 和 SN74123 的功能。

（3）简述实验过程中出现的故障现象及解决方法。

七、分析与思考

（1）如何改变施密特触发器的上、下限电平？

（2）若时基 555 电源为 12V，如何用 TTL 信号驱动时基 555 构成的单稳电路？

实验三十一　锯齿波发生器

一、实验目的

（1）掌握恒流源型锯齿波电路的工作原理和调整方法。
（2）应用集成运算放大器组成锯齿波和矩形波电路。

二、基础依据

1. 简单锯齿波电路

简单锯齿波电路如图 31-1 所示。

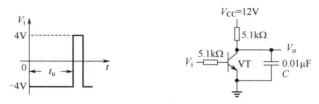

图 31-1　简单锯齿波电路

（1）当 V_i 为低电平时，三极管 VT 截止，V_{CC} 通过 R 对 C 充电，V_o 按指数规律上升，其过渡过程可表示为 $V_o = V_{CC} - e^{-t/RC}$。

（2）当 V_i 为高电平时，三极管 VT 饱和，电容 C 通过饱和三极管迅速放电，$V_o \approx 0$；从而得到上升的锯齿波电压。

（3）V_i 低电平时间 t_u 称为电路的扫描期，t_{u+} 称为电路的休止期。显然，为了得到较大的扫描期和较小的休止期，输入信号的占空比应小。

（4）从 RC 电路的过渡过程可知以下结论。
① 当 $t_u \ll \tau$ 时，V_o 与 t 的关系近似直线，但 V_o 的幅度很小。
② 当 $t_u \gg \tau$ 时，V_o 幅度较大，但线性变差。
由上述分析可得，简单锯齿波电路无法解决扫描幅度和线性之间的矛盾。

2. 恒流源锯齿波电路

恒流源锯齿波电路如图 31-2 所示。图 31-2（a）所示为恒流源充电式电路；图 31-2（b）所示为恒流源放电式电路。

（1）在图 31-2（a）中，当 K 断开时，恒流源 I_o 对 C 恒流充电，V_o 线性增加，即 $V_o = \dfrac{I_o}{C} t$；当 K 接通时，C 通过 K 迅速放电，从而得到上升的锯齿波。

（2）在图 31-2（b）中，当 K 接通时，电压源对 C 迅速充电，V_o 很快上升到 V_{CC}；当 K 断开时, C 通过恒流 I_o 线性放电, 即 $V_o = V_{CC} - \dfrac{I_o}{C} t$, 从而得到下降锯齿波。

(3) 恒流源充电式锯齿波实验电路如图 31-3 所示。VT_2 为恒流源电路, 恒定电流为

$$I_o = \dfrac{V_{Re}}{R_e} \approx \dfrac{R_1 \cdot V_{CC}}{R_1 + R_2 \cdot R_e}$$

图 31-2 恒流源锯齿波电路

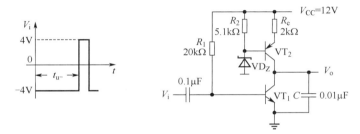

图 31-3 恒流源充电式锯齿波实验电路

VT_1 为电子开关, 当 V_i 高电平时, VT_1 饱和(相当于开关接通), 电容 C 迅速放电; 当 V_i 低电平时, VT_1 截止(相当于开关断开), I_o 对 C 恒流充电, V_o 线性上升。当 V_o 上升到 VT_2 饱和时, V_o 达到最大值 V_{omax}。

$$V_{omax} \approx V_{CC} - V_{R1} = V_{CC} - \dfrac{R_1}{R_1 + R_2} V_{CC} = \dfrac{R_2 \cdot V_{CC}}{R_1 + R_2}$$

相应地, 扫描期也有一个最大值

$$T_{1max} = \dfrac{C \cdot V_{omax}}{I_o}$$

当 $t > T_{1max}$ 时, V_o 将产生平顶现象。

三、实验内容

1. 集成运算放大器构成的锯齿波电路

集成运算放大器构成的锯齿波电路如图 31-4 所示。

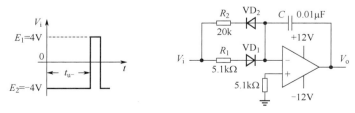

图 31-4 集成运算放大器构成的锯齿波电路

（1）当 $V_i=E_1$ 时，VD_1 导通，VD_2 截止。由于运算放大器的反相输入端为虚地，因此 E_1 通过 R_1 对 C 充电，从而使 V_o 线性下降，V_o 变化的规律为

$$\Delta V_o(t) = \frac{-E_1}{R_1 C} t$$

（2）当 $V_i=E_2$ 时，VD_1 截止，VD_2 导通。则 E_2 通过 R_2 对 C 反充电，从而使 V_o 线性上升，V_o 变化的规律为

$$\Delta V_o(t) = \frac{-E_2}{R_2 C} t$$

2. 集成运算放大器构成自激式矩形波和锯齿波发生器

集成运算放大器构成自激式矩形波和锯齿波发生器电路如图 31-5 所示。

（1）图 31-5 中 A1 为施密特电压比较器，V_{01} 输出为矩形波。

① 当 $V_{01}=V_{OH}$ 时，V_{02} 线性下降，从而使 A1 的同相端电位 V_+ 下降，当 V_+ 过零时，A1 的输出 V_{01} 翻转为低电平 V_{OL}，且 V_+ 也随之下跳。

② 当 $V_{01}=V_{OL}$ 时，V_{02} 线性上升，从而使 A1 的同相端电位 V_+ 上升，当 V_+ 过零时，A1 的输出 V_{01} 翻转为高电平 V_{OH}，且 V_+ 也随之上跳。

如此往复，V_{01} 输出矩形波，V_{02} 输出锯齿波。V_{01}、V_{02} 的工作波形如图 31-6 所示。

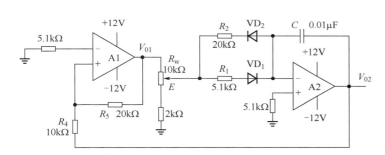
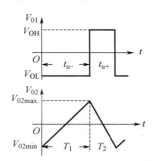

图 31-5 集成运算放大器构成自激式矩形波和锯齿波发生器电路　　图 31-6 矩形波、锯齿波的工作波形

（2）参数计算。

① 当 $V_{01}=V_{OL}$ 时，$E=E_L$，则

$$\Delta V_{02}(t) = \frac{E_L}{R_2 C} t$$

当 $t=T_1$ 时，$V_{02}(T_1)=V_{02max}$；当 $V_+ = \frac{R_5}{R_4+R_5}V_{02max} + \frac{R_4}{R_4+R_5}V_L = 0$ 时，则 V_{01} 由 V_{OL} 翻转为 V_{OH}，便得到

$$V_{02max} = -\frac{R_4}{R_5} \cdot V_{OL} = \frac{R_4}{R_5}|V_{OL}|$$

② 当 $V_{01}=V_{OH}$ 时，$E=E_H$，则

$$\Delta V_{02}(t) = \frac{E_H}{R_1 C} t$$

当 $t=T_2$ 时，$V_{02}(T_2)=V_{02min}$；当 $V_+ = \frac{R_5}{R_4+R_5}V_{02min} + \frac{R_4}{R_4+R_5}V_{OH} = 0$ 时，则 V_{01} 由 V_{OH} 翻转为 V_{OL}，便得到

$$V_{02min} = -\frac{R_4}{R_5} \cdot V_{OH}$$

③ $V_{02m} = V_{02\max} - V_{02\min} = \dfrac{R_4}{R_5} \cdot (V_{OH} + |V_{OL}|)$

④ V_{02} 的线性上升工作周期 T_1 等于 V_{01} 的 t_{u-}。

当 $t = T_1$ 时，$V_{02\max} = V_{02\min} + V_{02}(T_1)$，即

$$\dfrac{R_4}{R_5} \cdot |V_{OL}| = -\dfrac{R_4}{R_5} \cdot V_{OH} + \dfrac{|E_L|}{R_2 C} \cdot T_1$$

由此可得 $T_1 = t_{u-} = \dfrac{R_2 R_4 C}{R_5 |E_L|} \cdot (V_{OH} + |V_{OL}|)$

⑤ V_{02} 的线性下降工作周期 T_2 等于 V_{01} 的 t_{u+}。

当 $t = T_1$ 时，$V_{02\max} = V_{02\min} - V_{02}(T_2)$，即

$$-\dfrac{R_4}{R_5} \cdot V_{OH} = \dfrac{R_4}{R_5} \cdot |V_{OL}| - \dfrac{|E_H|}{R_1 C} \cdot T_2$$

由此可得 $T_2 = t_{u+} = \dfrac{R_1 R_4 C}{R_5 E_H} \cdot (V_{OH} + |V_{OL}|)$

⑥ 若令 $V_{OH} = |V_{OL}|$、$E_H = |E_L|$，则

$$V_{02m} = \dfrac{2R_4}{R_5} \cdot V_H$$

$$T_1 = t_{u-} = \dfrac{2R_2 R_4 C}{R_5 E_H} \cdot V_{OH}$$

$$T_2 = t_{u+} = \dfrac{2R_1 R_4 C}{R_5 E_H} \cdot V_{OH}$$

$$\dfrac{T_2}{T_1} = \dfrac{t_{u+}}{t_{u-}} = \dfrac{R_1}{R_2}$$

由此可见，改变 R_4、R_5，或者改变 E，均可以改变 T_1（t_{u-}）和 T_2（t_{u+}），但不改变 V_{01} 的占空比。若改变 R_1、R_2，则可同时改变 T_1（t_{u-}）、T_2（t_{u+}）和占空比。

四、实验记录与数据处理

（一）实验仪器

（1）示波器　　　　　　　　　　　　1台
（2）函数信号发生器　　　　　　　　1台
（3）数字万用表　　　　　　　　　　1台
（4）多功能电路实验箱　　　　　　　1台

（二）模块设计与测量

1. 简单锯齿波电路

按图 31-1 搭接电路，用函数信号发生器的矩形波作为 V_i（$V_{ip-p}=8V$、占空比=1/4），用双踪示波器观察 V_i 和 V_o 的工作波形；改变 V_i 的频率，观察 V_o 的幅度和线性的变化情况。当 $t_u = \tau$ 时，记录工作波形，并测出 V_o 的最大值，与理论值进行比较。

2. 恒流源锯齿波电路

（1）计算电路的最大输出幅度 V_{omax} 和最大扫描时间 T_{1max}。

（2）按图 31-3 所示电路，用函数信号发生器的矩形波作为 V_i（$V_{ip\text{-}p}$=8V、占空比=1/4），用双踪示波器观察 V_i 和 V_o 的工作波形。

（3）逐步加大 t_{u-}，观察输出幅度和线性的变化情况，直到出现平顶现象为止。

3. 集成运算放大器构成的锯齿波电路

按图 31-4 搭接电路，用函数信号发生器的矩形波作 V_i（$V_{ip\text{-}p}$=8V、占空比=1/4），用双踪示波器观察 V_i 和 V_o 的工作波形；改变 V_i 的频率，观察 V_o 波形的变化情况，直到上、下都产生平顶现象为止。记录输出幅度最大且扫描期无平顶现象的工作波形。

4. 集成运算放大器构成自激式矩形波和锯齿波发生器

按图 31-5 搭接电路，用双踪示波器观察 V_{01}、E 和 V_{02} 的工作波形；调节 R_w 并改变 E 的幅度，观察 E 和 V_{02} 的波形变化情况（幅度、周期、占空比），调节 $E=\pm 5V$ 时，记录一组工作波形，测出 t_{u-}、t_{u+}、V_{02m}、V_{OH}、V_{OL}、E_H、E_L 等值，并用所测值 t_{u-}、t_{u+}、V_{02m} 与计算值进行比较。

五、预习要求

（1）复习有关锯齿波电路的原理。

（2）计算图 31-3 电路的 V_{omax} 和 T_{1max}。

（3）根据图 31-4 所示电路，当 $E_2=-4V$ 时，若输出最大扫描幅度 $V_{omax}=20V$，求出 T_1、T_2 和 t_{u+}/t_{u-}。

六、知识结构梳理与报告撰写

（1）画出各实验电路及观测的波形。

（2）进行必要的理论计算与实测值进行比较，分析误差原因。

实验三十二 锁相环原理及应用

一、实验目的

（1）了解锁相环的工作原理。
（2）掌握锁相环参数的测量方法。
（3）了解锁相环构成方波振荡器方法。
（4）了解锁相环所构成的频率合成器。
（5）了解锁相环所构成的调频（FM）与解调。

二、基础依据

（一）锁相环的基本原理

锁相的意义是相位同步的自动控制，能够完成两个电信号相位同步的自动控制闭环系统称为锁相环，简称 PLL。它广泛应用于广播通信、频率合成、自动控制及时钟同步等技术领域。锁相环主要由相位比较器（PC）、压控振荡器（VCO）、低通滤波器（LPF）三部分组成，锁相环结构框图如图 32-1 所示。

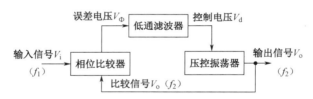

图 32-1 锁相环结构框图

1．相位比较器（PD）

相位比较器（也称为鉴相器）是相位到电压的转换器，输出电压与两输入信号的相位差成比例

$$V_\Phi = K_d (\theta_i - \theta_o)$$

式中，K_d 为鉴相灵敏度。构成鉴相器的电路形式很多，实验中用到两种鉴相器：异或门鉴相器和边沿触发鉴相器。异或门鉴相器在使用时要求两个作比较的信号必须是占空比为 50%的波形，这就给应用带来了一些不便。边沿触发鉴相器则通过比较两个输入信号的上跳边沿（或下跳边沿）来对信号进行鉴相，而对输入信号的占空比不作要求。

2．压控振荡器（VCO）

压控振荡器是振荡频率 f_2 受控制电压 V_d 控制的振荡器，即是一种电压-频率变换器。压控振荡器的特性可以用瞬时频率 f_2 与控制电压 V_d 之间的关系曲线来表示。未加控制电压时（但不能认为就是控制直流电压为零，因控制端电压应是直流电压和控制电压的叠加），压控振荡器的振荡频率，

称为自由振荡频率 f_o，或者中心频率，在压控振荡器线性控制范围内，其瞬时角频率可表示为

$$f_2 = f_0 + K_0 V_d$$

式中，K_0 为 VCO 控制特性曲线的斜率，常称为压控振荡器的控制灵敏度，或者称为压控灵敏度。

3．低通滤波器

这里仅讨论无源比例积分低通滤波器如图 32-2 所示。
其传递函数为

$$K_F = \frac{V_o}{V_i} = \frac{s\tau_2 + 1}{s(\tau_1 + \tau_2) + 1}$$

式中，$\tau_1 = R_3 C_2$，$\tau_2 = R_4 C_2$。

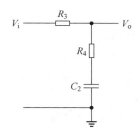

图 32-2　无源比例积分低通滤波器

（二）锁相环的工作原理

由图 32-1 可知，输入信号 V_i（频率为 f_1）与压控振荡器（VCO）输出信号 V_o（频率 f_2）分别接至相位比较器（PC）的两个输入端，压控振荡器（VCO）输出信号频率的高低由低通滤波器（LPF）产生的平均控制电压 V_d 大小决定；相位比较器将输入信号与压控振荡器的输出信号 V_o 进行比较，比较结果产生的误差输出电压 V_φ 正比于 V_i 和 V_o 两个信号的相位差。该信号经过低通滤波器滤除高频分量后，得到一个平均值控制电压 V_d。这个平均值控制电压 V_d 控制着减小输入信号频率和压控振荡器输出信号频率之差的方向变化，直至压控振荡器输出频率和输入信号频率获得一致。这时两个信号的频率相同，两个相位差保持恒定（同步）称为相位锁定。

当锁相环锁定（简称入锁）时，它还具有"捕捉"信号的能力，压控振荡器可在某一范围内自动跟踪输入信号的变化，如果输入信号频率在锁相环的捕捉范围内发生变化，锁相环就能捕捉到输入信号频率，并强迫压控振荡器锁定在这个频率上。锁相环应用非常灵活，如果输入信号频率 f_1 不等于压控振荡器输出信号频率 f_2，而要求两者保持一定的关系，如比例关系或差值关系，就可以在外部加入一个运算器，以满足不同工作的需要。

（三）锁相环的同步与捕捉

锁相环的输出频率（或压控振荡器的频率）f_o 能跟踪输入频率 f_i 的工作状态，称为同步状态。在同步状态下，始终有 $f_o = f_i$。在锁相环保持同步的条件下，输入频率 f_i 的最大变化范围，称为同步带宽，用 Δf_H 表示。超出此范围，环路则失锁。当失锁时，$f_o \neq f_i$，如果从两个方向设法改变 f_i，使 f_i 向 f_o 靠拢，进而使 $\Delta f_o = (f_i - f_o) \downarrow$，当 Δf_o 小到某一数值时，环路就从失锁进入锁定状态。这个使锁相环经过频率牵引最终导致入锁的频率范围称为捕捉带 Δf_p。

同步带 Δf_H、捕捉带 Δf_p 和压控振荡器中心频率 f_o 的关系图如图 32-3 所示。

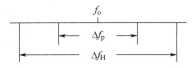

图 32-3　同步带 Δf_H、捕捉带 Δf_p 和压控振荡器中心频率 f_o 的关系图

（四）HC4046 锁相环简介

HC4046 是通用的 CMOS 锁相环集成电路，其特点是电源电压范围宽（为 3～18V），输入阻

抗高（约为100MΩ），工作频率高（>20MHz），动态功耗小，在中心频率 f_o 为10kHz下功耗仅为600μW，属微功耗器件。图32-4所示是HC4046内部电路原理框图。

它主要由相位比较器Ⅰ、Ⅱ以及压控振荡器（VCO）、线性放大器、源跟随器、整形电路等部分构成。相位比较器Ⅰ采用异或门结构，当两个输入端信号 V_i、V_o 的电平状态相异时（一个为高电平，一个为低电平），输出端信号 V_φ 为高电平；反之，V_i、V_o 电平状态相同时（两个均为高电平，或者均为低电平），V_φ 输出为低电平。当 V_i、V_o 的相位差 $\Delta\varPhi$ 在 0°～180° 范围内变化时，V_φ 的脉冲宽度 m 也随之改变，即占空比也在改变。由相位比较器Ⅰ的输入信号和输出信号的波形（见图32-5）可知，其输出信号的频率等于输入信号频率的两倍，并且与两个输入信号之间的中心频率保持90°相移。从图32-4中还可知，f_o 不一定是对称波形。对于相位比较器Ⅰ，它要求 V_i、V_o 的占空比均为50%（方波），这样才能使锁定范围为最大。

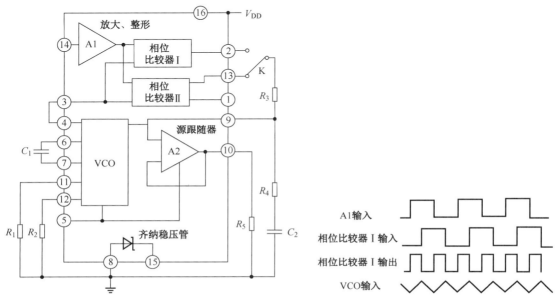

图32-4　HC4046内部电路原理框图　　　图32-5　锁相环中相位比较器Ⅰ的工作波形

相位比较器Ⅱ是一个由信号的上升沿控制的数字存储网络。它对输入信号占空比的要求不高，允许输入非对称波形，它具有很宽的捕捉频率范围，而且不会锁定在输入信号的谐波。它提供数字误差信号和锁定信号（相位脉冲）两种输出，当达到锁定时，在相位比较器Ⅱ的两个输入信号之间保持0°相移。对于相位比较器Ⅱ而言，当14脚的输入信号比3脚的比较信号频率低时，输出为逻辑"0"；反之，则输出逻辑"1"。如果两个信号的频率相同而相位不同，当输入信号的相位滞后于比较信号时，相位比较器Ⅱ输出为正脉冲，当相位超前时，则输出为负脉冲。在这两种情况下，从1脚都有与上述正、负脉冲宽度相同的负脉冲产生。从相位比较器Ⅱ输出的正、负脉冲的宽度均等于两个输入脉冲上升沿之间的相位差。而当两个输入脉冲的频率和相位均相同时，相位比较器Ⅱ的输出为高阻态，则1脚输出高电平。由此可见，从1脚输出信号是负脉冲还是固定高电平就可以判断两个输入信号的情况了。

HC4046锁相环采用的是RC型压控振荡器，必须外接电容 C_1 和电阻 R_1 作为充放电元件。当PLL对跟踪的输入信号的频率宽度有要求时还需要外接电阻 R_2。由于压控振荡器是一个电流控制振荡器，对定时电容 C_1 的充电电流与从9脚输入的控制电压成正比，使压控振荡器的振荡频率也正比于该控制电压。当压控振荡器控制电压为0时，其输出频率最低；当输入控制电压等于电源

电压 V_{DD} 时,输出频率则线性地增大到最高输出频率。压控振荡器振荡频率的范围由 R_1、R_2 和 C_1 决定。由于它的充电和放电都由同一个电容 C_1 完成,因此它的输出波形是对称方波。一般规定 HC4046 的最高频率为 20MHz(V_{DD}=15V),若 V_{DD}<15V,则 f_{max} 要降低一些。HC4046 内部还有线性放大器和整形电路,可将 14 脚输入的 100mV 左右的微弱输入信号变成方波或脉冲信号送至两相位比较器。源跟踪器是增益为 1 的放大器,VCO 的输出电压经源跟踪器至 10 脚用作 FM 解调。齐纳二极管可单独使用,其稳压值为 5V,若与 TTL 电路匹配时,可用作辅助电源。

综上所述,HC4046 的工作原理是:输入信号 V_i 从 14 脚输入后,经放大器 A1 进行放大、整形后加到相位比较器Ⅰ、Ⅱ的输入端,图 32-4 中的开关 K 拨至 2 脚,则比较器Ⅰ将从 3 脚输入的比较信号 V_o 与输入信号 V_i 作相位比较,从相位比较器输出的误差电压 V_φ 则反映出两者的相位差。V_φ 经 R_3、R_4 及 C_2 滤波后得到一控制电压 V_d 加至压控振荡器(VCO)的输入端 9 脚,调整 VCO 的振荡频率 f_2,使 f_2 迅速逼近信号频率 f_1。VCO 的输出又经除法器再进入相位比较器Ⅰ,继续与 V_i 进行相位比较,最后使得 $f_2=f_1$,两者的相位差为一定值,实现了相位锁定。若开关 K 拨至 13 脚,则相位比较器Ⅱ工作,过程与上述相同,不再赘述。

从图 32-4 中可以看出,6、7 脚外接电容 C_1;11 脚外接电阻 R_1,R_1 和 C_1 决定了 VCO 的振荡频率;12 脚外接电阻 R_2,它确定在控制电压为零时的最低振荡频率 f_{omin};5 脚为 VCO 禁止端,当 5 脚加上"1"电平(V_{DD})时,VCO 停止工作,当为"0"电平(V_{SS})时,VCO 工作;14 脚是 PLL 参考基准的输入端;4 脚是 VCO 的输出端;3 是相位比较器Ⅱ的输入端;2、13 脚分别为相位比较器Ⅰ和相位比较器Ⅱ的输出端;9 脚是 VCO 的控制端;10 脚是缓冲放大器的输出端;1、2 脚配合可做锁定指示;15 脚是内设 5V 基准电压输出端。

三、实验内容

1. 锁相环组成方波振荡器

当锁相环 9 脚接电源+5V 时,利用锁相环的 VCO 外接电阻 R_1 到地与 6、7 脚外接电容构成一个方波振荡器,如图 32-6 所示。

2. 锁相环组成频率合成器

锁相环组成的频率合成器实验框图如图 32-7 所示。

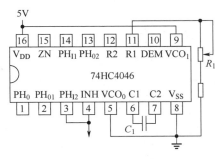

图 32-6 锁相环组成的方波振荡器

图 32-7 锁相环组成的频率合成器实验框图

由锁相环(PLL)的原理可知,当 PLL 处于锁定状态时,PC 两个输入信号的频率一定精确相等,否则 LPF 会产生一个控制电压去改变 VCO 的振荡频率,最终使两个频率精确相等。所以可得 $f_o=Nf_i$,若 f_i 为晶体振荡标准信号,则通过改变分频比 N,便可获得同样精度的 Nf_i 频率信号输出。选用不同的分频电路就可组成各种不同的频率合成器。

3. $N-1/2$MHz 频率合成器

$N-1/2$MHz 频率合成器如图 32-8 所示，将标准信号 1MHz 接锁相环信号输入端，锁相环采用边沿相位比较器，故将相位比较器 Ⅱ 输出经 $R_3=100\text{k}\Omega$、$R_4=10\text{k}\Omega$ 电位器和 $C_2=47\text{nF}$ 组成的低通滤波器控制压控振荡器控制端；$R_1=6.2\text{k}\Omega$、$C_1=50\text{pF}$，决定压控振荡器的振荡频率。

74191 采用减法编程，构成 $N(2\sim15)-1/2$ 分频器，将其分频输出接 PLL 相位比较器输入端，将 PLL 的压控振荡器输出端接 74191 时钟输入端；当 74191 编程相应的分频数为 N 时，PLL 的压控振荡器输出端即可得到 $N-1/2$ 倍标准信号频率的信号。

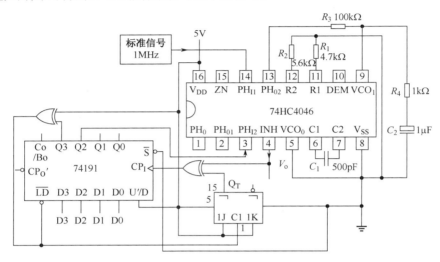

图 32-8　$N-1/2$MHz 频率合成器

4. 锁相环组成调频（FM）与解调

如图 32-9 所示，4046 Ⅱ 组成 FM 信号形成电路。4046 Ⅰ 组成 PLL 式 FM 解调电路。只要处于锁定状态，4046 Ⅰ（10）脚就输出叠加有一定载波成分的调制信号。经有源低通滤波器滤去载波成分就可解出调制信号。

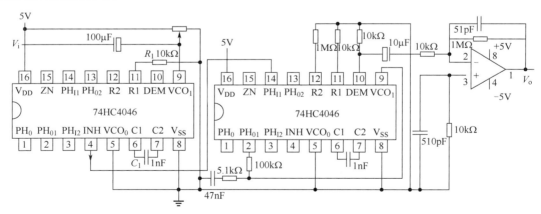

图 32-9　锁相环组成调频（FM）解调电路

如果由载频为 10kHz 组成的调频信号用 400Hz 音频信号调制，假如调频信号的总振幅小于 400mV，用 HC4046 时则应经放大器放大后用交流耦合到锁相环的 14 脚输入端环路的相位比较器采用相位比较器 Ⅰ，因为需要锁相环系统中的中心频率 f_0 等于调频信号的载频，这样会引起压控振荡器输出信号与输入信号之间产生不同的相位差,从而在压控振荡器输入端产生与输入信号频率变化相应的电压变化,这个电压变化经源跟随器隔离后在压控振荡器的解调输出端 10 脚输出解调信号。当 V_{DD} 为 10V、R_1 为 10kΩ、C_1 为 100pF 时,锁相环路的捕捉范围为 ±0.4kHz。解调器输出幅度取决于源跟随器外接电阻 R_3 值的大小。

四、实验记录与数据处理

(一)实验仪器

(1)直流稳压电源　　　　　　　　　　1 台
(2)任意波信号发生器　　　　　　　　1 台
(3)数字万用表　　　　　　　　　　　1 台
(4)电子技术综合实验箱　　　　　　　1 台
(5)数字示波器　　　　　　　　　　　1 台

(二)模块设计与测量

1. 锁相环(PLL)的参数测试

(1)压控灵敏度(K_o)的测量

按图 32-10 搭接电路,用数字电压表在 9 脚测电压,从 0V 到 5V 每隔 0.5V 测一点,用示波器和频率计测量 VCO 的波形和频率(由于 74HC4046 带载能力差,应用高阻输入频率计,此时示波器应显示标准的方波),画出 f-V 曲线,从曲线求 K_o。同时,测出当 9 脚电压等于 $1/2V_{DD}$ 时,VCO 的频率即中心频率 f_o。K_o 的单位为 rad/(s·V),保留电路待用。

(2)同步带、捕捉带测量。

① 信号源组成:用另一块 74HC4046 搭接一个信号源,如图 32-11 所示。

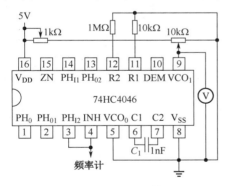
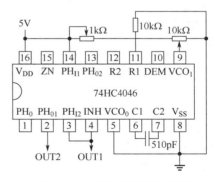

图 32-10　锁相环参数测试图　　　　图 32-11　锁相环组成信号源

② 同步带的测量:实验框图如图 32-12 所示。

图 32-12　同步带实验框图

调信号源频率约为 4046 I 的中心频率,用示波器分别测量 V_i 和 V_o,并以 V_i 作为示波器的同步信号,这时示波器可显示两个稳定的波形,即 V_i 和 V_o 是锁定的。在一定范围内缓慢改变信号源频率,可看到两个波形的频率同时变化,且都保持稳定清晰,这就是跟踪。当信号源频率远远大于或远远小于 4046 I 的中心频率时,V_i 波形还保持稳定清晰,但 V_o 不能保持稳定清晰,这就是失锁。记下刚出现失锁的高端频率 f_{HH} 和低端频率 f_{HL},则同步带 $\Delta f = f_{HH} - f_{HL}$。

③ 捕捉带的测量:环路失锁后,缓慢改变信号源频率,从高端或低端向 4046 I 的中心频率靠近,当信号源频率分别为 f_{PH} 和 f_{PL} 时,环路又锁定,环路捕捉带 $\Delta f = f_{PH} - f_{PL}$。

④ 低通滤波器电路:低通滤波器电路如图 32-2 所示,R_3、R_4、C_2 参数选择如表 32-1 所示。

表 32-1 低通滤波器电路参数选择

参数	A	B	C
R_3	100kΩ	100kΩ	750kΩ
R_4	510Ω	5.1kΩ	75kΩ
C_2	4.7nF	47nF	470nF

2. 锁相环组成方波振荡器与频率合成器

按图 32-6 搭接电路,令 R_1=10kΩ 电位器,C_1=1nF,改变 R_1,用示波器观察并测量信号频率。

(1)计数器编程:将 74191 编程为五进制减法计数器,自拟实验步骤,检查编程计数器的正确性。

(2)N-1/2 分频器实现:在编程计数器基础上,完善 N-1/2 电路,则电路为 $4\frac{1}{2}$ 分频器,自拟实验步骤,检查编程计数器的正确性。

(3)检查锁相环电路的正确性,将 4046 的 3、4 脚短接,即不分频。4046 的 14 脚输入 1MHz 的标准信号,如果 4046 的 4 脚输出信号能跟踪 14 脚输入信号,那么锁相部分正常;否则不正常。

(4)按图 32-8 搭接电路,从 4046 的 14 脚输入 1MHz 标准信号,用双踪示波器观察并画出输入信号和输出信号的波形。

(5)改变 74191 编程数,观察频率合成效果。

3. 锁相环组成调频与解调

4046 II 组成调频(FM)信号形成电路,如图 32-9 所示。4046 I 组成锁相环式调频解调电路。只要处于锁定状态,4046 I 的 10 脚就输出叠加有一定载波成分的调制信号。经有源低通滤波器滤去载波成分就可解出调制信号。

(1)测由运放 324 组成的有源低通滤波器的截止频率 f'(输入信号应加在 10μF 电容左侧,但又不能加到 4046 I 的 10 脚,应调节输入信号幅度使输出信号在低频时也不被限幅)。

(2)4046 I 的 14 脚接地,测其中心频率 f_o(应断开 4046 II 的 4 脚)。

(3)调 4046 II 的 4 脚压控振荡器频率至 4046 I 的 f_o。

(4)4046 II 的 4 脚接 4046 I 的 14 脚,观察锁定波形。

加入 V_i(100Hz~1kHz 的正弦波),观察并画出 V_i、4046 I 的 10 脚及 V_o 的工作波形。

五、预习要求

(1)复习锁相环的工作原理及其性能指标的意义。

(2)复习集成计数器的编程方法。

(3)按照要求设计电路。

六、知识结构梳理与报告撰写

(1) 列表整理实验数据,画出 f-V 曲线,并求出 K_o。
(2) 求出同步带范围和捕捉带范围。
(3) 根据设计电路进行实验,画出 f_i、f_{o1}、f_{o2} 的工作波形。
(4) 简述实验过程中出现的故障现象及解决方法。

实验三十三 数/模（D/A）和模/数（A/D）转换器

一、实验目的

（1）研究 T 型电阻数/模转换器的工作原理。
（2）研究计数式逐次渐进型模数转换器的工作原理。

二、基础依据

1. T 型电阻数/模转换器（DAC）

四位 T 型电阻网络 DAC 原理如图 33-1 所示。

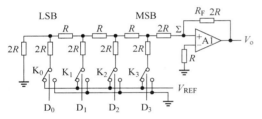

图 33-1　4 位 T 型电阻网络 DAC 原理

图 33-1 中 $D_3D_2D_1D_0$ 为 4 位拟转换二进制数，$K_3K_2K_1K_0$ 为受 $D_3D_2D_1D_0$ 控制的电子开关。

若 $D_i=1$，则对应的电子开关接 V_{REF}；若 $D_i=0$，则对应的电子开关接地。运算放大器 A1 为同相比例运算。

（1）T 型电阻网络的性质。

① 从任何一个节点往左或往右看，其等效电阻均为 $2R$（不包括纵臂）。

② 各节点电压，每经过一个节点，衰减 1/2。

（2）D/A 转换原理。

① 当 $D_3D_2D_1D_0=$"1000"时，K_3 接 V_{REF}，K_2、K_1、K_0 接地，此时运算放大器同相端 Σ 点的电压为 $1/3V_{REF}$，因此 D_3 位数字对求和 Σ 点的电压贡献为

$$V_{\Sigma D_3} = \frac{V_{REF}}{3} \cdot D_3$$

② 当 $D_3D_2D_1D_0=$"0100"时，K_2 接 V_{REF}，K_3、K_1、K_0 接地，此时运算放大器同相端 Σ 点的电压为 $(1/3V_{REF})/2$，因此 D_2 位数字对求和 Σ 点的电压为

$$V_{\Sigma D_2} = \frac{V_{REF}}{3 \times 2} \cdot D_2$$

③ 当 $D_3D_2D_1D_0=$"0010"时，K_1 接 V_{REF}，K_3、K_2、K_0 接地，此时运算放大器同相端 Σ 点的电压为 $(1/3V_{REF})/4$，因此 D_1 位数字对求和 Σ 点的电压为

$$V_{\Sigma D_1} = \frac{V_{REF}}{3 \times 4} \cdot D_1$$

④ 当 $D_3D_2D_1D_0=$"0001"时，K_0 接 V_{REF}，K_3、K_2、K_1 接地，此时运算放大器同相端 Σ 点的电压为 $(1/3V_{REF})/8$，因此 D_0 位数字对求和 Σ 点的电压为

$$V_{\Sigma D_0} = \frac{V_{REF}}{3\times 8}\cdot D_0$$

⑤ 当 $D_3D_2D_1D_0$ 为任意值时，Σ 点的电压为

$$V_\Sigma = \frac{V_{REF}}{3}\cdot(\frac{D_3}{2^0}+\frac{D_2}{2^1}+\frac{D_1}{2^2}+\frac{D_0}{2^3})$$

$$V_\Sigma = \frac{V_{REF}}{3\times 2^3}\cdot(D_3+D_2+D_1+D_0)$$

⑥ DAC 的输出电压 V_o 为

$$V_o = V_\Sigma(1+\frac{2R}{R}) = \frac{2V_{REF}}{16}\cdot(8\times D_3+4\times D_2+2\times D_1+D_0)$$

⑦ $D_3D_2D_1D_0$ 与 V_o 的关系如表 33-1 所示，表中 $E=V_{REF}=2V_{OH}$。

表 33-1 D3D2D1D0 与 Vo 的关系

D_3	D_2	D_1	D_0	V_o	测量值
0	0	0	0	0	
0	0	0	1	1/16E	
0	0	1	0	2/16E	
0	0	1	1	3/16E	
0	1	0	0	4/16E	
0	1	0	1	5/16E	
0	1	1	0	6/16E	
0	1	1	1	7/16E	
1	0	0	0	8/16E	
1	0	0	1	9/16E	
1	0	1	0	10/16E	
1	0	1	1	11/16E	
1	1	0	0	12/16E	
1	1	0	1	13/16E	
1	1	1	0	14/16E	
1	1	1	1	15/16E	

2. 计数式逐次渐进型 ADC 的原理

计数式逐次型渐进型 ADC 的原理框图如图 33-2 所示。

（1）n 位二进制计数器输出的 n 位二进制数，经 n 位 DAC 转换为相应的模拟电压 V_R，该模拟电压 V_R 送单限电压比较器，与输入电压 V_i 进行比较。

（2）ADC 转换过程：启动信号将 n 位二进制计数器的输出清零，则 $V_R=0$。若 $V_i > V_R$，则比较器输出 Z="1"，与非门打开，时钟脉冲 CP 输入计数器进行计数。随着输入脉冲数增加，V_R 增加；当 $V_i < V_R$ 时，Z="0"，封锁与非门，计数器停止计数。此时，计数器输出的 4 位二进制数就对应于输入电压 V_i 值。

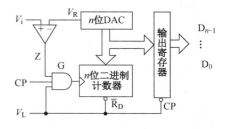

图 33-2 计数式逐次渐进型 ADC 原理框图

（3）4 位 ADC 转换表：输入模拟电压 V_i 与输出二进制数的关系如表 33-2 所示。从表 33-2 中可以看出，该 ADC 属于只入不舍量化。

表 33-2 输入模拟电压 V_i 与输出二进制数的关系

V_i 范围	Q_3	Q_2	Q_1	Q_0
$0 \leqslant V_i \leqslant 1/16E$	0	0	0	1
$1/16E \leqslant V_i \leqslant 2/16E$	0	0	1	0
$2/16E \leqslant V_i \leqslant 3/16E$	0	0	1	1
$3/16E \leqslant V_i \leqslant 4/16E$	0	1	0	0
$4/16E \leqslant V_i \leqslant 5/16E$	0	1	0	1
$5/16E \leqslant V_i \leqslant 6/16E$	0	1	1	0
$6/16E \leqslant V_i \leqslant 7/16E$	0	1	1	1
$7/16E \leqslant V_i \leqslant 8/16E$	1	0	0	0
$8/16E \leqslant V_i \leqslant 9/16E$	1	0	0	1
$9/16E \leqslant V_i \leqslant 10/16E$	1	0	1	0
$10/16E \leqslant V_i \leqslant 11/16E$	1	0	1	1
$11/16E \leqslant V_i \leqslant 12/16E$	1	1	0	0
$12/16E \leqslant V_i \leqslant 13/16E$	1	1	0	1
$13/16E \leqslant V_i \leqslant 14/16E$	1	1	1	0
$14/16E \leqslant V_i \leqslant 15/16E$	1	1	1	1
$15/16E \leqslant V_i \leqslant E$	1	1	1	1

三、实验内容

1. 4 位电阻网络 DAC

4 位电阻网络 DAC 实验电路如图 33-3 所示。

2. 计数式逐次渐进型 ADC

计数式逐次渐进型 ADC 实验电路如图 33-4 所示。

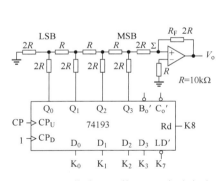

图 33-3 4 位电阻网络 DAC 实验电路

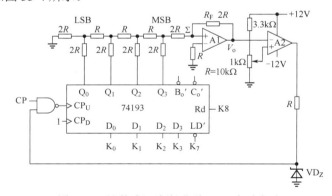

图 33-4 计数式逐次渐进型 ADC 实验电路

四、实验记录与数据处理

（一）实验仪器

（1）示波器　　　　　　　　　　　　　1 台
（2）函数信号发生器　　　　　　　　　1 台

（3）数字万用表　　　　　　　　　　　　　1台
（4）多功能电路实验箱　　　　　　　　　　1台

（二）模块设计与测量

1．T 型电阻网络 DAC

（1）按图 33-3 搭接电路。
① 令 Rd=0、LD′=0，同步置入 $Q_3Q_2Q_1Q_0=D_3D_2D_1D_0=1111$。
② 用数字电压表测量：$Q_3Q_2Q_1Q_0=1111$ 时的输出高电平电压值 V_{OH}。
（2）令 Rd=0、LD′=1，按表 33-1，顺序输入计数脉冲，记下所对应的 V_o 值。
（3）将 CP 改为 10kHz 的 TTL 信号，用双踪示波器观察并记录 CP、Q_0、Q_1、Q_2、Q_3 和 V_o 的工作波形。

2．计数式逐次渐进 ADC（只入不舍量化）

（1）按图 33-4 搭接电路（在图 33-3 的基础上，增加运算放大器构成的单线电压比较器 A2 和与非门，图中输入模拟电压 V_i 用电位器调节，A2 输出端接稳压管 VD_z，其稳定电压为 3～5V，以满足 TTL 与非门的要求。
（2）令 Rd=1，使输出清零，启动 ADC。
（3）用直流电压表测量输入模拟电压 V_i，按表 33-2 检验 ADC 的转换功能，表 33-2 中的 V_i 必须按表 33-1 的实测值来定，如实测值

$$V_o - 1/16E = 0.62V$$

则 $0 \leqslant V_i \leqslant 1/16E$ 时，可选择 $V_i=0.5V$，则对应的数据输出为 $Q_3Q_2Q_1Q_0=0001$。以此类推，验证表 33-2。

五、预习要求

（1）复习 DAC 和 ADC 的基本原理和 74193 的功能。
（2）设 $V_{OH}=3.4V$，根据 DAC 的工作原理，计算表 33-1 中 V_o 的理论值。
（3）在图 33-3 中，若 A1 反相比例运算，则 T 型电阻网络与 A1 的连接应做何改动？若 V_o 与 $D_3D_2D_1D_0$ 的关系仍为

$$V_o = V_\Sigma (1+\frac{2R}{R}) = \frac{2V_{REF}}{16} \cdot (8 \times D_3 + 4 \times D_2 + 2 \times D_1 + D_0)$$

则 R_F 是多少？
（4）在图 33-4 中，若 V_i 从 A2 的反相端输入，V_{o1} 接同相端，则电路需要做何改动才能保持原有的功能？

六、知识结构梳理与报告撰写

（1）列出表 33-1 的理论值和实测值，分析误差原因。
（2）画出图 33-3 电路的 CP、Q_0、Q_1、Q_2、Q_3 和 V_o 的工作波形。

第四部分　小系统设计

小系统设计实验又是综合应用性实验，是利用多个基本单元电路组合成一个小系统，并实现一定的应用功能。通过综合应用性实验，可以提高学生对单元功能电路的理解，加深理解各功能电路之间的相互影响，提高学生综合运用所学理论知识的能力和工程实践能力。

实验三十四　多种波形产生电路

一、实验目的

（1）复习时基 555 电路及其应用。
（2）复习集成可逆计数器及其编程方法。
（3）复习 TL082 集成运算放大器及其应用。
（4）复习滤波器的应用。

二、基本框架

利用时基 555 电路产生所需频率的对称方波信号；利用计数器及逻辑门电路构成分频器；利用运算放大器产生三角波信号、正弦信号。

三、设计要点

1. 方波信号 I

时基 555 电路产生频率为 50kHz、输出电压峰-峰值为 2V 的方波信号 I。

2. 方波信号 II

使用数字电路四位可逆二进制计数器 4516 和双输入端与非门 4011，产生频率为 5kHz、输出电压峰-峰值为 2V 的方波信号 II。

3. 三角波信号

利用运算放大器 TL084，产生频率为 5kHz、输出电压峰-峰值为 1.5V 的三角波信号。

4．正弦信号Ⅰ

利用 TL084 运算放大器，产生输出频率为 5kHz、输出电压峰-峰值为 1.5V 的正弦信号 I。

5．正弦信号Ⅱ

利用 TL084 运算放大器，产生输出频率为 25kHz、输出电压峰-峰值为 1.5V 的正弦信 II。

四、实验记录与数据处理

（一）实验仪器

（1）计算机　　　　　　　　　　　　　　　1 台
（2）Multisim 12 软件　　　　　　　　　　　1 套

（二）模块设计与测试

1．时基 555 电路

复习时基 555 电路，设计占空比为 50%、频率为 50kHz、输出电压峰-峰值为 2V 的方波信号 I，画出电路，写出设计过程，并在 Multisim 12 软件上仿真实现。

2．十分频电路

复习计数器编程方法，利用 4516 和双输入端与非门 4011 设计占空比为 50%的十分频电路，画出电路并写出设计过程。在 Multisim 12 软件上，利用时基 555 电路的输出信号和十分频电路产生频率为 5kHz、输出电压峰-峰值为 2V 的方波信号 II。

3．运算放大器构成运算电路

复习集成运算放大器的应用，利用上述方波信号 II 和 TL084 运算放大器，产生频率为 5kHz、输出电压峰-峰值为 1.5V 的三角波信号，画出电路，写出设计过程，并在 Multisim 12 软件上仿真实现。

4．运算放大器构成有源滤波器

复习有源滤波器，利用方波信号 II 和 TL084 运算放大器，产生频率为 5kHz、输出电压峰-峰值为 1.5V 的正弦信号 I；产生频率为 25kHz、输出电压峰峰值为 1.5V 的正弦信号 II，画出电路，写出设计过程，并在 Multisim 12 软件上仿真实现。

五、预习要求

（1）复习有关内容，设计本实验各种应用电路。
（2）采用 Multisim 12 仿真软件，对实验电路进行仿真。
（3）整理实验数据（表格形式），画出对应验证波形。
（4）对比理论与实验数据，分析误差原因。

六、知识结构梳理

（1）画出各种设计实验电路，列表整理实验数据。

（2）计算实验结果，与理论值比较，分析产生误差的主要来源。
（3）总结实验过程的体会和收获，对实验进行小结。

七、技术文档撰写

1．摘要
2．关键词
3．正文
（1）理论或模型依据。
（2）设计方案并进行比较筛选。
（3）方波信号Ⅰ的完整设计过程及功能验证。
（4）方波信号Ⅱ的完整设计过程及功能验证。
（5）三角波信号的完整设计过程及功能验证。
（6）正弦信号Ⅰ的完整设计过程及功能验证。
（7）正弦信号Ⅱ的完整设计过程及功能验证。
（8）电路级联测试及必要的参数调整。
（9）总结。
4．参考文献

实验三十五 数字钟设计

一、实验目的

（1）掌握数字系统的组成原则及设计方法。
（2）掌握层次化设计方法进行逻辑设计。
（3）掌握数字逻辑电路设计方法和技巧。
（4）掌握功能电路设计、调试方法。
（5）掌握数字逻辑电路故障的排除方法。
（6）掌握数字系统的调试方法。

二、基本框架

所谓数字钟，是指利用电子电路构成的计时器。相对机械钟而言，数字钟应能达到计时并显示年、月、日、小时、分钟、秒，以及闹钟、秒表等功能，同时应能对时间进行调整和设置闹钟。其结构框图如图 35-1 所示。

对于数字钟，要完成其功能，电路中应包含有精确的秒信号发生器、计时器、控制电路和显示电路。计时器包括秒计时器、分计时器、小时计时器、日计时器、月计时器、年计时器和星期计时器。对于这些计时器，应通过控制电路进行时间设置和调整。为了满足美观、轻便，显示器件采用四位数码管用于显示时间等，由于需显示的数据较多，因此需设置切换电路对需显示数据进行切换控制。

在设计电路时，应根据需求进行市场调查，了解当前市场上的数字钟的功能和性能。在此基础上，应考虑新增功能及设计产品的创新点，同时应考虑产品的功耗、操作简便等。

综上所述，数字钟的功能框图如图 35-2 所示。

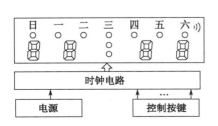

图 35-1 数字钟的结构框图

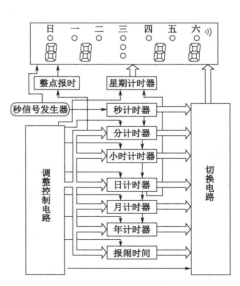

图 35-2 数字钟的功能框图

三、设计要点

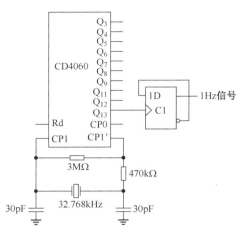

图 35-3 秒信号发生器电路

1. 秒信号发生器

秒信号发生器是计时电路的基准信号，其频率的精度和稳定度将决定数字钟的精度。产生秒信号的电路模型很多，如 555 多谐振荡器，双、单 RC 振荡器，施密特触发器构成的振荡器，RC 环形振荡器等。然而，上述电路模型的振荡频率易受环境影响，故不宜采用。

在实际电路中，一般选取振荡频率稳定性较好的晶体振荡，且为提高秒信号精度，采用高频振荡，经分频器分频得到秒信号。图 35-3 所示为是实际产品采用高速 CMOS 分频器 CD4060 和晶体 32.768kHz 组成的秒信号发生器。

然而，由于在 Multisim 12 环境下进行晶体振荡及分频仿真时，所需时间较长，因此本实验不采用该电路，而是直接用时钟振荡器作为秒信号发生器和百分之一秒信号发生器。

2. 计时器

计时器是实现时钟功能的核心电路。根据时钟计时方式可知，计时器应由秒计时器（0～59 加法计数）、分计时器（0～59 加法计数）、小时计时器（0～23 加法计数或 0～11 但需区别上下午）、日计时器（非闰年平月 1～28 加法计数；闰年平月 1～29 加法计数；小月 1～30 加法计数；大月 1～31 加法计数）、月计时器（1～12 加法计数器）、年计时器（1～9999 加法计数器）和星期计时器（周日～周六）组成。其组成框图如图 35-4 所示。

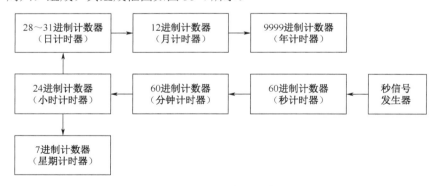

图 35-4 计时器的组成框图

由于标准集成电路中没有所需进制数的计数器，因此需利用现成的标准集成计数器进行编程，达到所需进制数要求。

所谓计数器编程，是指在集成计数器计数时序（N 进制）的基础上，利用集成计数器的附加功能端及外加译码电路，改变集成计数器的计数时序，达到所需计数时序（M 进制）。这时就有 $M<N$ 和 $N<M$ 两种可能的情况。

（1）$M<N$。在 N 进制计数器的顺序计数过程中，若设法使之跳过（$N-M$）个状态，即可得到 M 进制计数器。实现跳跃的方法有置零法（或称为复位法）和置位法，如图 35-5 所示。

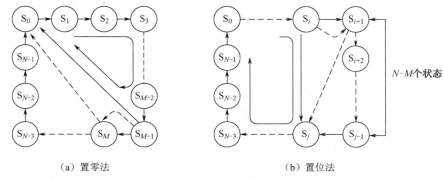

(a) 置零法　　　　　　　　(b) 置位法

图 35-5　计数器编程示意图

① 置零法。通过对集成计数器输出端进行选择译码，产生复位信号反馈给集成计数器附加复位端，达到改变集成计数器计数时序目的。由于集成计数器具有同步复位和异步复位两种附加端，因此置零法有异步置零法和同步置零法两种。

a. 异步置零法。对于 N 进制集成计数器，当其从全零状态 S_0 开始计数并接收 M 个计数脉冲后，电路进入 S_M 状态。若通过外接译码电路将 S_M 状态译码产生一个置零信号加到计数器的异步置零输入端，则计数器将立即返回 S_0 状态，达到跳过（$N-M$）状态而得到 M 进制计数器。

由于电路一进入 S_M 状态后立即又被置成 S_0 状态，因此 S_M 状态仅在极短的瞬时出现，故 S_M 状态只是一个暂态，不属于电路的有效状态。计数有效态为 $S_0 \sim S_{M-1}$。

b. 同步置零法。对于 N 进制集成计数器，当其从全零状态 S_0 开始计数并接收 $M-1$ 个计数脉冲后，电路进入 S_{M-1} 状态。若通过外接译码电路将 S_{M-1} 状态译码产生一个置零信号加到计数器的同步置零输入端，则计数器将在下一个时钟到来后返回 S_0 状态，达到跳过（$N-M$）状态而得到 M 进制计数器。计数有效态为 $S_0 \sim S_{M-1}$。

② 置位法。通过对集成计数器输出端进行选择译码，产生置位信号反馈给集成计数器附加置位端，通过对并行数据输入端的设置（计数起始态），达到改变集成计数器计数时序目的。由于集成计数器具有同步置位和异步置位两种附加端，因此置位法具有异步置位法和同步置位法两种。

a. 异步置位法。对于 N 进制集成计数器，当其从全零状态 S_0 开始计数并接受 M 个计数脉冲后，电路进入 S_M 状态。若通过外接译码电路将 S_M 状态译码产生一个置位信号加到计数器的异步置位输入端，则计数器将立即置数，进入起始状态。当计数器进入起始状态后，其置位端无效，电路又进入计数状态。通过置位编程，除第一个计数循环从全零开始之外，其余计数循环均从起始态开始，达到跳过（$N-M$）状态而得到 M 进制计数器。

由于电路一进入 S_M 状态后立即又被置成起始态，因此 S_M 状态仅在极短的瞬时出现，故 S_M 状态只是一个暂态，不属于电路的有效状态。

b. 同步置位法。对于 N 进制集成计数器，当其从全零状态 S_0 开始计数并接受 $M-1$ 个计数脉冲后，电路进入 S_{M-1} 状态。若通过外接译码电路将 S_{M-1} 状态译码产生一个置位信号加到计数器的同步置位输入端，则计数器将在下一个时钟到来后返回起始状态，达到跳过（$N-M$）状态而得到 M 进制计数器。

c. 若所需计数器 M 为起始态为非全零状态 S_I，则只需设置并行数据输入端的值（I）。因此，当计数器进行一个循环后，编程后的计数器的计数状态为 $S_I \sim S_{M-1}$。

（2）$M > N$。

当 $M > N$ 时，必须用多片 N 进制计数器组合构成 M 进制计数器。各片之间的连接方式可分为串行进位方式、并行进位方式、整体置零方式和整体置位方式。

① 串行进位方式。若 M 可以分解为多个小于 N 的因数相乘，即 $M = N_1 \times N_2 \times \cdots \times N_i$，则可以

采用串行进位方式将 N_1、N_2、$\cdots$、N_i 个计数器连接起来，构成 M 进制计数器。

在串行进位方式中，首先必须采用编程法将 N 进制计数器编制成具有对应进制数进位输出的 N_1、N_2、$\cdots$、N_i 个计数器；然后以低位片的进位信号作为高一位计数器的时钟信号，依此方法，将 N_1、N_2、$\cdots$、N_i 个计数器串联起来，构成 M 进制计数器。

② 并行进位方式。若 M 可以分解为多个小于 N 的因数相乘，即 $M = N_1 \times N_2 \times \cdots \times N_i$，则可以采用并行进位方式将 N_1、N_2、$\cdots$、N_i 个计数器连接起来，构成 M 进制计数器。

在并行进位方式中，首先必须选用具有附加保持/计数功能端的集成计数器，采用编程法将 N 进制计数器编制成具有对应进制数进位输出的 N_1、N_2、$\cdots$、N_i 个计数器；然后将各个 N_1、N_2、$\cdots$、N_i 个计数器的时钟端并联，并令 N_2 附加保持/计数端接受 N_1 对应进制数进位输出的控制，N_i 计数器的 i 个附加保持/计数端分别接受 N_1、N_2、$\cdots$、N_{i-1} 个计数器的附加保持/计数端的控制，构成 M 进制计数器。

③ 整体置零方式。当 M 为大于 N 的素数，不能分解为 N_1、N_2、$\cdots$、N_i 时，上面介绍的并行进位方式和串行进位方式就行不通，这时必须采用整体置零方式或整体置位方式。

所谓整体置零方式，是指首先将多片 N 进制计数器按最简单的方式接成一个大于 M 进制的计数器 $M = N_i$，然后在计数器为 M 状态时译出置零信号，并反馈给 i 片计数器的附加置零端同时置零，此方式的原理同 $M < N$ 时的置零法是一样的。

④ 整体置位方式。所谓整体置零方式，是指首先将多片 N 进制计数器按最简单的方式接成一个大于 M 进制的计数器 $M = N_i$，然后在选定的某一状态下译出置位信号，并反馈给 i 片计数器的附加置位端同时置位，使计数器进入预先设定好的起始态，跳过多余的状态，获得 M 进制计数器。此方式的原理同 $M < N$ 时的置位法是一样的。

3．调整控制电路

调整控制电路是将时间调整到当前的时间，即所谓对时。因此，必须对所需调整的内容进行控制和调整。显然，时间的调整包括年、月、日、星期、小时、分钟及闹钟时间。因此，应根据调整需求，通过控制电路对其进行设置和调整。在控制调整电路中，应注意调整的简便，如对分钟的调整，可考虑从分钟计时器加时钟的方法对其进行调整。若采用加法计数，该方法在最不利条件下，可能需加 59 个脉冲才能调整正确。若采用可逆计数器，则在最不利条件下可将脉冲数减半调整正确，但该方法需增加一个控制信号以控制进行加或减。若根据分钟由两位十进制数组成，而采用对十位和个位分别调整，则在最不利条件下只需加 5 个脉冲即可；但十位数在调整时应考虑不能进入无效值。当然，也可采用对所需调整位数直接置数的方法，但该方法必须具有能产生 0～9 的数据电路。

4．切换电路

由于显示器件只有 4 位七段数码管，在常态情况下，能从小时和分钟的显示切换为所需显示的信息，需显示的信息包括年（4 位）、月和日（各 2 位）、小时和分钟（各 2 位）、秒（低 2 位）以及闹钟（小时和分钟），因此在设计电路中，必须设置切换电路，让用户能根据需求将所需信息切换到数码管显示。

5．数码显示子系统

为了能直观地观察时钟的计时情况，必须将时间计数器的每位以十进制数显示。由时间计数器可知，年、月、日、小时、分钟、秒均由两位十进制数组成（除年由四位十进制组成之外），为了能将其以十进制数显示，需选择合适的数码显示器件。在实际设计中，若要节省能源，可选用 LCD 数码显示器件；若要求亮度适中且可靠，则可选用 LED 数码显示器件。在设计过程中，为观察明了和节省能源，应将无效的"0"灭掉。在 Multisim 12 仿真中，应根据需要，选择合适的数码管和显示译码器。

四、实验记录与数据处理

（一）实验仪器

（1）计算机　　　　　　　　　　　　　1 台
（2）Multisim 12 软件　　　　　　　　　1 套

（二）模块设计与测试

1. 前期工作

（1）前期调研：对现有电子产品的数字钟进行调研，了解它们的功能及指标。
（2）在 Multisim 12 仿真软件平台上，查找库器件，寻找适合制作数字钟功能的器件，查找并掌握它们的功能及使用方法。
（3）根据调研情况及对 Multisim 12 库器件的掌握，根据设计要求提出多种设计方案，列出各方案的优缺点，对这些优缺点进行全面比较，选择合适的方案。
（4）根据设计方案，画出总体框图，提出完成指标。
（5）根据总体框图，列出各功能模块的指标及要求，并对功能模块的引脚进行标识。
（6）根据功能模块的指标，选择合适芯片进行设计电路。

2. 设计调试

（1）在 Multisim 12 仿真软件平台上，采用层次化设计方法，通过 Place-New Subcircuit 建立数字钟模块，通过左键双击该模块，选择 Open subsheet 选项进入下一层。
（2）在数字钟第二层平台上，通过层次化设计方法建立各功能模块。
（3）在数字钟第三层平台上，根据功能模块指标选择合适芯片设计电路，按照功能指标，选择合适的仪器设备进行调试。若出现与指标不一的现象，应通过对电路分析，利用数字电压表、示波器或逻辑分析仪对信号进行测量，分析是电路设计问题还是器件性能掌握问题，是电路连接问题还是信号传输中存在的竞争冒险问题。通过分析，找出问题产生原因，并根据该原因找出解决问题的方法。在该层次的设计过程中，应考虑设计电路是否能节能，是否最合理、最简便等，同时应确保线路布局和布线的规范以免布局、布线的不合理导致故障原因（根据需要，可利用 Multisim 12 仿真软件对连接线采用不同颜色标识）。
（4）在各功能部件仿真成功之后，在数字钟第二层平台上，应按照各功能模块之间的逻辑关系，几个模块组合进行调试，若出现与指标不一的现象，则应通过对电路分析，利用数字电压表、示波器或逻辑分析仪对信号进行测量，应考虑是否时序配合问题产生的竞争冒险或驱动能力问题，通过分析，找出问题产生原因，并根据该原因找出解决问题的方法，切忌将所有模块组成系统整体调试，以免出故障时，难以判断故障原因。

五、实验要求

1. 基本要求

设计数字钟，电源电压为 5V，数码管 4 位，且应消除无效 0；能按时钟功能进行小时、分钟、秒计时，并显示时间及调整时间。

2．发挥一

在简易数字钟的基础上，增加整点报时功能（从上午 7：00—晚上 11：00，要求报时从 59 分 55 秒开始，每秒报时 1 声、整点 0 分 0 秒报时频率比其他报时频率高）和星期计时。

3．发挥二

在发挥一的基础上，增加定时报闹功能（闹钟响 40 秒）。

4．发挥三

增加秒表功能（能清零、保存），能通过切换显示小时、分钟，秒、百分之一秒显示。

5．发挥四

增加万年历功能，能通过切换显示年份（四位）、月份、日期。

六、知识结构梳理

（1）方案选择及论证。
（2）画出设计框图并阐明设计依据。
（3）对各功能模块进行设计仿真，画出设计电路。
（4）故障分析。
（5）测试报告。
（6）改进思路。
（7）设计、仿真体会。
（8）简述实验过程中出现的故障现象及解决方法。

七、技术文档撰写

1．摘要
2．关键词
3．正文
（1）理论或模型依据。
（2）设计方案并进行比较筛选。
（3）基本功能即时钟的时分秒的正确走时、显示与调时功能的完整设计过程及功能验证。
*（4）整点报时功能与星期计时功能的设计与实现。
*（5）定时闹钟功能的设计与实现。
*（6）秒表功能的设计与实现。
*（7）万年历功能的设计与实现。
*（8）其他新增功能的设计与实现。
（9）电路级联测试及必要的参数调整。
（10）总结。
4．附录
（1）元器件清单。
（2）数字钟操作说明。
5．参考文献

实验三十六 超外差数字调谐接收系统

一、实验目的

（1）掌握数字调谐系统的组成原理。
（2）掌握数字调谐系统的调试方法。

二、基本框架

现代的接收机（如电视机、收音机）大多采用超外差接收方式。例如，要接收电台所发送的某一频道信号时，若其调制信号的载波频率为 f_C，则只需通过调谐接收机频率数值对应电台信号的载波频率，接收机自动产生一个本振信号，其频率为 f_L，并且 $f_L = f_C - f_I$；经过接收机的混频电路产生中频信号，其频率为 f_I。接收机将该中频信号经自动增益调节放大（AGC 电路），控制信号幅度稳定，并解调（还原原有调制信号），经音频放大器放大，从扬声器发送出电台信号声音。其框图如图 36-1 所示。

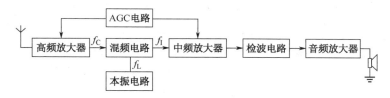

图 36-1 调谐接收机框图

三、设计要点

在数字调谐方式中，为确保产生的本振信号频率的精度，本振信号采用锁相环的方法来产生，即由晶体振荡电路产生频率稳定性高的标准信号，再用频率合成电路（锁相环倍频）的方法产生本振信号。为精确选出所需收听的信号频率 f_C，通过设置该频率数字（通过单脉冲控制计数器设置数字，数码显示该频率），根据本振信号频率 f_L 为电台信号频率 f_C 与中频信号频率 f_I 之差，利用加法器实现电台信号频率 f_C 与中频信号频率 f_I 之差，将该差值送频率合成电路中分频电路的数据输入端，通过改变锁相环反馈回路分频比的方法改变本振信号频率，其频率稳定性高，可达到选台精确、稳定。本振电路框图如图 36-2 所示。

在图 36-2 中，标准信号由晶体振荡器产生 1MHz 方波信号，$N-1/2$ 分频器参见实验十，其由 74191 经编程、通过 T'触发器控制异或门产生；若载波频率为 f_C，中频频率为 f_I，则本振频率 f_L 即为载波频率与中频频率之差，只需改变

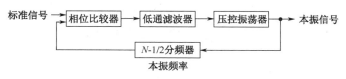

图 36-2 本振电路框图

74191 的预置数 $D_3D_2D_1D_0$ 即可，电路如图 36-3 所示。

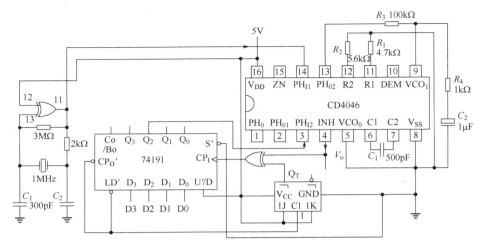

图 36-3 本振电路

在该电路中，74191 的 $D_3D_2D_1D_0$ 为本振频率预置数，而数字调谐接收机所需调谐的为电台的载波频率。因而，可通过增加一片计数器产生电台频率设置数（代替键盘输入数据），并和已知的中频频率之差来获得本振信号频率，电路框图如图 36-4 所示。

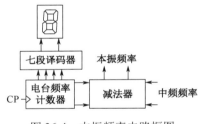

图 36-4 本振频率电路框图

在图 36-4 中，电台频率计数器可由 74191 通过单脉冲输入设置电台载波频率，而减法器可由四位加法器 74283 实现，即将电台载波频率数值送 74283 的 $A_3 \sim A_0$，而 $B_3 \sim B_0$ 则按中频值+1/2 取补码，并将运算结果作为 $N-1/2$ 分频器的预置数（74191 的 $D_3D_2D_1D_0$）。这样就可做到：若要接收某一载波信号（如 f_C=8MHz），则只要通过电台频率计数器设置数字 8，就可得到 $f_L=f_C-f_I$=8-4.5= 3.5 MHz 的本振信号（这里中频 f_I 为 4.5 MHz）。最后信号发生器输出的载波信号和本振信号（4046 的 4 脚输出的方波）经混频滤波后应得到 4.5 kHz 的中频信号（用示波器观察），电路如图 36-5 所示。

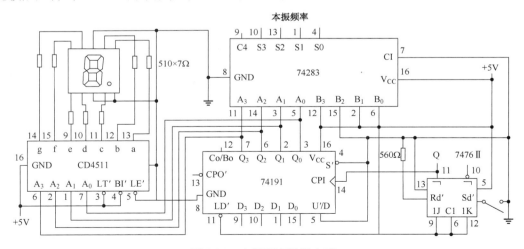

图 36-5 本振频率设置电路

混频电路是将电台载波信号（频率）和接收机产生的本振信号（频率）相减得到固定频率（中频），即将不同载波的电台信号转换为固定频率的信号，以便后续电路对信号进行处理。由模拟乘法器 MC1496 组成的混频电路，如图 36-6 所示。

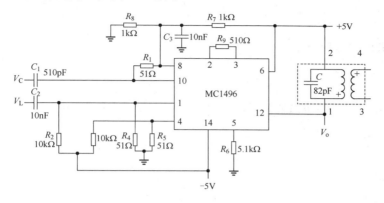

图 36-6　混频电路

由于电台发射的信号功率及接收机接收电台信号的环境不同，接收机接收到不同电台的信号强弱也不同，同时，电台信号在传输过程中，可能受到干扰，经混频后的中频信号可能混杂干扰信号，因此一般在混频电路之后，采用一级自动增益选频放大器，控制一定频率范围内的信号进行放大，频率范围外的信号受到很大抑制，达到滤除干扰信号的目的，同时通过自动增益控制。通过输入信号，控制放大器的放大倍数，达到放大器输出信号基本一致。图 36-7 所示为单调谐放大器电路。

在图 36-7 中，通过中周变压器将混频后的中频信号耦合到放大器，同时，利用放大器集电极接中周变压器进行选频放大，达到抑制干扰信号的目的。

由于中频信号为调幅信号，必须将调制信号还原出来，图 36-8 所示为二极管检波电路。

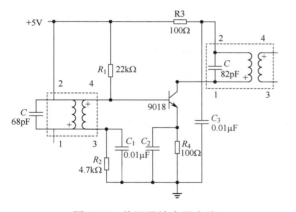

图 36-7　单调谐放大器电路

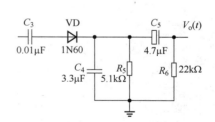

图 36-8　二极管检波电路

在图 36-8 中，利用二极管的非线性和滤波电路，将调制信号还原。

四、实验记录与数据处理

（一）实验仪器

（1）直流稳压电源　　　　　　　　　　　　　1 台

（2）任意波信号发生器　　　　　　　　　　1台
（3）数字万用表　　　　　　　　　　　　　1台
（4）电子技术综合实验箱　　　　　　　　　1台
（5）数字示波器　　　　　　　　　　　　　1台

（二）模块设计与测试

1. 读图

（1）超外差数字调谐接收系统原理如图36-9所示，按照各个模块进行分析，归纳各个模块的功能。

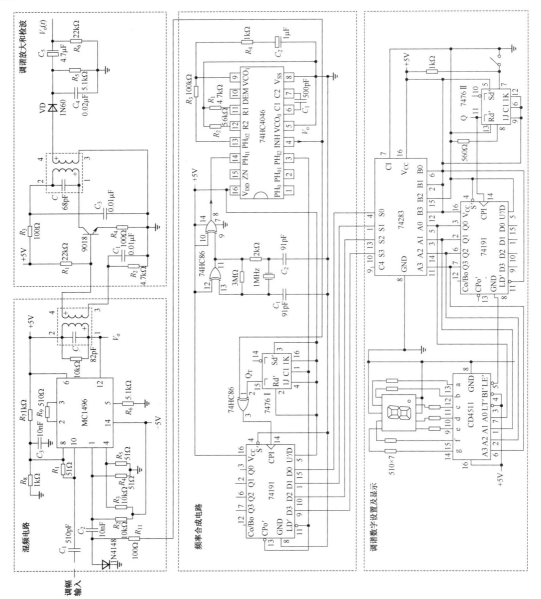

图36-9　超外差数字调谐接收系统原理

(2) 对照版图，查找印制电路板中各功能模块电路。

2. 焊接

（1）按照规范，遵循从小到大原则，先安装和焊接高度较低的小元器件，然后依次按照高度与大小安装和焊接各元器件。
（2）对照原理图，检查各功能模块电路焊接的正确性。

3. 调试

（1）接通数字部分电路电源（数字设置和频率合成）。
（2）按要求连接输入数据（B3～B0=1011），连接 S3～S0 至 D3～D0，将数字调整为 8。
（3）测量各个芯片的静态工作点；根据原理图，分析静态工作点的测量正确性。
（4）测量标准信号（74HC86 的 8 脚），定量记录该信号。
（5）测量频率合成输出信号 V_o（74HC4046 的 4 脚），定量记录该信号。
（6）接入负电源，连接模拟地和数字地；测量 1496（模拟乘法器）的静态工作点。
（7）将频率合成输出（V_o）和混频电路输入（LC）相连；信号发生器频率设置为 8MHz（模拟电台频率，V_{p-p}=400mV，接入 AM 端，用示波器测量混频输出 V_{o1}，调整中周磁芯，使输出幅度最大，定量记录该波形（f_I=4.5MHz）。
（8）测量三极管静态工作点，连接混频输出和调谐放大器，用示波器测量 9018 三极管集电极电压 V_c，调整中周磁芯，使输出幅度最大，定量记录该波形（f_I=4.5MHz）。
（9）将信号发生器设置为 AM（调幅）模式，调幅度为 30%，调制信号频率为 1～2kHz。连接调谐放大器输出和检波电路输入，用示波器测量检波输出，调整混频和调谐放大器磁芯，使输出 V_{o3} 最大，定量记录该波形。

五、预习要求

（1）复习相关理论知识，归纳组合逻辑电路分析、设计方法。
（2）利用 Multisim 12 仿真软件，仿真实验各功能模块电路。
（3）通过实验手段熟悉时序逻辑电路的检测方法。
（4）掌握排除时序逻辑电路故障的方法。

六、知识结构梳理

（1）写出各功能模块的调试方法。
（2）画出总体框图。
（3）画出总体电路。
（4）说明调试过程中出现的问题及解决方法。
（5）在触发器中，若 Rd′、Sd′同时有效，Q、Q′状态如何？
（6）在同步时序电路中，若 Rd′、Sd′悬空，电路状态将出现何种问题？
（7）在同步时序逻辑电路中，若加入时钟信号，而电路并不按设计时序变动，该如何检查电路？

七、技术文档撰写

1．摘要
2．关键词
3．正文
（1）理论或模型依据。
（2）系统框图。
（3）各功能模块的仿真与实物测试验证。
（4）电路级联测试与调整。
（5）组装与系统调试。
（6）总结。
4．附录
（1）元器件清单。
（2）总电路图。
5．参考文献

第五部分 附录

附录 A Multisim 12 简介

随着电子信息产业的飞速发展,计算机技术在电子电路设计中发挥着越来越大的作用。电子产品的设计开发手段由传统的设计方法和简单的计算机辅助设计(CAD)逐步被 EDA(Electronic Design Automation)技术所取代。EDA 技术主要包括电路设计、电路仿真和系统分析 3 个方面内容,其设计过程的大部分工作都是由计算机完成的。这种先进的方法已经成为当前学习电子技术的重要手段,更代表着现代电子系统设计的时代潮流。

一、Multisim 12 的特点

1. 直观的图形界面

整个界面即为一个电子实验工作平台,绘制电路所需元器件和仿真所需的仪器仪表均可直接从元器件库和仪器仪表库拖到工作区中,通过鼠标即可完成导线连接。软件仪器仪表的控制面板和操作方式与实物设备相似,测量数据、观测信号波形和特性曲线就像真实仪器看到的一样。

2. 丰富的元器件库

基本元器件库包括:基本元件(电阻、电容、电感)、半导体器件(二极管、稳压管、桥堆、可控硅、三极管、场效应管、MOS 管)、电源、信号源库(各种直流、交流信号及调幅、调频信号)、TTL 以及 CMOS 数字集成电路,各种集成运算放大器及 DAC、ADC、MCU、各种显示器件(LED、数码管、液晶显示)等各种部件,并且用户可通过元器件编辑器自行创建和修改所需元器件模型,还可通过公司官方网站和代理商获得元器件模型的扩充和更新服务。

3. 丰富的测试仪器仪表

除常用的数字万用表、函数信号发生器、示波器、波特图仪(扫频仪)、字信号发生器、逻辑分析仪和逻辑转化仪之外,还提供瓦特表、失真度分析仪、频谱分析仪和网络分析仪,并且所有仪器均可重复同时使用。

4. 完备的分析手段

除直流工作点分析、交流分析、瞬态分析、傅里叶分析、噪声分析、失真分析、参数扫描分析、温度扫描分析、极点-零点分析、传输函数分析、灵敏度分析、最坏情况分析和蒙特卡罗分析之外,还可直流扫描分析、批处理分析、用户定义分析、噪声图形分析和射频分析等,能基本满足电子电路设计和分析要求。

5. 强大的仿真能力

既可对模拟电路或数字电路分别进行仿真,也可进行数模混合仿真,尤其新增射频电路的仿真功能。仿真失败是会显示错误信息、提示可能出错的原因,仿真结果可随时存储和打印。

二、Multisim 12 软件基本界面

Multisim 12 用户基本界面的设置和操作。选择"开始"→"程序"→"National Instrument"→"Circuit Design Suit12.0"→"Multisim"选项，或者双击桌面上的 Multisim 图标，弹出图 A-1 所示的 Multisim12 启动界面。

图 A-1　Multisim 12 启动界面

1．Multisim 12 的基本界面

Multisim 12 软件基本界面如图 A-2 所示。

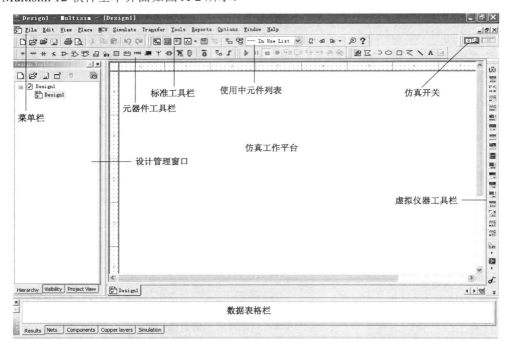

图 A-2　Multisim 12 软件基本界面

Multisim 12 是 NI Circuit Design Suit 12 软件中捕获原理图和仿真的软件，主要是辅助设计人员完成原理图的设计并提供仿真，为制作 PCB 做好准备。其基本界面主要由菜单栏（Menu Toolbar）、标准工具栏（Standard Toolbar）、设计管理窗口（Design Toolbar）、元器件工具栏（Component Toolbar）、仿真工作平台（Circuit Window）、数据表格栏（Spreadsheet View）、虚拟仪

器工具栏（Instrument Toolbar）等组成。

2．Multisim 12 菜单栏简介

（1）文件（File）菜单，如图 A-3 所示。

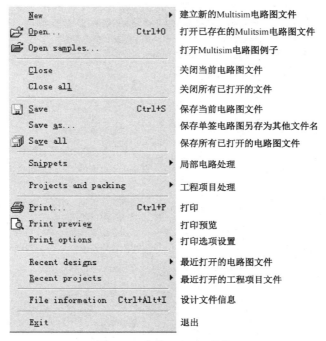

图 A-3　文件（File）菜单

（2）编辑（Edit）菜单，如图 A-4 所示。

图 A-4　编辑（Edit）菜单

（3）报表（Reports）菜单，如图 A-5 所示。

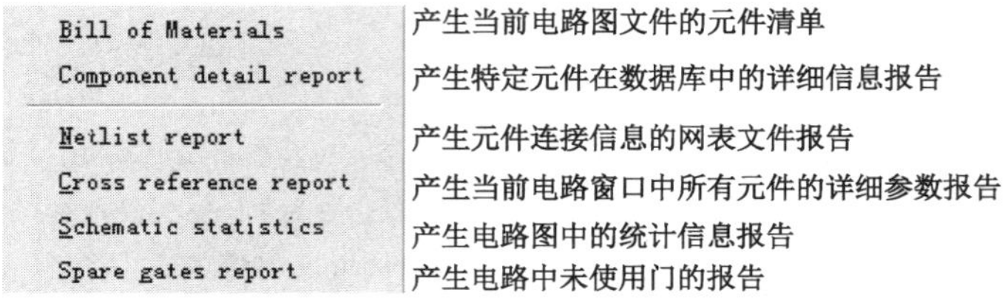

Bill of Materials	产生当前电路图文件的元件清单
Component detail report	产生特定元件在数据库中的详细信息报告
Netlist report	产生元件连接信息的网表文件报告
Cross reference report	产生当前电路窗口中所有元件的详细参数报告
Schematic statistics	产生电路图中的统计信息报告
Spare gates report	产生电路中未使用门的报告

图 A-5　报表（Reports）菜单

（4）视图（View）菜单，如图 A-6 所示。

图 A-6　视图（View）菜单

（5）帮助（Help）菜单，如图 A-7 所示。

图 A-7　帮助（Help）菜单

(6) 放置（Place）菜单，如图 A-8 所示。

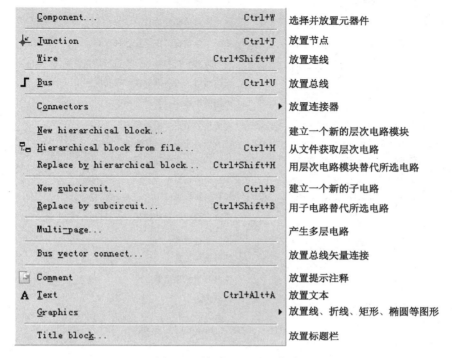

图 A-8　放置（Place）菜单

(7) 微控单元（MCU）菜单，如图 A-9 所示。

图 A-9　微控单元（MCU）菜单

(8) 仿真（Simulate）菜单，如图 A-10 所示。

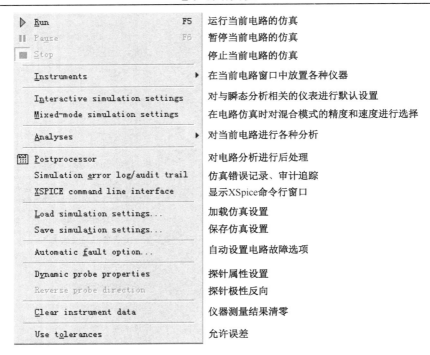

图 A-10　仿真（Simulate）菜单

（9）窗口（Window）菜单，如图 A-11 所示。

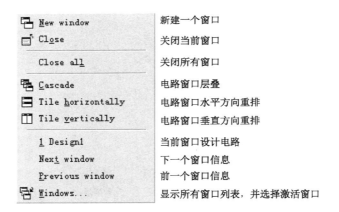

图 A-11　窗口（Window）菜单

（10）工具（Tool）菜单，如图 A-12 所示。
（11）转换（Transfer）菜单，如图 A-13 所示。
（12）选项（Option）菜单，如图 A-14 所示。

3．工具栏

（1）标准工具栏（Standatd Toolbar），如图 A-15 所示。

图 A-12 工具（Tool）菜单

图 A-13 转换（Transfer）菜单

图 A-14 选项（Option）菜单

图 A-15 标准工具栏（Standatd Toolbar）

- ▯："新建"按钮，新建一个电路图文件。
- ▯："打开"按钮，打开已存在的电路图文件。
- ▯："打开"图例按钮，打开 Multisim 电路图文件。
- ▯："保存"按钮，保存当前电路图文件。
- ▯："打印"按钮，打印当前电路图文件。
- ▯："打印预览"按钮，预览将要打印的电路图文件。
- ▯："剪贴"按钮，剪贴所选内容并放入 Windows 剪贴板。
- ▯："复制"按钮，复制所选内容并放入 Windows 剪贴板。
- ▯："粘贴"按钮，将 Windows 剪贴板中内容粘贴到鼠标所指位置。
- ▯："撤销"按钮，撤销最近一次的操作。
- ▯："重做"按钮，重做最近一次的操作。

（2）系统工具栏（Main Toolbar），如图 A-16 所示。

图 A-16　系统工具栏（Main Toolbar）

- ▯："显示/隐藏设计管理窗口"按钮，显示或隐藏设计管理窗口。
- ▯："显示/隐藏数据表格栏"按钮，显示或隐藏数据表格栏。
- ▯："显示/隐藏 SPICE 网表栏"按钮，显示或隐藏 SPICE 网表栏。
- ▯："图形/分析列表"按钮，将分析结果图形化显示。
- ▯："后处理"按钮，打开 Postprocssor 窗口。
- ▯："跳到父电路"按钮，跳转到相应的父电路。
- ▯："创建元件"按钮，打开元件创建向导对话框。
- ▯："元件管理"按钮，打开元件库管理对话框。
- ▯：列出当前电路元器件的列表。
- ▯："电气规则检查"按钮，检查电路的电气连接情况。
- ▯：Ultiboard 后标注。
- ▯：Ultiboard 前标注。
- ▯：查找电路实例。
- ▯："帮助"按钮，打开 Multisim 12 帮助。

（3）视图工具栏（View Toolbar），如图 A-17 所示。该工具栏和普通应用软件类似，不再赘述。

图 A-17　视图工具栏（View Toolbar）

（4）元件工具栏（Components Toolbar），如图 A-18 所示。

图 A-18　元件工具栏（Components Toolbar）

- ▯："电源库"按钮，放置各类电源、信号源，如直流、交流电源、时钟信号源等。

第五部分 附录

- ⏦："基本元件库"按钮，放置电阻、电容、电感、变压器、开关等基本元件。
- ⇥："二极管库"按钮，放置各类二极管、稳压管、放光二极管、桥堆、可控硅等。
- ⊀："晶体管库"按钮，放置各类晶体管、场效应管、MOS 管等。
- ⇥："模拟器件库"按钮，放置各类模拟元件，如运算放大器、电压比较器等。
- ⫫："TTL 器件库"按钮，放置各类 TTL 器件。
- CMOS："CMOS 器件库"按钮，放置各类 CMOS 器件。
- 🔲："其他数字器件库"按钮，放置各类单元数字器件，如 DSP、CPLD、FPGA、未处理器等。
- 🔩："混合器件库"按钮，放置各类数模混合器件，如 555、ADC、DAC 等。
- 🔲："显示元器件库"按钮，放置各类显示、指示元器件，如数码管、指示灯、蜂鸣器等。
- 📛："电力元器件库"按钮，放置各类电力元器件；如保险丝等。
- MISC："杂项元器件安库"按钮，放置各类杂项元器件，如光耦、晶体等。
- 🖥："先进外围设备库"按钮，放置先进外围设备，如键盘、液晶显示等。
- Y："射频元器件库"按钮，放置射频元器件，如射频电容、电感、晶体管、磁环等。
- ⊕："机电类元器件库"按钮，放置机电类元器件。
- NI："NI 元器件库"按钮，放置各种 NI 元器件。
- 🔌："连接器库"按钮，放置各种连接器。
- 🎛："为控制器件库"按钮，放置单片机、微控制器等。
- 🔲："放置层次模块"按钮，放置层次模块。
- ⌐："放置总线"按钮，放置总线。

（5）虚拟模拟元器件工具栏（Virtual Toolbar），如图 A-19 所示。

图 A-19　虚拟模拟元器件工具栏（Virtual Toolbar）

- ▷："虚拟模拟元器件"按钮，放置各种虚拟模拟元器件，其包括限流器、理想运算放大器等。
- ⏦："基本元件"按钮，放置各种常用基本元件，其子工具栏如图 A-20 所示。

图 A-20　基本元件的子工具栏

- ⊣⊢：电容器。
- ▷：无心线圈。
- ⏦：电阻。
- ▦：磁芯线圈。
- ⇥：电位器。

：继电器。

：继电器。

：磁性继电器。

：电感。

：变压器。

：非线性变压器。

：可变电容。

：可变电感。

：上拉电阻。

：变压器。

："虚拟二极管"按钮，其子工具栏如图 A-21 所示。

：二极管。

：稳压管。

："虚拟晶体管"按钮，放置各种虚拟晶体管器件，其子工具栏如图 A-22 所示。

图 A-21　二极管的子工具栏　　　　　　图 A-22　虚拟晶体管的子工具栏

：虚拟 4 端子双极型 NPN 晶体管。

：虚拟双极型 NPN 晶体管。

：虚拟 4 端子双极型 PNP 晶体管。

：虚拟双极型 PNP 晶体管。

：虚拟 N 沟道砷化镓场效应管。

：虚拟 P 沟道砷化镓场效应管。

：虚拟 N 沟道结型场效应管。

：虚拟 P 沟道结型场效应管。

：N 沟道耗尽型 MOS 管。

：P 沟道耗尽型 MOS 管。

：N 沟道增强型 MOS 管。

：P 沟道增强型 MOS 管。

：N 沟道耗尽型 MOS 管。

：P 沟道耗尽型 MOS 管。

：N 沟道增强型 MOS 管。

：P 沟道增强型 MOS 管。

："虚拟测量仪器"按钮，其子工具栏如图 A-23 所示。

：各种直流电流表。

：各色逻辑指示灯。

：各种直流电压表。

 ："虚拟杂项元器件"按钮，其子工具栏如图 A-24 所示。

图 A-23　虚拟测量仪器的子工具栏

图 A-24　虚拟杂项元器件的子工具栏

：555 定时器。

：四千门系列集成电路系统。

：晶体。

：带译码器数码管。

：保险丝。

：灯泡。

：单稳态触发器。

：直流电动机。

：光耦和器。

：锁相环。

：七段数码管（共阳）。

：七段数码管（共阴）。

："虚拟电源"按钮，放置各种虚拟电源，其子工具栏如图 A-25 所示。

：交流电压源。

：直流电压源。

：接地（数字）。

：接地。

：三相电源（三角形）。

：三相电源（星形）。

：V_{CC}（5V）电源。

：V_{DD}（5V）电源。

：V_{EE}（-5V）电源。

：V_{SS}（0）。

："虚拟定值元器件"按钮，其子工具栏如图 A-26 所示。

：NPN 双极型晶体管。

：PNP 双极型晶体管。

：电容器。

：二极管。

：电感线圈。

：电动机。

 ：各种继电器。

：电阻器。

◎："虚拟信号源"按钮，放置各种虚拟信号源，其子工具栏如图 A-27 所示。

图 A-25　虚拟电源的子工具栏　　图 A-26　虚拟定值元器件的　　图 A-27　虚拟信号源的子工具栏
　　　　　　　　　　　　　　　　　　　　子工具栏

⊕：交流电流信号源。
⊙：交流电压信号源。
⊚：调幅电压源。
⊚：时钟脉冲电流源。
⊚：时钟脉冲电压源。
↑：直流电流信号源。
⊚：指数电流源。
⊚：指数电压源。
⊚：调频电流源。
⊚：调频电压源。
⊕：分段线性电流源。
⊗：分段线性电压源。
⊚：脉冲电流源。
⊚：脉冲电压源。
⊚：噪声源。

（6）图形注释工具栏（Graphic Annotation Toolbar）如图 A-28 所示。

图 A-28　图形注释工具栏

🖼：“图片”按钮，插入图片。
⧖：“多边形”按钮，绘制多边形。
⌒：“圆弧”按钮，绘制圆弧。
○：“椭圆”按钮，绘制椭圆。
□：“矩形”按钮，绘制矩形。
⌵：“折线”按钮，绘制折线。
＼：“直线”按钮，绘制直线。
A：“文本”按钮，插入文本。
📝：“注释”按钮，插入注释。

（7）虚拟仪器工具栏（Instruments Toolbar），如图 A-29 所示。

图 A-29　虚拟仪器工具栏

：数字万用表（Multimeter）。

：函数信号发生器（Function Generator）。

：功率计（Wattmeter）。

：双踪示波器（Osciloscope）。

：四通道示波器（4 Channel Osc）。

：波特图仪（Bode Plotter）。

：频率计（Frequency Counter）。

：字信号发生器（Word Generator）。

：逻辑转换器（Logic Converter）。

：逻辑分析仪（Logic Analyzer）。

：IV 分析仪（IV Analyzer Osciloscope）。

：失真度仪（Distortion Analyzer）。

：频谱仪（Spectrum Analyzer）。

：网络分析仪（Network Analyzer）。

：安捷伦信号发生器。

：安捷伦数字万用表。

：安捷伦示波器。

：泰克示波器。

：测量探针（Measurement Probe）。

：LabVIEW 仪器。

：电流探针（Current Probe）。

三、建立电路基本操作

在熟悉 Multisim 12 的基本界面设置后，本节将介绍如何放置元器件、如何连线，最终建立一个简单的电路并进行仿真。首先，确定所需使用的元器件，将其放置在电路仿真工作平台中相应的位置上；其次，整体布局并确定各元器件的摆放方向；最后，连接元器件以及进行其他的设计准备。

1. 创建电路文件

运行 Mulitsim 12 软件，即在仿真工作区内自动新建一个文件名为 Design1 的空白电路文件，如图 A-30 所示。

此时，用户可根据自己的喜好设置、定制软件的基本界面，如颜色、图纸尺寸和连线模式等，若不定义则使用默认设置。若用户要同时建立多个电路（如文件），可单击工具栏中的 按钮，或者执行"File"→"New"→"Schematic Capture"命令，新建多个空白电路文件。此时，众多电路文件将以标签的形式层叠在仿真工作区中，可通过单击标签在多个电路文件间切换，如图 A-30 所示。

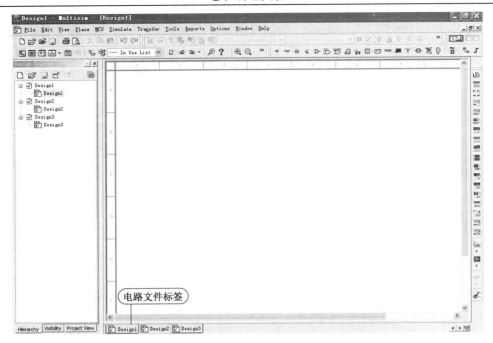

图 A-30 创建电路文件

2．在工作区中放置元器件

在建立好电路文件后，即可在电路仿真工作区中放置元器件。在 Multisim 12 中放置元器件的方法有很多种：通过执行"Place"→"Component"命令；通过工具栏；在工作区空白处右击，在弹出的快捷菜单中选择"Place Component"选项；最简单的就是利用 Ctrl+W 组合键。

下面以直流稳压电源为例，根据设计电路如图 A-31 所示，介绍电路仿真的一般步骤。

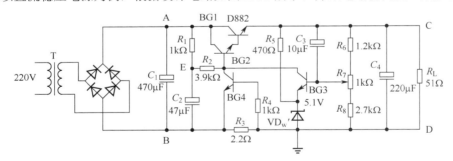

图 A-31 直流稳压电源电路

（1）放置一个元器件。

在元件工具栏中单击 ✚（Place Source）按钮，或者通过 Ctrl+W 组合键调出放置元器件对话框并在弹出的对话框中的"Group"（元件组）栏中选择"Source"选项，在"Family"（元件系列）栏中选择"POWER_SOURCES"选项，并在"Component"（具体元器件）栏中选择"AC_POWER"选项，如图 A-32 所示。单击"OK"按钮，AC_POWER 将会粘贴在鼠标指针上，此时只需将鼠标指针移到所需位置后再次单击，即可将交流电源放置于此，其元件序号默认为 V1。由于 Multisim 12 软件中的交流电源为 120Vrms、60Hz，与我国标准不同，因此需进行调整参数。调整方法为：在该元件上双击右键，弹出的元件属性对话框，如图 A-33 所示。在"Value"（参数值）选项卡中，将"Voltage"（电压值）改为 220Vrms，将"Frequency"（频率值）改为 50Hz。

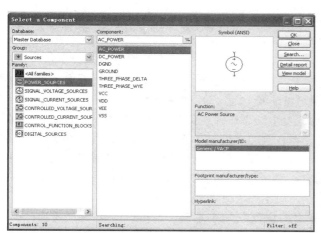
图 A-32 放置交流电压源

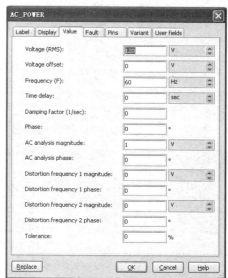
图 A-33 元件属性对话框

（2）放置其他元件。

在元件工具栏中单击 ⚡（Place Basic）按钮，按照上述选择交流电源方法选取 7 个电阻、1 个电位器、4 个电容和变压器，并根据设计电路调整元件参数（其中变压器变比为 20∶1）。在元件工具栏中单击 ⚡（Place Diode）按钮，选择桥堆、稳压管，并根据设计电路选择相应的器件。

在元件工具栏中单击 ⚡（Place Transistor）按钮，选择 NPN 三极管，由于 Multisim 12 软件中没有 9011、D882，应查找手册了解三极管参数，并在 Multisim 12 软件中查找替代三极管的器件（9011 可用 2N2221 替代、D882 可用 BD135 替代）。

（3）元件布局。

在放置好所需元器件后，要对其进行布局。元器件布局包括的基本操作主要有删除、移动、旋转、翻转、复制、剪贴、粘贴、替换、修改元器件标号等。具体介绍如下。

① 删除：右击该元件，在弹出的快捷菜单中选择"Delete"选项；或者选中该元件，按键盘上的 Delete 键。

② 移动：单击元件并按住鼠标不放，将其拖到目标地后松开鼠标即可；同理，可将所移动的部分电路选中，然后用鼠标按住选中的其中一个元件并拖到目标地后松开鼠标，即可将选中的电路移动到目标地。

③ 旋转：右击该元件，在弹出的快捷菜单中选择"Flip Horizontally"（水平翻转）、"Flip Vertically"（垂直翻转）、"Rotate 90 Clockwise"（顺时针旋转）、"Rotate 90 Counter Clockwise"（逆时针旋转）选项。

④ 复制、剪贴和粘贴：通用快捷键（Ctrl+C、Ctrl+X、Ctrl+V）。

⑤ 替换：双击元件打开元件属性对话框（图 A-33），单击左下方"Replace"按钮，弹出选择元件窗口，选择所需元件，单击"OK"按钮完成替换。

⑥ 修改元件标号：双击元件打开元件属性对话框，单击"Label"标签页进行标号修改，标号规定由字母和数字组成，不能含有特殊字符或空格。

3．电路连线

（1）线与线之间的连接。

Multisim 12 软件的连线只能从引脚或节点开始，若要从连线中间连接到另一连线中间时，必须在连线中间添加节点作为连线起始点，添加节点的方式有很多，其中常用的是执行"Place"→"Junction"命令，或者使用 Ctrl+J 组合键。

（2）连线的删除。

若要删除连线，则可右击该连线，在弹出的快捷菜单中选择"Delete"选项，或者选中该连线后，按键盘上的 Delete 键。

（3）连线的修改。

选中目标连线并将鼠标指针移到该连线上，鼠标指针变为上下双箭头模式，此时通过上下移动鼠标即可将连线上下移动，左右方向操作同理。

若想改变电路工作区中单根连线的颜色，如将双踪示波器 A、B 两个输入端的连线设置成不同颜色，示波器显示的波形颜色就是 A、B 两个输入端的连线颜色。改变电路工作区中单根连线的方法是：将鼠标指针指向欲改变颜色的某根连线并右击，弹出如图 A-34 所示的快捷菜单。

在弹出的快捷菜单中选择"Segment color"选项，弹出"Colors"对话框，在该对话框中选择所需的颜色，单击"OK"按钮即可。

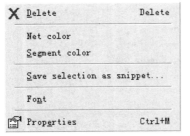

图 A-34　改变连线颜色菜单

（4）交叉点。

Multisim 12 软件会自动为丁字交叉线补上节点，而十字交叉线则不会，对此可采用分段连线方法进行连线，先从起点到交叉点，再从交叉点到终点。

通过上述方法完成整个直流稳压电源电路的连线如图 A-35 所示。

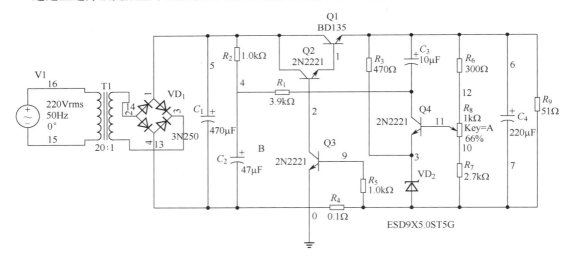

图 A-35　直流稳压电源电路的连线

4．保存电路

选择"File"→"Save"选项，弹出保存对话框，选择文件保存的路径，输入文件名："直流稳压电源"，默认扩展名为"*.ms12"。单击"保存"按钮，完成当前电路的保存。

为防止电路编辑过程中发生意外情况导致电路图文件丢失，要养成随时保存的好习惯；或者通过设计进行自动保存，选择"Option"→"Global Preferencces"选项，在弹出的"Preferences"对话框中单击"Save"标签，在打开的 Save 标签页中选择"Auto-Backup"选项，并在"Auto Backup Interal"（自动保存间隔时间）项中输入自动保存间隔时间，单位为分钟。

5. 子电路与层次电路的设计

子电路是用户自己建立的一种单元电路。将子电路存放在用户器件库中，可以反复调用并使用子电路。利用子电路可使复杂系统的设计模块化、层次化，可增加设计电路的可读性、提高设计效率、缩短设计电路周期。创建子电路的工作需要选择、创建、调用、修改几个步骤。

（1）子电路选择。将需要创建的电路放到电子工作平台的电路窗口上。为了能对子电路进行外部连接，需要对子电路添加输入/输出符号。执行"Place/ New Hierarchical Block/HB/ SB Connecter"命令或使用 Ctrl+I 组合键操作，屏幕上出现输入/输出符号，将其与电路的输入/输出信号端进行连接。带有输入/输出符号的子电路才能与外电路连接，如图 A-36 所示。按住鼠标左键拖动，完成子电路的选择。

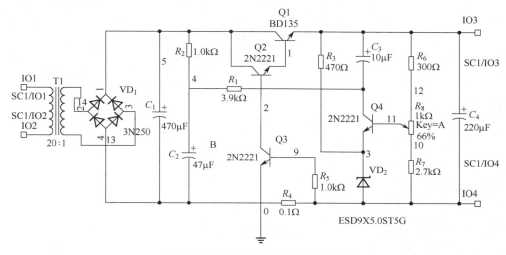

图 A-36 带输入/输出符号的子电路

（2）子电路创建。在电路工作区中，执行"Place"→"New Subcircuit"命令，在屏幕出现 Subcircuit Name 对话框，输入电路名称，单击"OK"按钮，则创建了电路名称的子电路，双击该子电路图标，则进入层次化模块——子电路对话框，单击"Open subcircuit"进入电路名称（SC1）子电路，将带输入/输出符号的电路粘贴于此即可，则电路工作区中将出现子电路模块，如图 A-37 所示，这样就完成了子电路的创建。

图 A-37 子电路模块

四、Multisim 12 元件库管理

Multisim 12 元件存放在 3 种不同的数据库中，执行"Tools"→"Database"→"Datebase Manager"命令，即可弹出数据库管理信息对话框，如图 A-38 所示。

在数据库管理信息对话框中，主要包括 Master Database（存放 Multisim 12 提供的所有元器件）、Corporate Database（存放被企业或个人修改、创建和导入的元器件）和 User Database（存放个人修改、创建和导入的元器件，仅能由使用者个人使用和编辑）。但第一次使用 Multisim 12 时，Corporate Database 和 User Database 时空的，可以导入或由用户自己编辑和创建。

Master Database 中包括 19 个元器件库，如图 A-39 所示。其中，包含 Sources（电源库）、Basic（基本元件库）、Diodes（二极管库）、Transistors（晶体管库）、Analog（模拟元件库）、TTL（TTL 器件库）、CMOS（CMOS 器件库）、MCU（微控制器库）、Advanced_Peripherals（先进外围设备

库)、Misc Digital（数字元件库）、Mixed（混合类元件库）、Indicator（指示元件库）、Power（电力元件库）、Misc（杂项元件库）、RF（射频元件库）、Electro_mechanical（机电类元件库）、Ladder_Diagrams（电气符号库）、PLD Logic（可编程逻辑器件库）、Connectors（连接器库）和 NI Components（NI 元器件库）。在 Master Database 数据库下面的每个分类元件库中，还包括多个元件系列（Family），各种仿真元件放在这些元件箱中以供调用。

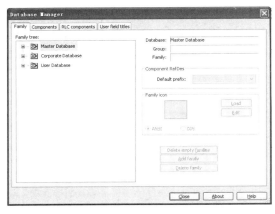

图 A-38　数据库管理信息对话框　　　　图 A-39　元器件库对话框

五、Multisim 12 元件库

1. Sources（电源库）

单击元件工具栏中的 Sources 图标，弹出如图 A-40 所示的元件选择对话框，该对话框各项说明如下。

Database 下拉列表：选择元件所属的数据库，包括 Master Database、Corporate Datebase 和 User Database。

Group 下拉列表：选择元件库的分类，在其下拉列表中包括 19 种库。

Family 栏：选择在每种库中包含的不同元件系列，如图 A-40 所示的 Sources 库中包含 7 个不同元件系列。

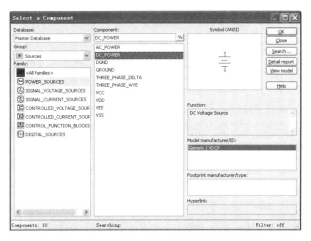

图 A-40　元器件选择对话框

Component 栏：显示 Family 栏中元件箱所包含的所有元件，POWER_SOURCES 元件系列包含 10 种电源，上方的文本框中可输入元件关键字进行查找。

Symbol（ANSI）栏：显示所选元件的符号，此处采用的是 ANSI 标准。

Function 栏：显示所选元件的功能描述，包括元件模型和封装等。

此外，对话框还有"OK"（单击该按钮选择元件放到工作区）、"Close"（单击该按钮关闭当前对话框）、"Search"（查找）等 6 个按钮。其他元件库的元件选择对话框和按钮的功能与图 A-40 中的基本一样，将不再详细叙述，仅对 Family 栏中的内容进行说明。

在 Family 栏中包括 7 种类型的电源，分别是 POWER_SOURCES（电源）、SIGNAL_VOLTAGE_SOURCES（电压信号源）、SIGNAL_CURRENT_SOURCES（电流信号源）、CONTROLLED_VOLTAGE_SOURCES（受控电压源）、CONTROLLED_CURRENT_SOURCES（受控电流源）、CONTROL_FUNCTION_BLOCKS（受控功能模块）、DIGITAL_SOURCES（数字信号源）。每一系列又含有很多电源或信号源，考虑到电源库的特殊性，所有电源均为虚拟组件。在使用过程中要注意如下几点。

（1）交流电源所设置电源的大小均为有效值。

（2）直流电压源的取值必须大于零，大小可以从微伏特到千伏特，而且没有内阻；若与另一个直流电压源或开关并联使用，则必须给直流电压源串联一个电阻。

（3）许多数字器件没有明确的数字接地端，但必须接上地才能正常工作。在用 Multisim 12 进行数字电路仿真时，电路中的数字元件要接上示意性的数字接地端，并且不能与任何器件连接，数字接地端是该电源的参考点。

（4）地：一个公共的参考点，电路中所有的电压都是相对于该点的电位差。在一个电路中，一般来说，应当有一个且只能有一个地。在 Multisim 12 中，可以同时调用多个接地端，但它们的电位都是 0V，并非所有电路都需接地，但下列情形应考虑接地。

① 运算放大器、变压器、各种受控源、示波器、波特图仪和函数信号发生器必须接地。对于示波器，如果电路中已有接地，示波器的接地端可不接地。

② 含模拟和数字元件的混合电路必须接地，可具体分为模拟地和数字地。

（5）V_{CC} 电压源常作为没有明确电源引脚的数字器件的电源，它必须放置在电路工作平台中。V_{CC} 电压源还可以用作直流电压源，通过其属性对话框可以改变电源电压的大小，并且可以是负值。另外，一个电路只能一个 V_{CC}。

（6）对于除法器，若 Y 端接有信号，X 端的输入信号为 0，则输出端变为无穷大或一个很大的电压（高达 1.69TV）。

2. Basic（基本元件库）

基本元件库有 17 个系列（Family）：BASIC_VIRTUAL（基本虚拟器件）、RATED_VIRTUAL（额定虚拟器件）、3D_VIRTUAL（3D 虚拟器件）、RPACK（排阻）、SWITCH（开关）、TRANSPORMER（变压器）、NON_IDEAL_RLC（非理想 RLC）、RELAY（继电器）、SOCKETS（插座）、SCHEMATIC_SYMBOLS（电气器件）、RESISTOR（电阻）、CAPACITOR（电容）、INDUCTOR（电感）、CAP_ELECTROLIT（极性电容）、VARIABLE_CAPACITOR（可变电容）、VARIABLE_INDUCTOR（可变电感）、POTENTIOMETER（电位器），每个系列又含有各种具体型号的元件。

3. Diodes（二极管库）

Multisim 12 提供的二极管库中共有 14 个系列（Family）：DIODE VIRTUAL（虚拟二极管）、DIODE（二极管）、ZENER（稳压管）、SWITCHING_DIODE（开关二极管）、LED（发光二极管）、PROTECTION_DIODE（保护稳压管）、FWB（桥堆）、SCHOTTKY_DIODE（肖特基二极管）、SCR

（可控硅整流器）、DIAC（双向开关二极管）、TRIAC（三端开关可控硅开关）、VARACTOR（变容二极管）、TSPD（半导体放电管）和 PIN（PIN 二极管）。

4. Transistors（晶体管库）

晶体管库将各种型号的晶体管分成 21 个系列（Family），分别是 TRANSISTORS_VIRTU-AL（虚拟晶体管）、BJT_NPN（NPN 晶体管）、BJT_PNP（PNP 晶体管）、BJT_COMP（COMP 晶体管）、DARLINGTON_NPN（达林顿 NPN 晶体管）、DARLINGTON_PNP（达林顿 PNP 晶体管）、BJT_NRES（带偏置 NPN 型 BJT 管）、BJT_PRES（带偏置 PNP 型 BJT 管）、BJT_CRES（带偏置复合型 BJT 管）、IGBT（绝缘栅双极型晶体管）、MOS_DEPLETION（耗尽型 MOS 管）、MOS_ENH_N（N 沟道增强型 MOS 管）、MOS_ENH_P（P 沟道增强型 MOS 管）、MOS_ENH_COMP（COMP 增强型 MOS 管）、JEFT_N（N 沟道结型场效应管）、JEFT_P（P 沟道结型场效应管）、POWER_MOS_N（N 沟道功率 MOSFET）、POWER_MOS_P（P 沟道功率 MOSFET）、POWER_MOS_COMP（COMP 功率 MOSFET）、UJT（单结晶体管）和 THERMAL_MODELS（热效应管），每个系列又含有具体型号的晶体管。

5. Analog（模拟集成器件库）

模拟集成器件库（Analog）含有 10 个系列（Family），分别为 ANALOG_VIRTUAL（模拟虚拟器件）、OPAMP（运算放大器）、OPAMP_NORTON（诺顿运算放大器）、COMPARATOR（比较器）、DIFFERENTIAL_AMPLIFIERS（差分放大器）、WIDEBAND_AMPS（宽带放大器）、AUDIO_AMPLIFIER（音频放大器）、CURRENT_SENSE_AMPLIFIER（电流感应放大器）、INSTRUMENTATION_AMPLIFIER（仪器放大器）、SPECIAL_FUNCTION（特殊功能运算放大器），每个系列又含有若干具体型号的器件。

6. TTL（TTL 器件库）

TTL 器件库含有 9 个系列（Family），主要包括 74STD、74STD_IC、74S、74S_IC、74LS、74LS_IC、74F、74ALS、74AS。每个系列都含有大量数字集成电路。其中，74STD 系列是标准 TTL 集成电路；74S 系列为肖特基型集成电路；74LS 系列是低功耗肖特基型集成电路；74F 系列为先进肖特基型集成电路。Multisim 12 新增 IC 系列器件库，其中，以 IC 结尾表示使用集成块模式，而没有 IC 结尾的表示为单元模式。

在使用 TTL 器件时应注意以下几点。

（1）若同一器件有数个不同的封装形式，仿真时，可以随意选择。

（2）对含有数字器件的电路进行仿真时，电路图中必须有数字电源符号和数字接地端。

（3）集成电路的逻辑关系可查阅相关的器件手册，也可以单击该集成电路属性对话框中的"detail report"按钮，就会弹出器件列表对话框，从中可查阅该集成电路的逻辑关系。

（4）集成电路的某些电气参数，可以单击该集成电路属性对话框中的"view model"读取。

7. CMOS（CMOS 器件库）

在 Multisim 12 提供的 CMOS 系列集成电路中共有 3 个系列（Family），主要包括 74HC 系列、4000 系列和 Tinylogic 的 NC7 系列的 CMOS 数字集成器件。

在 CMOS 系列中又分为 74C 系列、74HC/HCT 系列和 74AC/ACT 系列。对于相同序号的数字集成电路，74C 系列与 TTL 系列的引脚完全兼容，故序号相同的集成电路可以互换，并且 TTL 系列中的大多数集成电路都能在 74C 系列中找到相应的序号。74HC/HCT 系列是 74C 系列的一种增强型，与 74LS 系列相比，具有更大的输出电路。74AC/ACT 系列也称为 74ACL 系列，在功能上等同于各种 TTL 系列，对应的引脚不兼容，但 74AC/ACT 系列的集成电路可以直接使用到 TTL

系列的集成电路上。74AC/ACT 系列在许多方面超过 74HC/HCT 系列，如抗噪声性能、传输延时、最大时钟速率等。74AC/ACT 系列中集成电路的序号也不同于 TTL、74L 和 74AN/ACT 等系列。此外，最近还出现一种新的 CMOS 系列 74AHC，74AHC 系列中的集成电路比 74HC 系列快 3 倍。

Multisim 12 仿真软件根据 CMOS 集成电路的功能和工作电压，将它分成 6 个系列，分别是 CMOS_5V、CMOS_10V、CMOS_15V、74HC_2V、74HC_4V、74HC_2V。CMOS 系列与 TTL 系列一样，Multisim 12 也增加了 IC 模式的集成电路，分别是 CMOS_5V_IC、CMOS_10V_IC 和 74HC_4V_IC。

TinyLogic 的 NC7 系列根据供电方式分为 TinyLogic_2V、TinyLogic_3V、TinyLogic_4V、TinyLogic_5V、TinyLogic_6V 5 种。

CMOS 器件在具体使用时，应注意以下几点。

（1）当测试的电路中含有 CMOS 逻辑器件时，若要进行精确仿真，必须在电路中放置电压 V_{CC} 为 CMOS 器件提供偏置电压，其电压数值由选择的 CMOS 器件类型决定，且将电源负极接地。

（2）当某种 CMOS 器件是复合封装或包含多个型号时，处理方法与 TTL 电路相同。

（3）关于器件的逻辑关系可查 Multisim 12 的帮助文件。

8．Misc Digital（其他数字器件库）

上述 TTL 和 CMOS 器件库中的器件都是按器件的序号排列的，有时设计者仅知道器件的功能，而不知道具有该功能的器件型号，这就会给电路设计带来许多不便。而其他数字器件库中的器件则是按器件功能进行分类排列的。它包含了 TTL、DSP、FPGA、PLD、CPLD、MICROCONTRO-LLER（微控制器）、MICROPROCESSORS（微处理器）、MEMOR（存储器）、LINE_DRIVER（线性驱动器）、LINE_RECEIVER（线性接收器）和 LINE_TRANSCEIVER（线性收发器）11 个系列（Family）。

9．Mixed（混合器件库）

混合器件库含有 6 个系列（Family），分别是 Mixed Virtual（虚拟混合器件库）、ANALOG_S-WITCH（模拟开关）、ANALOG_SWITCH_IC（模拟开关集成电路）、TIMER（定时器）、ADC_DAC（模数_数模转换器）和 MULTIVIBRATORS（多谐振荡器），每个系列又含有若干具体型号的器件。

10．Indicator（指示器件库）

指示器件库含有 8 个系列（Family），分别是 VOLTMETER（电压表）、AMMETER（电流表）、PROBE（逻辑指示灯）、BUZZER（蜂鸣器）、LAMP（灯泡）、VIRTUAL_LAMP（虚拟灯泡）、HEX_DISPLAY（各种 LED 显示器）和 BARGRAPH（条形光柱）。部分器件系列又含有若干具体信号的指示器。

（1）电压表内阻默认为 1MΩ，电流表内阻默认为 1mΩ，用户可通过属性对话框进行设置。

（2）数码管使用时注意它的驱动电路和正向电压，否则数码管不显示。

11．POWER（电力器件库）

电力器件库含有 12 个系列（Family），分别是 POWER_CONTROLLERS（电源调功器）、SWITCHES（开关器件）、SWITCHING_CONTROLLERS（开关控制器）、BASSO_SMPS_CORE（开关电源核心器件）、BASSO_SMPS_AUXILIARY（开关电源辅助器件）、VOLTAGE_REFFERENCE（基准电压源）、VOLTAGE_REGULATOR（稳压器）、VOLTAGE_SUPPRESSOR（限压器）、LED_DRIVER（LED 驱动器）、RELAY_DRIVER（延迟驱动器）、FUSE（熔断丝）、MISCPOWER（其他电源）。各个系列又含有若干具体型号的器件。

12．Misc（杂项器件库）

Multisim 12 把不能划分为某一具体类型的器件另归一类，称为杂项器件库。杂项器件库含有

MISC_VIRTUAL（虚拟杂项器件）、OPTOCOUPLER（光耦）、CRYSTAL（晶体）、VACUUM_TUBE（真空管）、BUCK_CONVERTER（开关电源降压转换器）、BOOST_CONVERRER（开关电源升压转换器）、BUCK_BOOST_CONVERTER（开关电源升降压转换器）、LOSSY_TRANSMISSION_LINE（有损耗传输线）、LOSSLESS_LINE_TYPE1（无损害传输线 1）、LOSSLESS_LINE_TYPE2（无损害传输线 2）、FILTERS（滤波器）、MOSFET_DRIVER（MOSFER 驱动器）、MISC（杂项器件）、NET（网络）14 个系列。各个系列又含有若干具体型号的器件。

13．Advanced_peripherals（先进外围设备器件库）

Multisim 12 提供的先进外围设备库共分为 4 个系列，主要包括 KEYPADS（键盘）、LCDS（液晶显示）、TERMINALS（终端设备）和 MISC_PERIPHERALS（杂项外围设备）。这些外围设备可以在电路设计中作为输入、输出设备，属于交互式器件，因此不能编辑和修改，只能设置参数。

14．RF（射频器件库）

射频器件库含有 RF_CAPACITOR（射频电容）、RF_INDUCTOR（射频电感）、RF_BJT_NPN（射频 NPN 晶体管）、RF_BJT_PNP（射频 PNP 晶体管）、RF_MOS_2TDN（射频 MOSFET、TUNNEL_DIODE（隧道二极管）、STRIP_LINE（带状传输线）和 RERRITE_BEADS（铁氧体磁环）8 个系列。各个系列又含有若干具体型号的器件。

15．Electro_mechanical（机电设备库）

机电设备库含有 MACHINE（电机）、MOTION_CONTROLLERS（运动控制器）、SENSORS（传感器）、MECHANICAL_LOADS（机械负载）、TIMEED_CONTACT（定时触点开关）、COILS_RELAYS（线圈和继电器）、SUPPLEMENTAR_SWITCHES（附加触点开关）、PROTECTION_DEVICES（保护装置）8 个系列。各个系列又含有若干具体型号的器件。

16．NI Component（NI 器件）

17．Connectors（连接器）

18．MCU Module（微控制器器件库）

Multisim 12 提供的微控制器器件分为两大类 3 个系列（Family），主要包括单片机和存储器两大类。805X 系列单片机包括 8051 和 8052 两种；PIC 系列单片机包括 PIC16F84 和 PIC16F84A 两种；存储器包括 RAM（随机存储器）和 ROM（只读存储器）两种。

六、查找元器件

Multisim 12 提供了强大的搜索功能来帮助用户快速地找到所需的元器件，其具体操作步骤如下。
（1）执行 "Place" → "Component" 命令，弹出元器件浏览对话框。
（2）单击 "Search" 按钮，弹出搜索元器件对话框，如图 A-41 所示。
　　输入搜索的关键字，可以是数字和字母，不区分大小写，但至少要有一个条件，条件越多越精确。例如，在 Component（元件名称）输入 7400，如图 A-41 所示。
（3）单击 "Search" 按钮开始查找，查找结束自动弹出搜索结果对话框，如图 A-42 所示。
（4）从搜索结果中选出所需元件，单击 "OK" 按钮，弹出元件浏览对话框并自动选中该元件，再次单击 "OK" 按钮，即可将其放置在仿真工作区。

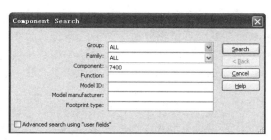 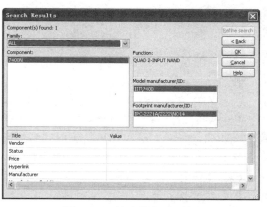

图 A-41　搜索元器件对话框　　　　图 A-42　搜索结果对话框

七、仿真分析方法

Multisim 12 提供了 19 种电路分析功能，包括了绝大多数电路仿真软件的分析类型。在主窗口中执行 Simulate/Analyses 命令或单击工具栏中的 按钮的下拉菜单时，可弹出如图 A-43 所示的分析菜单。

图 A-43　分析菜单

1. 创建需要分析的电路图

将需仿真分析的电路模型、电源、信号在工作区中连接完成。

2. 显示节点编号

由于 Multisim 12 是以节点作为输出变量，因此必须在仿真工作平台上将电路各节点的编号显示出来。显示节点编号的方法为：在主窗口中执行"Options/Sheet Properties"命令，将弹出"Sheet

Properties"对话框,在"Sheet Visibility"窗口下,可以选择是否显示元件参数、标号及节点;当选中"Net names"中的"Show all"选项时则仿真电路将显示各节点的编号。

3. 选择分析类型

执行"Simulate/Analyses"命令,弹出如图 A-43 所示菜单,选择所需分析类型。

(1) 直流工作点分析(DC Operating Point Analysis)。直流工作点分析称为静态工作点分析,在进行分析时,电路中电容被视为开路、电感视为短路,交流源视为零输出,电路中的数字器件被视为高阻接地。其分析结果是为后续的分析做准备,了解电路的直流工作点,才能进一步分析电路在交流信号作用下电路能否正常工作。

(2) 交流分析(AC Analysis)。交流分析是在正弦小信号工作条件下的一种频域分析。它计算电路的幅频特性和相频特性,是一种线性分析方法。Multisim 12 在进行交流频率分析时,分析电路的直流工作点,并在直流工作点处对各个非线性元件做线性化处理,得到线性化的交流小信号等效电路,并用交流小信号等效电路计算电路输出交流信号的变化。在进行交流分析时,电路工作区中自行设置的输入信号被忽略,无论输入哪种信号,在进行交流分析时,都自动设置为正弦信号,分析电路随正弦信号频率变化的频率响应曲线。

(3) 单一频率分析(Single Frequency Analysis)。单一频率分析是对电路的某一频率的响应分析。

(4) 瞬态分析(Transient Analysis)。瞬态分析是一种非线性时域分析方法,是在给定输入激励信号时,分析电路输出的瞬态响应。Multisim 12 在进行瞬态分析时,首先计算电路的初始状态,然后从初始时刻到某个给定的时间范围内,选择合理的时间步长,计算输出端在每个时间的输出电压,输出电压由一个完整周期中的各个时间点的电压来决定。在启动瞬态分析时,只要定义起始时间和终点时间,Multisim12 既可以自动调节合理的时间步进值,以兼顾分析精度和计算时需要的时间,又可以自行定义时间步长,以满足一些特殊要求。

(5) 傅里叶分析(Fourier Analysis)。傅里叶分析用于分析复杂的周期性信号。它将非正弦周期信号分解为一系列正弦波、余弦波和直流分量之后,根据傅里叶级数的数学原理,周期函数 $f(t)$ 可以写为

$$f(t) = A_0 + A_1\cos\omega t + A_2\cos2\omega t + \cdots + B_1\sin\omega t + B_2\sin\omega t + \cdots$$

傅里叶分析以图表或图形方式给出信号电压分量的幅值频谱和相位频谱。傅里叶分析同时计算了信号的总谐波失真(THD),THD 定义为信号的各次谐波幅度平方和的平方根再除以信号的基波幅度,并以百分数表示。

(6) 噪声分析(Noise Analysis)。电路中的电阻和半导体器件在工作时都会产生噪声,噪声分析即是定量分析电路中噪声的大小。Mulitisim12 提供热噪声、散弹噪声和闪烁噪声 3 种不同的噪声模型。噪声分析利用交流小信号等效电路,计算由电阻和半导体器件所产生的噪声总和。如果噪声源互不相关,并且这些噪声值都可以独立计算,那么总噪声等于各个噪声源对于特定输出节点的噪声值的均方根之和。

(7) 噪声系数分析(Noise Figure Analysis)。噪声系数分析用于分析电路的噪声系数。

(8) 失真分析(Distortion Analysis)。放大电路输出信号的失真通常是由电路增益的非线性与相位不一致造成的。增益的非线性将会造成参数谐波失真,相位的不一致将产生互调失真。Multisim12 失真分析通常用于分析那些采用瞬态分析不易察觉的微小失真。如果电路有一个交流信号,Multisim12 的失真分析将计算每点的二次和三次谐波的复变值;如果电路有两个交流信号,那么分析 3 个特定频率的复变值。这三个频率分别为 (f_1+f_2)、(f_1-f_2)、$(2f_1-f_2)$。

(9) 直流扫描分析(DC Sweep Analysis)。直流扫描分析是根据电路直流电源数值的变化,计算电路相应的直流工作点。在分析前,可以选择直流电源的变化范围和增量。在进行直流扫描分析时,电路中的所有电容视为开路,所有电感视为短路。

在分析前，需要确定扫描的电源是一个还是两个，并确定分析的节点。如果只扫描一个电源，得到的是输出节点值与电源值的关系曲线。如果扫描两个电源，那么输出曲线的数目等于两个电源被扫描的点数。第二个电源的每个扫描值，都对应一条输出节点值与第一个电源值的关系曲线。

（10）灵敏度分析（Sensitivity Analysis）。灵敏度分析是研究电路某个元件的参数发生变化时对电路节点或支路电路的影响程度。灵敏度分析可分为直流灵敏度分析和交流灵敏度分析。直流灵敏度分析的仿真结果以数值形式显示，而交流灵敏度分析的仿真结果则绘出相应的曲线。

（11）参数扫描分析（Parameter Sweep Analysis）。参数扫描分析是用来检测电路中某个元件的参数在一定取值范围内变化时，对电路直流工作点、瞬态特性、交流频率特性的影响。在实际电路设计中，可以针对电路的某些技术指标进行优化。

（12）温度扫描分析（Temperature Sweep Analysis）。温度扫描分析用于分析在不同温度条件下的电路特性。由于在电路中许多元件参数与温度有关，当温度变化时电路特性也会变化，因此相当于元件每次取不同温度值进行多次仿真。可以通过温度扫描分析对话框，选择被分析元件温度的起始值、终值和增量值。在进行其他分析时，电路的仿真温度默认值设定在 27℃。

（13）零极点分析（Pole-Zero Analysis）。零极点分析主要是求解交流小信号电路传递函数中的零点和极点，对电路的稳定性分析相当有用。通常程序先进行直流工作点分析，对非线性元器件求得线性化的小信号模型，在此基础上再进行传递函数的零点和极点分析。

（14）传递函数分析（Transfer Function Analsis）。传递函数分析是分析一个输入源与两个节点间的输出电压或一个输入源与一个电流输出变量之间的小信号传递函数。该分析也可以用于计算电路的输入阻抗和输出阻抗。在传递函数分析中，输出变量可以是电路中的节点电压，但输入源必须是独立源。在进行该分析前，程序先自动对电路进行直流工作点分析，求得线性化的模型，然后在进行小信号分析求得传递函数。

（15）最坏情况分析（Worst Case Analysis）。最坏情况分析是一种统计分析方法。通过它可以观察到在元件参数变化时，电路特性变化的最坏可能性。在最坏情况电路中，元件参数在容差域边界点上引起电路性能的最大偏差。

（16）蒙特卡罗分析（Monte Carlo Analysis）。蒙特卡罗分析利用一种统计方法，分析电路元件的参数在一定数值范围内按照指定的误差分布变化时对电路性能的影响，它可以预测电路在批量生产时的合格率和生产成本。

对电路进行蒙特卡罗分析时，一般要进行多次仿真分析，首先要按电路元件参数标称数值进行仿真分析；然后在电路元件参数标称值基础上加减一个 δ 值再进行仿真分析，所取的 δ 值大小取决于所选择的概率分布类型。

（17）布线宽度分析（Trace Width Analysis）。布线宽度分析就是在制作印制电路板时，对导线有效的传输电路所允许的最小线宽的分析，导线所散发的功率不仅与电流有关，还与导线的电阻有关，而导线的电阻又与导线的横截面积有关。在制作印制电路板时，导线的厚度受板材的限制，那么导线的电阻就主要取决于印制电路板设计者对导线宽度的设置。

（18）批处理分析（Batched Analysis）。在实际电路中，通常需要对同一个电路进行多种分析，如基本放大器，通过直流工作点分析确定其静态工作点；通过交流分析了解其频率特性；通过瞬态分析观察输入、输出波形；通过批处理分析可以将这些不同的分析功能放在一起，一次执行。

（19）用户自定义分析（User Defined Analysis）。

用户自定义分析可以由用户扩充分析功能，在图 A-43 所示的分析菜单中，执行 User defined analysis 命令，则出现用户自定义分析对话框。用户可以在"Commands"选项卡下的文本框中输入可执行的"SPICE"命令，单击"Simulate"按钮即可执行此项分析。"User Defined Analysis"对话框中"Miscellaneous Options"和"Summary"选项卡的功能与直流工作点分析中的选项卡的功能一样。

附录 B 部分电路仿真实例

一、基本放大电路

基本放大电路原理图如图 B-1 所示。

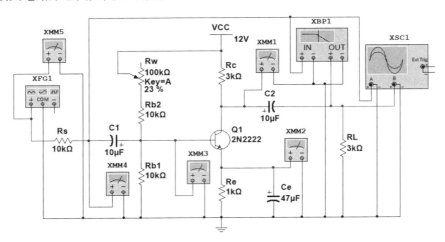

图 B-1 基本放大电路原理图

基本放大电路静态工作点测量如图 B-2 所示。

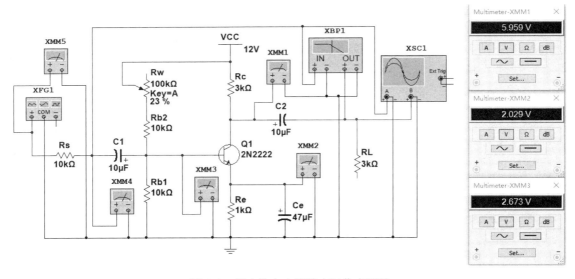

图 B-2 基本放大电路静态工作点测量

基本放大电路静态工作点测量如表 B-1 所示。

表 B-1　基本放大电路静态工作点测量

V_c/V	V_b/V	V_e/V
5.959	2.673	2.029

基本放大电路空载放大倍数测量如图 B-3 所示。

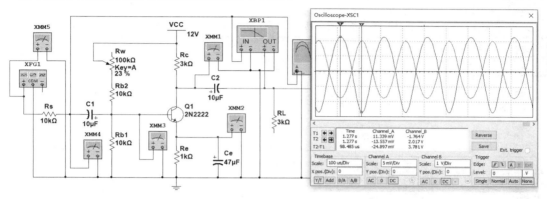

图 B-3　基本放大电路空载放大倍数测量

基本放大电路带负载放大倍数测量如图 B-4 所示。

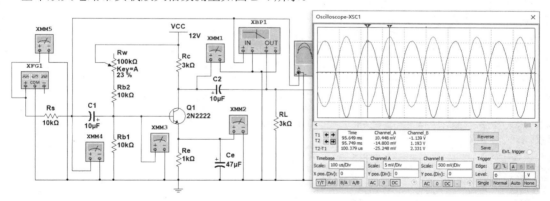

图 B-4　基本放大电路带负载放大倍数测量

基本放大电路输入电阻测量如图 B-5 所示。

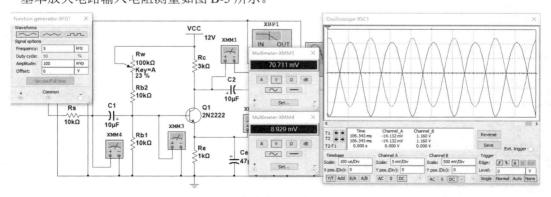

图 B-5　基本放大电路输入电阻测量

基本放大电路放大倍数、输入电阻、输出电阻测量如表 B-2 所示。

表 B-2 基本放大电路放大倍数、输入电阻、输出电阻测量

V_s（有效值）	V_i（有效值）	V_i（峰-峰值）	$V_{o\infty}$（峰-峰值）	V_{OL}（峰-峰值）
70.711mV	8.928mV	-25.248mV	3.781V	2.331V

基本放大电路放大倍数、输入电阻、输出电阻计算如表 B-3 所示。

表 B-3 基本放大电路放大倍数、输入电阻、输出电阻计算

$A_{v\infty}$	A_{vL}	R_i	R_o
≈-149.75	≈-92.32	≈1.45kΩ	≈1.87kΩ

基本放大电路中频带增益测量如图 B-6 所示。

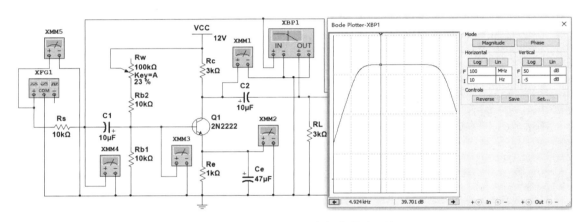

图 B-6 基本放大电路中频带增益测量

基本放大电路下限频率测量如图 B-7 所示。

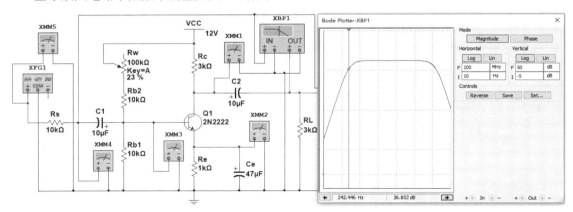

图 B-7 基本放大电路下限频率测量

基本放大电路上限频率测量如图 B-8 所示。

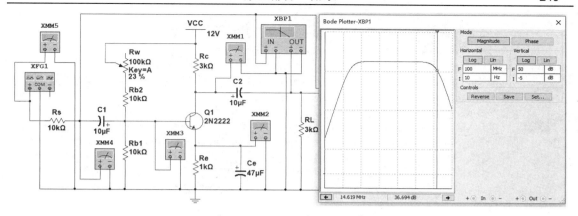

图 B-8 基本放大电路上限频率测量

基本放大电路通频带测量如表 B-4 所示。

表 B-4 基本放大电路通频带测量

增益/dB	f_m	f_L	f_H
Max=39.701	4.924kHz	—	—
Max−3dB=36.701	—	≈242.446Hz	≈14.619MHz

二、运算放大器构成的反相放大器

运算放大器构成的反相放大器原理如图 B-9 所示。

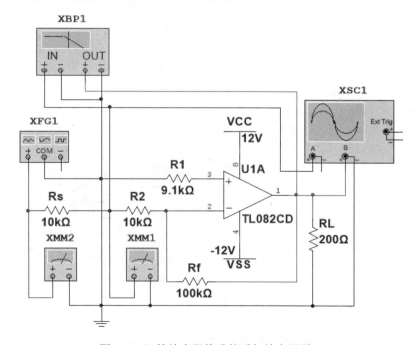

图 B-9 运算放大器构成的反相放大器原理

反相放大器空载放大倍数测量如图 B-10 所示。

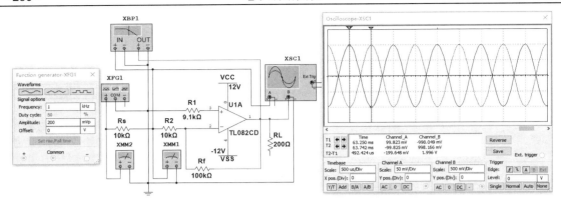

图 B-10 反相放大器空载放大倍数测量

反相放大器带负载放大倍数测量如图 B-11 所示。

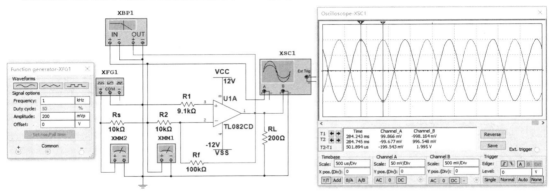

图 B-11 反相放大器带负载放大倍数测量

反相放大器输入电阻测量如图 B-12 所示。

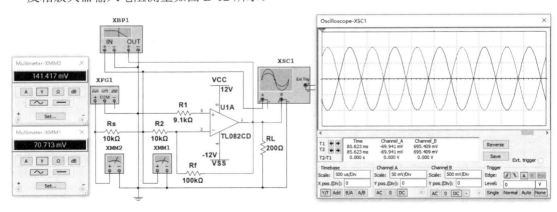

图 B-12 反相放大器输入电阻测量

反相放大器放大倍数、输入电阻、输出电阻测量如表 B-5 所示。

表 B-5 反相放大器放大倍数、输入电阻、输出电阻测量

V_s（有效值）	V_i（有效值）	V_i（峰-峰值）	$V_{o\infty}$（峰-峰值）	V_{oL}（峰-峰值）
141.417mV	70.713mV	-199.648mV	1.996V	1.995V

反相放大器放大倍数、输入电阻、输出电阻计算如表 B-6 所示。

表 B-6 反相放大器放大倍数、输入电阻、输出电阻计算

$A_{V\infty}$	A_{vL}	R_i	R_o
≈-9.998	≈-9.993	≈10kΩ	≈0.1Ω

反相放大器中频带增益测量（10 倍）如图 B-13 所示。

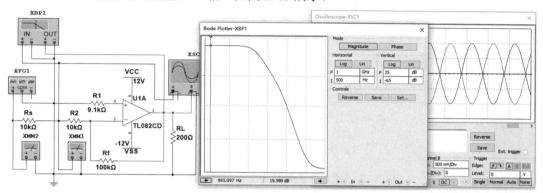

图 B-13 反相放大器中频带增益测量（10 倍）

反相放大器上限频率测量（10 倍）如图 B-14 所示。

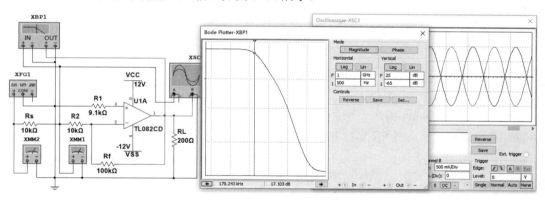

图 B-14 反相放大器上限频率测量（10 倍）

反相放大器中频带增益测量（51 倍）如图 B-15 所示。

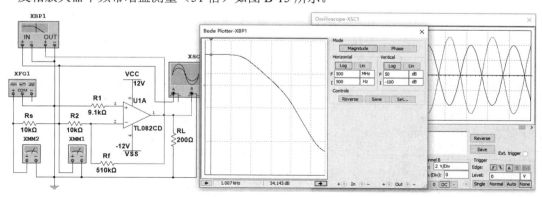

图 B-15 反相放大器中频带增益测量（51 倍）

反相放大器上限频率测量（51 倍）如图 B-16 所示。

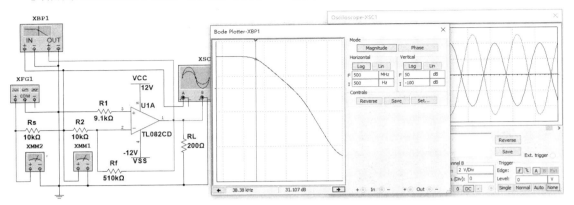

图 B-16　反相放大器上限频率测量（51 倍）

反相放大器通频带测量及增益带宽积验证如表 B-7 所示。

表 B-7　反相放大器通频带测量及增益带宽积验证

增益/dB	f_m	f_H	GBW
19.999	993.097Hz	—	—
17.103	—	179.243kHz	1283.38
34.143	1.007kHz	—	—
31.107	—	38.38kHz	1377.84

三、组合逻辑电路之码制转换器

码制转换器输入 0000 如图 B-17 所示。

码制转换器输入 0001 如图 B-18 所示。

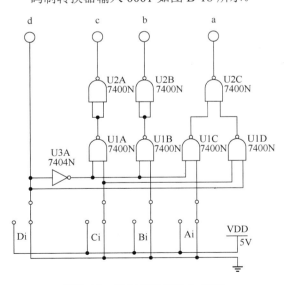
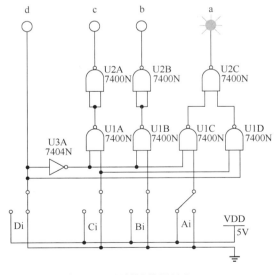

图 B-17　码制转换器输入 0000　　　　　图 B-18　码制转换器输入 0001

码制转换器输入 0010 如图 B-19。
码制转换器输入 0011 如图 B-20 所示。

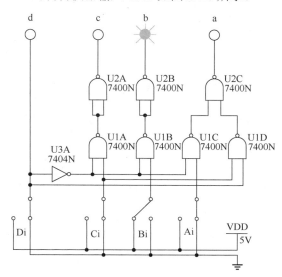

图 B-19　码制转换器输入 0010

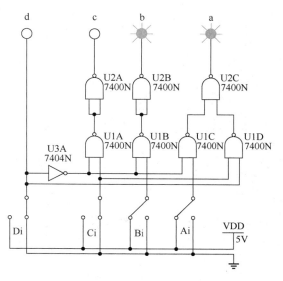

图 B-20　码制转换器输入 0011

码制转换器输入 0100 如图 B-21 所示。
码制转换器输入 0101 如图 B-22 所示。

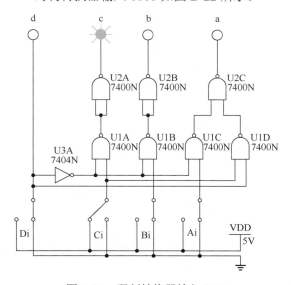

图 B-21　码制转换器输入 0100

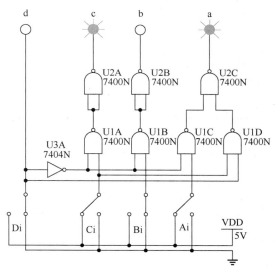

图 B-22　码制转换器输入 0101

码制转换器输入 0110 如图 B-23 所示。
码制转换器输入 0111 如图 B-24 所示。
码制转换器输入 1000 如图 B-25 所示。
码制转换器输入 1001 如图 B-26 所示。
码制转换器输入 1010 如图 B-27 所示。
码制转换器输入 1011 如图 B-28 所示。

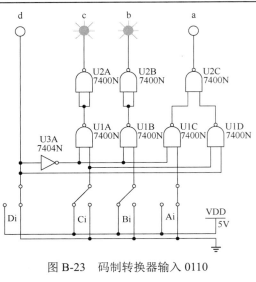
图 B-23　码制转换器输入 0110

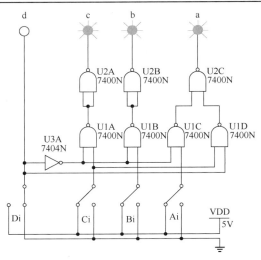
图 B-24　码制转换器输入 0111

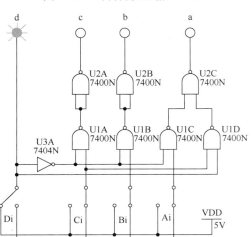
图 B-25　码制转换器输入 1000

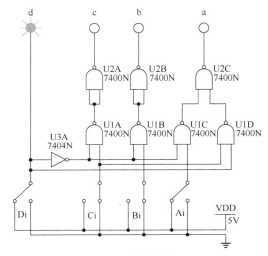
图 B-26　码制转换器输入 1001

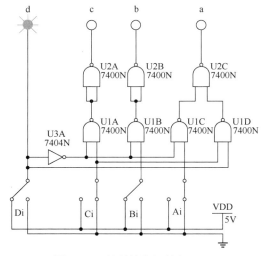
图 B-27　码制转换器输入 1010

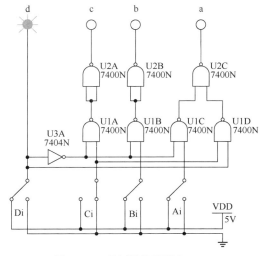
图 B-28　码制转换器输入 1011

码制转换器输入 1100 如图 B-29 所示。
码制转换器输入 1101 如图 B-30 所示。

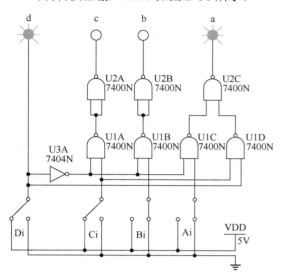

图 B-29　码制转换器输入 1100

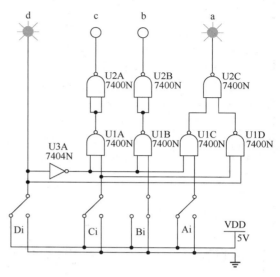

图 B-30　码制转换器输入 1101

码制转换器输入 1110 如图 B-31 所示。
码制转换器输入 1111 如图 B-32 所示。

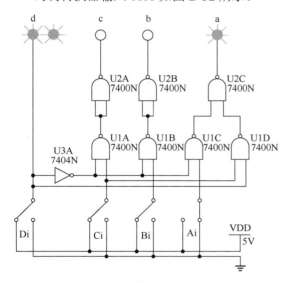

图 B-31　码制转换器输入 1110

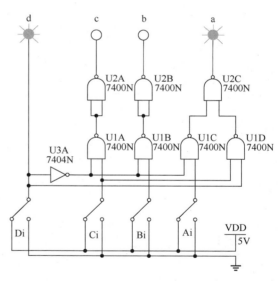

图 B-32　码制转换器输入 1111

码制转换器真值表如表 B-8 所示。

表 B-8　码制转换器真值表

D	C	B	A	d	c	b	a
0	0	0	0	0	0	0	0
0	0	0	1	0	0	0	1
0	0	1	0	0	0	1	0

续表

D	C	B	A	d	c	b	a
0	0	1	1	0	0	1	1
0	1	0	0	0	1	0	0
0	1	0	1	0	1	0	1
0	1	1	0	0	1	1	0
0	1	1	1	0	1	1	1
1	0	0	0	1	0	0	0
1	0	0	1	1	0	0	1
1	0	1	0	1	0	0	0
1	0	1	1	1	0	0	1
1	1	0	0	1	1	0	0
1	1	0	1	1	0	0	1
1	1	1	0	1	0	0	0
1	1	1	1	1	0	0	1

四、时序逻辑电路之同步模 5 加计数器

同步模 5 加计数器原理图如图 B-33 所示。

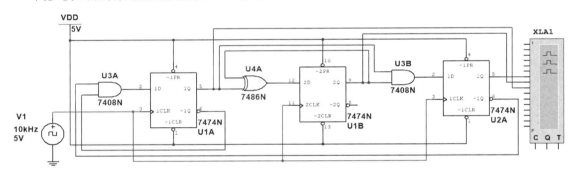

图 B-33　同步模 5 加计数器原理图

同步模 5 加计数器输出逻辑分析如图 B-34 所示。

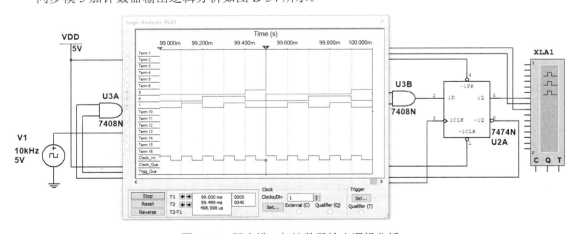

图 B-34　同步模 5 加计数器输出逻辑分析

同步模 5 加计数器时序表如表 B-9 所示。

表 B-9 同步模 5 加计数器时序表

CP	Q2	Q1	Q0
1	0	0	0
2	0	0	1
3	0	1	0
4	0	1	1
5	1	0	0
6	0	0	0

五、时基 555 构成的施密特触发器

时基 555 构成的施密特触发器原理如图 B-35 所示。

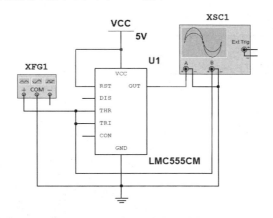

图 B-35 时基 555 构成的施密特触发器原理

时基模式（V/T）下的转换电平测量如图 B-36 所示。

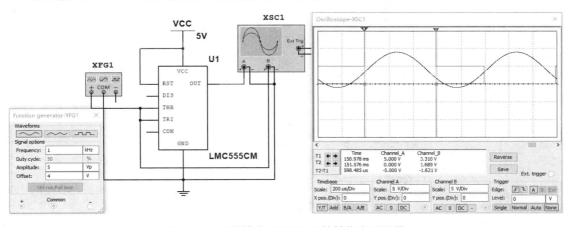

图 B-36 时基模式（V/T）下的转换电平测量

施密特触发器电压传输特性曲线及转换电平测量如图 B-37 所示。
转换电平测量如表 B-10 所示。

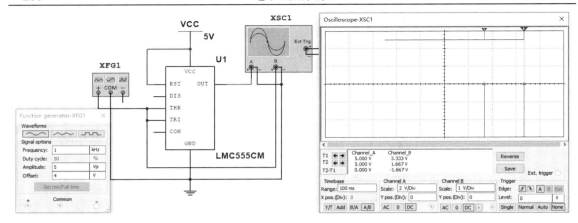

图 B-37　施密特触发器电压传输特性曲线及转换电平测量

表 B-10　转换电平测量

V_{T+}	V_{T-}
1.667V	3.333V

六、数字钟设计与仿真

数字钟电路如图 B-38 所示。

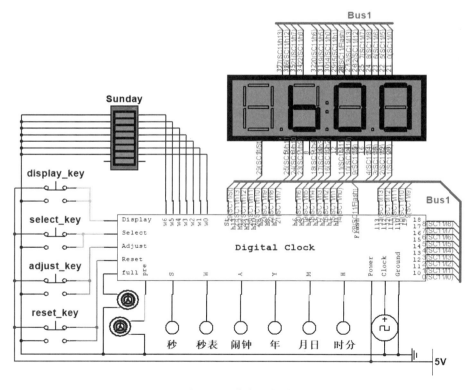

图 B-38　数字钟电路

数字钟上电开启状态如图 B-39 所示。

数字钟启动运行状态如图 B-40 所示。

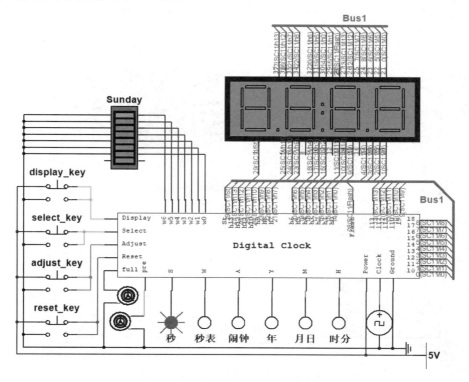

图 B-39 数字钟上电开启状态

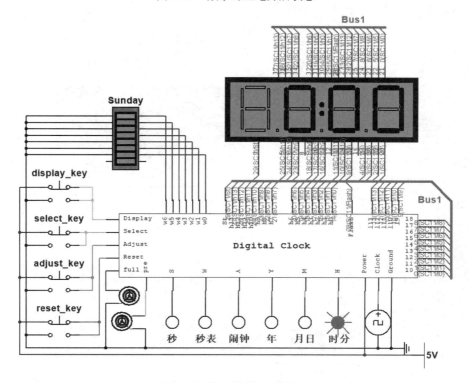

图 B-40 数字钟启动运行状态

数字钟年份设置显示状态如图 B-41 所示。

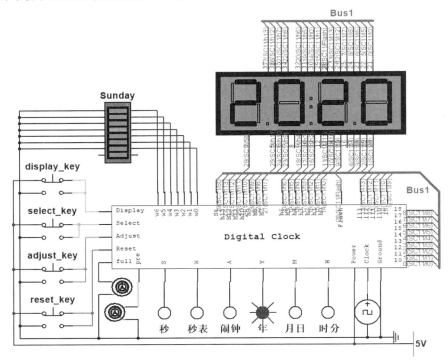

图 B-41　数字钟年份设置显示状态

数字钟日期设置显示状态如图 B-42 所示。

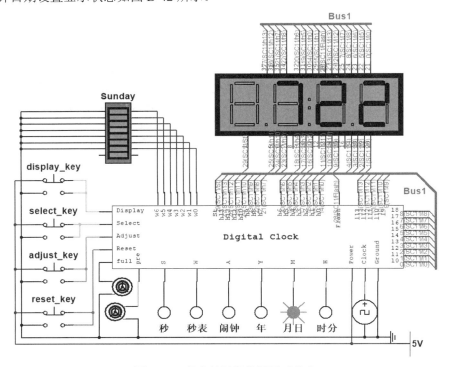

图 B-42　数字钟日期设置显示状态

附录 C 常见故障排除与分析

一、仪器篇

1. 直流稳压电源

Q：没有电压输出？

A：确认所选的输出端为 CH1 还是 CH2，并且输出接线是否连接正确，"POWER"键右边为 CH2 通道，再右边为 CH1 通道。确认是否按下"OUTPUT"键。

Q：输出电压与预设值不符？

A：确认输出保护电流设置值（右中面板处"CURRENT"旋钮调节，主显示面板下方显示值，单位为 A），确认输出连接回路总电流是否超出此保护电流设置值。若过流，稳压电源将进入恒流状态，输出通道指示灯（C.V./C.C.）亮且为"红色"。

Q：确认输出回路不过流，输出电压仍与预设值不符？

A：确认是否按下"串联"（SER INDEP）键或"并联"（PARA INDEP）键，若键被按下，对应键灯将亮起。当工作在"串联"模式下，输出接线应一条线接 CH1"+"端且另一条线接 CH2"-"端，输出电压值为 CH1 预设值的 2 倍。

Q：输出值无法改变？

A：确认"LOCK"指示灯是否亮起、代表值被锁定，需长按对应键，解除锁定后方可调整输出值。

2. 信号发生器

Q：没有信号输出？

A：确认是否按下"OUTPUT"键。

Q：输出信号不符？

A：确认输出通道选择为 CH1 或 CH2。确认是否连接正确输出端口，CH1（主通道）位于下方、CH2（从通道）位于上方。

Q：以上操作已确认无误，但输出信号仍有问题？

A：确认 BNC 连接线是否完好，黑夹子是否连接公共端。必要时可先拆下连接线，确认信号发生器输出端口是否存在故障：端口内针为信号端、外圈为公共端。若端口无故障，则可更换连接线后再测试。

3. 数字万用表

Q：示数 4 位"0"闪烁？

A：确认是否功能挡置于电阻挡。确认量程挡是否选择合适（超量程将出现闪烁）。

Q：示数只有 4 位有效数字？

A：确认被测对象最高位是否为"1"，且量程挡是否选择合适（仅最高位为"1"且量程合适，才会显示 5 位有效数字）。

Q：测量电阻显示示数与标称阻值差别大？

A：确认电阻色环的读数是否正确。确认万用表表笔与电阻引脚接触良好，确认无并接人体电阻（尤其测量大电阻阻值时）。

Q：PN 结测试不符？

A：确认功能挡是否选择电阻（二极管）挡，且量程挡置于"2"处，此时 V/Ω 端接万用表内置电源正极、COM 端接万用表内置电源负极，通过表笔连接使 PN 结正偏时，示数为 PN 结正向压降（单位为 V），PN 结反偏时，示数闪烁。

Q：测量电压显示示数与被测电压理论值不符？

A：确认被测电压类型，交流电压或直流电压。确认万用表 DC/AC 挡按键正确（按下为 AC 挡，弹出为 DC 挡）。

Q：确认被测电压为交流电压，且 DC/AC 挡按键正确，示数仍与理论值不符？

A：确认被测电压是否为"正弦信号"类型，GDM-8145 型数字万用表只能测量正弦交流信号，且 AC 测量值为"有效值"。确认被测电压频率是否低于 50kHz、是否高于 40Hz，GDM-8145 型数字万用表交流工作频率范围为 40Hz～50kHz（200V 以下量程）。若需得到的为均方根值，确认 DC/AC 挡左边的均方根测量按键是否按下。

4．多功能实验箱

Q：没有电源输出？

A：确认实验箱总电源开关（ADCL-XD 型实验箱总电源开关一般位于后方或右侧）是否开启。

Q：输出电源不符？

A：确认实验箱连接的电源端口是否正确（+5V、−5V、+12V、−12V、−8V），确认公共端（GND，实验箱提供多处端口，注意左侧 GND 端口边上为电源输出端口，勿接错）是否正确连接。

Q：实验箱扬声器不工作？

A：用数字万用表进行电阻测量，若测得阻值为 8Ω 左右，则扬声器状态正常；否则扬声器故障（示数近似为 0 即扬声器短路，示数闪烁即扬声器开路），需更换。

Q：电位器阻值不符？

A：确认连线是否正确，电位器于实验箱面板自上而下分别为 470Ω、1kΩ、10kΩ、100kΩ。各电位器 3 个连接端，上下两端为固定端、中间端为可调端。若固定端阻值测量不符，则电位器此两端连接故障；若可调端与某一固定端阻值测量不符，或者适当幅度调节旋钮，阻值无变化（或持续闪烁），则可调端与此固定端连接故障。

Q：面包板连接不符？

A：面包板分宽条和窄条，连通性不同。宽条面包板竖向 5 孔相通、跨槽不通，横向不通。窄条面包板横向 25 孔相通、过中间大间隔不通，竖向不通。面包板各孔内有金属弹片、用于电气连接，需确保元件引脚与金属弹片接触良好。若引脚规格与孔径不符，可能造成引脚与金属弹片接触不良；或者引脚被金属弹片弹出等情况。

5．示波器

Q：示波器显示面板无信号？

A：确认通道开关是否打开，若打开，则对应通道键（1 或 2）灯亮。确认垂直位置是否合适，可按下通道键下方旋钮，一键将垂直位置置于正中。

Q：波形显示不稳定？

A：确认公共端是否连接正确。确认触发源选择是否正确，若单通道观测，则通过"Trigger"按键进行选择，触发源与通道一致。若双通道观测，则先确保 2 路信号相关（不相关信号只能有

1路稳定），再选择2路信号中周期大的信号端作为触发源。若周期相同，则选择信号边缘好的信号端作为触发源。若观测多相关波形（超过2路信号），则用BNC连线接示波器背后的外部触发端，并连接多波形中周期大、信号边缘好的信号端，触发源选择"外部"。触发源选择正确后，再确保触发电平设置合适，即触发电平应置于被测信号（显示于示波器显示面板）的最高值与最低值之间，通过"Trigger"按键右边的"Level"旋钮进行调整，也可按下此旋钮，一键将触发电平置于被测信号正中（Push for 50%）。

Q：波形毛刺多？

A：确认公共端是否连接正确。按下对应通道键，选中"带宽限制"功能。

Q：示波器显示与被测波形不符？如果只显示一个点？

A：确认扫描模式是否为"V/T"时基模式，即水平方向代表时间、垂直方向代表信号幅值。通过"Horiz"按键进行设置，可在"V/T""X/Y"等模式进行切换。如果只显示一个点，应是在"X/Y"模式下，并且一个通道无信号。

二、电路篇

1. 基本放大电路

Q：调静态工作点时 V_c 无法调到 $V_{CC}/2$？

A：确认三极管型号选择正确，确认三极管引脚辨识正确，确认电路连接正确，确认所选电位器阻值合适且无故障。

Q：放大倍数很小，与理论值不符？

A：确认与 R_e 相并联的电容 C_e 是否连接正确，选择的容值是否合适。

Q：输出电阻几乎为0？

A：确认负载 R_L 一端接 V_o，一端接 GND，以构成闭合的输出回路。

2. 集成运算放大器

Q：运放不工作？

A：确保运放在面包板上的放置正确，应将2排引脚分插在宽条面包板的槽两侧。确保运放的电源接入正确，对于TL082运放，8脚接正电源、4脚接负电源（或GND），对于TL084运放，11脚接正电源、4脚接负电源（或GND）。

Q：输出与输入不满足运算方式？

A：确保运放的放置正确、电源接入正确。确保运放工作在负反馈状态，即反馈电阻一端接 V_o（1脚或7脚），另一端接 $V-$（对应为2脚或6脚）。确保电路公共端连接正确。确保运放工作在线性区，即输入信号幅值经运算后的理论输出幅值，不超过运放的动态范围（通常的动态范围为电源的80%～90%）。

Q：RC文氏电桥振荡器输出波形为一条直线？

A：电路未满足起振条件，确认运放构成的同相放大器 $A_v > 3$。

Q：窗口电压比较器不工作？

A：确认"$+V_{CC}$"经电阻接入反相端，"$-V_{CC}$"经电阻接入同相端。

附录 D 常用集成电路引脚图

一、TTL 系列集成电路引脚图

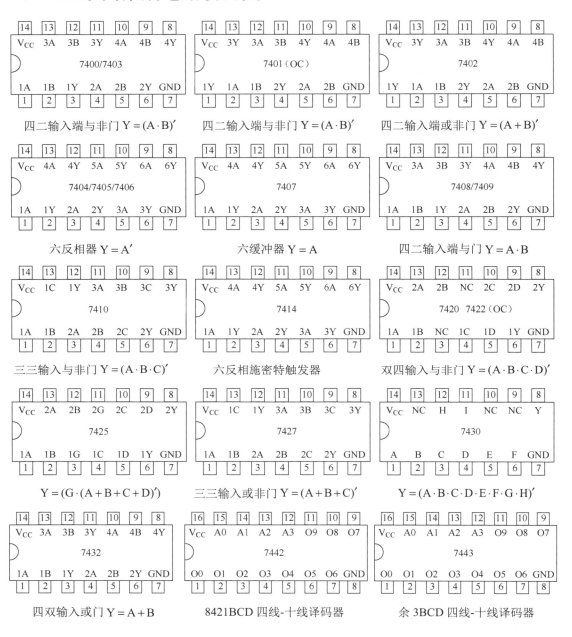

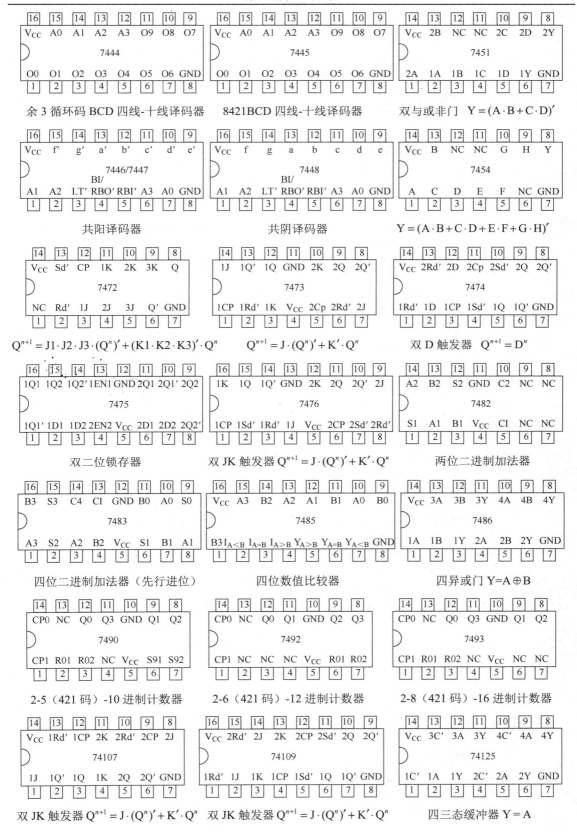

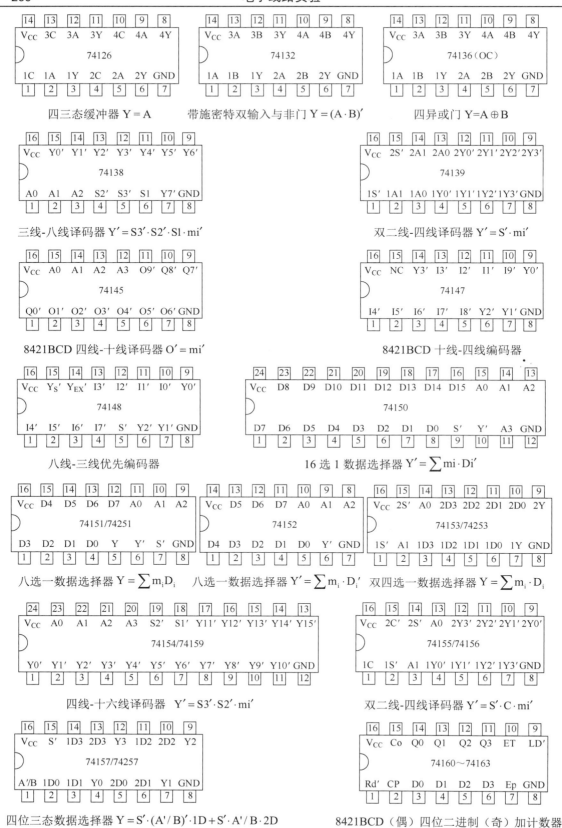

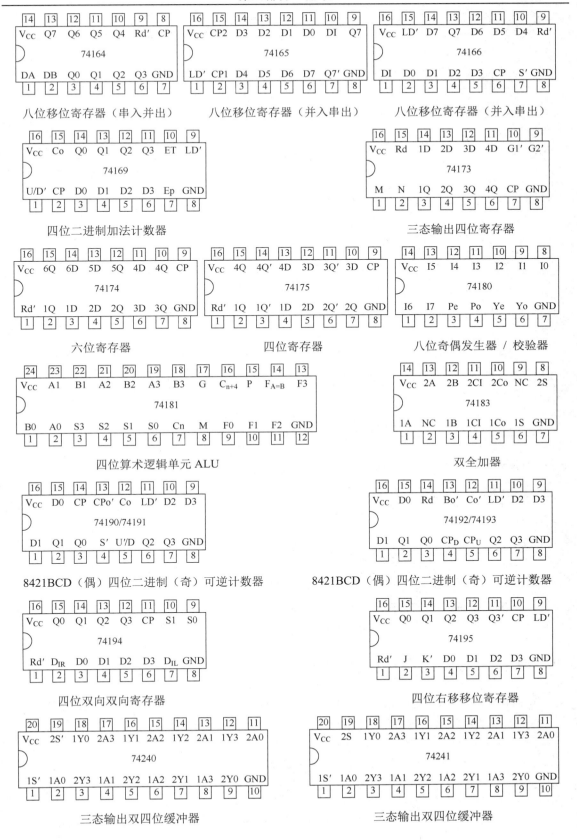

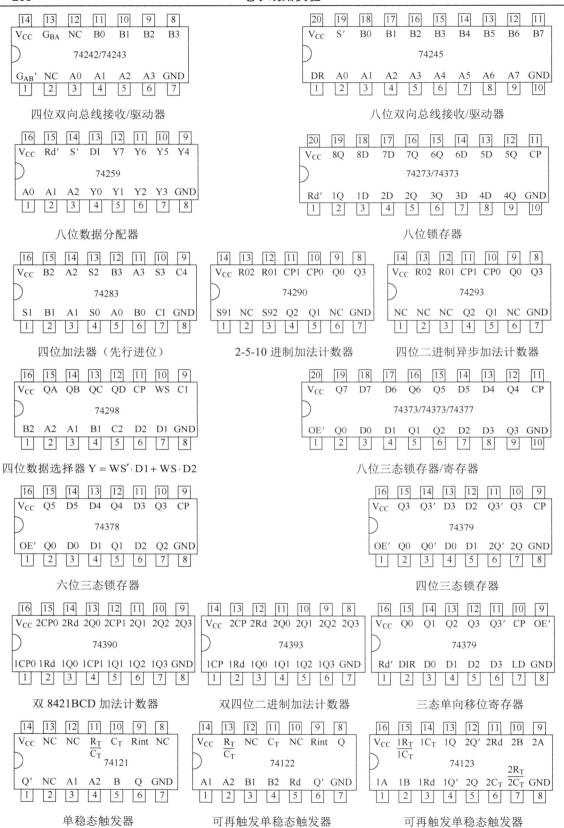

二、CMOS 系列芯片引脚图

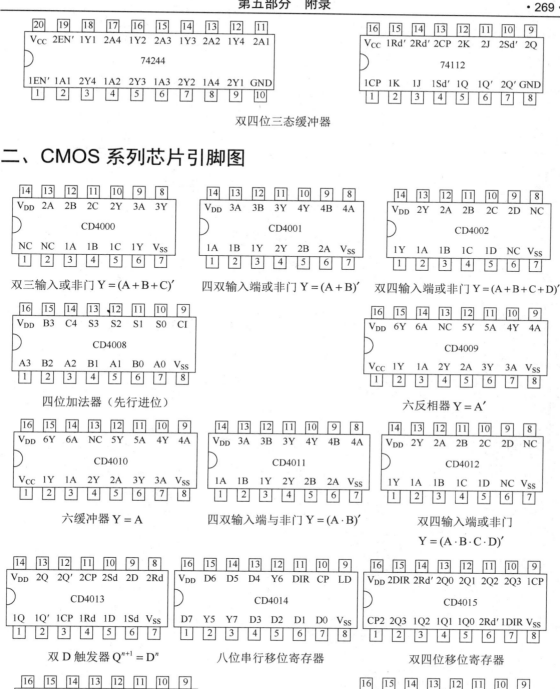

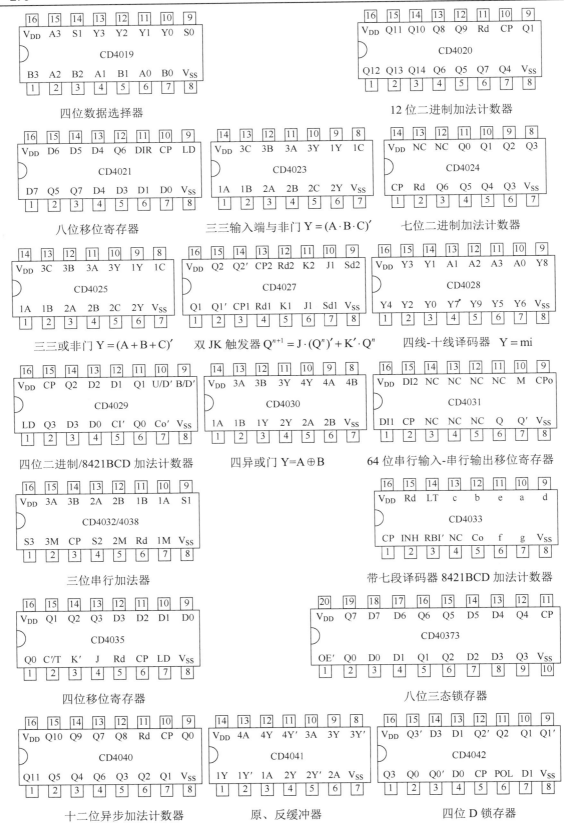

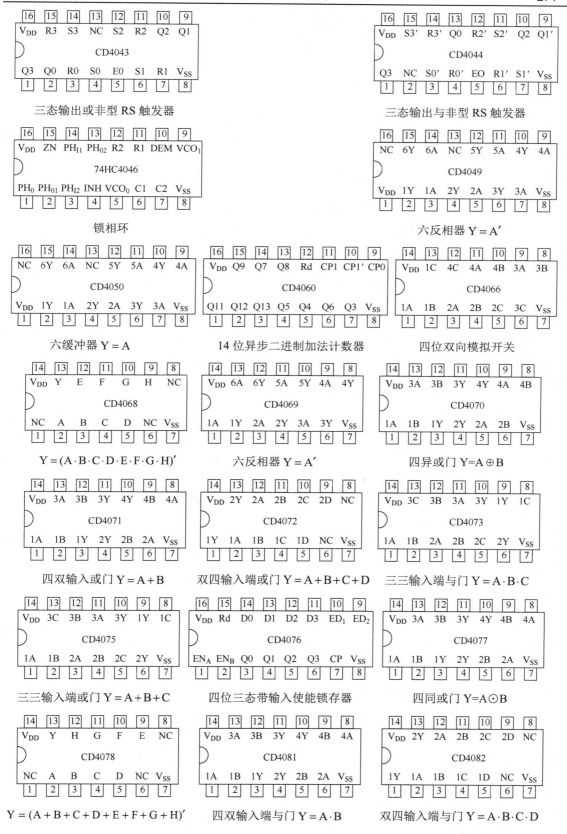

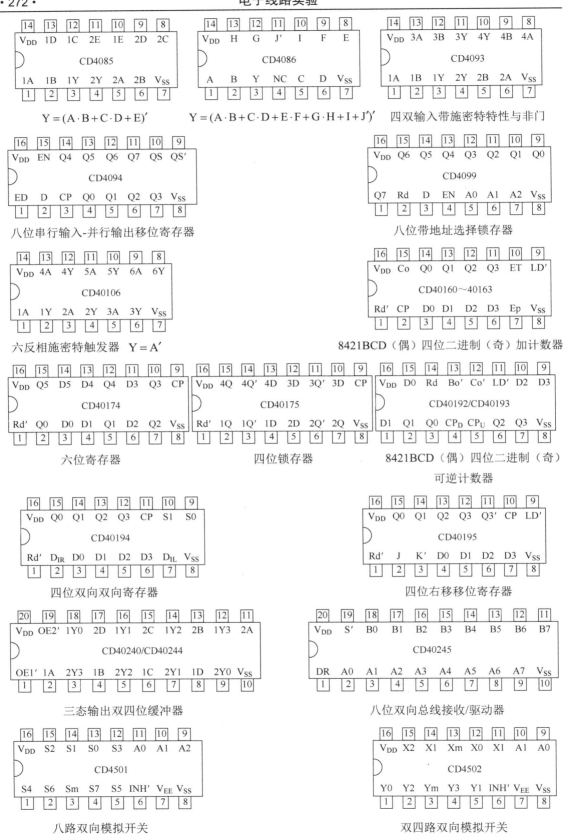

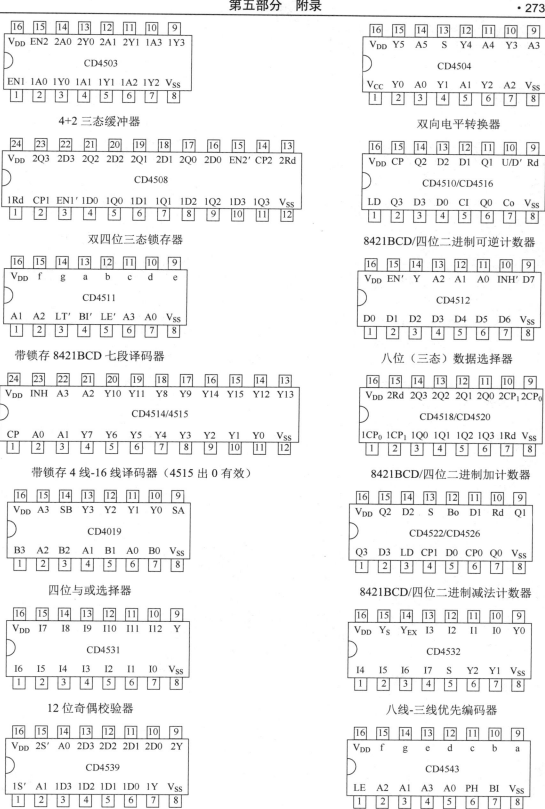

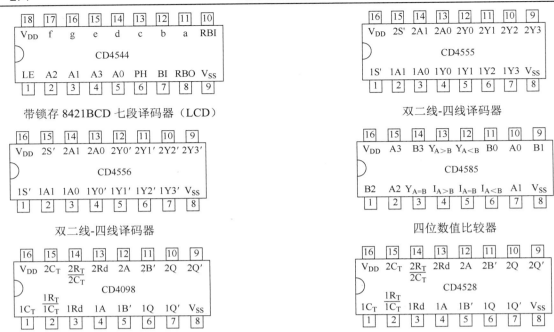

带锁存 8421BCD 七段译码器（LCD）

双二线-四线译码器

双二线-四线译码器

四位数值比较器

双单稳态触发器

参 考 文 献

[1] 刘舜奎，林小榕，李惠钦. 电子技术实验教程[M]. 3 版. 厦门：厦门大学出版社，2016.
[2] 廉玉欣，侯云鹏，侯博雅，等. 电子技术实验教程[M]. 北京：高等教育出版社，2018.
[3] 毕满清. 电子技术实验与课程设计[M]. 5 版. 北京：机械工业出版社，2020.

反侵权盗版声明

　　电子工业出版社依法对本作品享有专有出版权。任何未经权利人书面许可，复制、销售或通过信息网络传播本作品的行为；歪曲、篡改、剽窃本作品的行为，均违反《中华人民共和国著作权法》，其行为人应承担相应的民事责任和行政责任，构成犯罪的，将被依法追究刑事责任。

　　为了维护市场秩序，保护权利人的合法权益，我社将依法查处和打击侵权盗版的单位和个人。欢迎社会各界人士积极举报侵权盗版行为，本社将奖励举报有功人员，并保证举报人的信息不被泄露。

举报电话：（010）88254396；（010）88258888
传　　真：（010）88254397
E-mail：　dbqq@phei.com.cn
通信地址：北京市万寿路173信箱
　　　　　电子工业出版社总编办公室
邮　　编：100036